T0219553

Prüfungstrainer Lineare Algebra

Rolf Busam · Denis Vogel · Thomas Epp

Prüfungstrainer Lineare Algebra

500+ Fragen und Antworten mit interaktivem Online-Trainer

2. Auflage

Unter Mitarbeit von Pascal Klaiber

 Springer Spektrum

Rolf Busam
Mathematisches Institut
Universität Heidelberg
Heidelberg, Deutschland

Denis Vogel
Mathematisches Institut
Universität Heidelberg
Heidelberg, Deutschland

Thomas Epp
Berlin, Deutschland

Ergänzendes Material zu diesem Buch finden Sie auf http://extras.springer.com.

ISBN 978-3-662-59403-2   ISBN 978-3-662-59404-9   (eBook)
https://doi.org/10.1007/978-3-662-59404-9

Die Deutsche Nationalbibliothek verzeichnet diese Publikation in der Deutschen Nationalbibliografie; detaillierte bibliografische Daten sind im Internet über http://dnb.d-nb.de abrufbar.

Springer Spektrum
© Springer-Verlag GmbH Deutschland, ein Teil von Springer Nature 2009, 2019

Planung/Lektorat: Annika Denkert

Springer Spektrum ist ein Imprint der eingetragenen Gesellschaft Springer-Verlag GmbH, DE und ist ein Teil von Springer Nature
Die Anschrift der Gesellschaft ist: Heidelberger Platz 3, 14197 Berlin, Germany

Vorwort

Vorwort zur 2. Auflage

In der Neuauflage wurden Druckfehler und einige sachliche Fehler korrigiert, soweit sie bekannt wurden. Bei den Aufgaben haben wir lediglich die „Raumschiffaufgabe" zusätzlich hinzugenommen. Thomas Epp, der die erste Auflage wesentlich mitgestaltet hat, konnte sich aus beruflichen Gründen an der Neuauflage leider nicht mehr beteiligen. Um eine druckfähige Version zu erhalten, war etlicher technischer Aufwand erforderlich. Doch Pascal Klaiber hat dies mit großem Engagement gemeistert. Er hat auch die QR-Codes bei denjenigen Aufgaben eingefügt, die online bearbeitet werden können.

Ein Novum ist die Möglichkeit, für ausgewählte Fragen den Beweis interaktiv über das Quiz-System der Online-Plattform MaMpf nachzuvollziehen und sich so intensiver mit den Lösungen zu beschäftigen. Hierbei wird der Leser schrittweise durch die Beweise geführt und erhält zu jedem Schritt und jeder Antwort hilfreiches Feedback. Die Online-Plattform **MaMpf** („Mathematische Medienplattform") wurde von Denis Vogel entwickelt und wird in der Lehre am Mathematischen Institut der der Universität Heidelberg eingesetzt. Für dieses Buch wurde eine eigene Webseite eingerichtet, die Rustam Steingart mit viel Kreativität und Engagement mit angeleiteten Beweisen bestückt hat. Der Zugriff auf die Online-Beweise kann wahlweise über die QR-Codes erfolgen, die neben den entsprechenden Aufgaben abgedruckt sind, oder über die Seite

https://banane.mathi.uni-heidelberg.de

NutzerIn: gast
Kennwort: ptlabv

Für Unterstützung beim Layout danken wir Frau Bianca Alton sowie für die Betreuung Frau Dr. Annika Denkert vom Verlag Springer Spektrum.

Heidelberg im April 2019   Rolf Busam
Denis Vogel

Vorwort zur 1. Auflage

Bei dem vorliegenden Band haben wir uns von denselben Zielen und Vorstellungen leiten lassen, die wir schon beim „Prüfungstrainer Analysis" verfolgt haben. Unsere Idee war es, die zentralen Begriffe der Linearen Algebra in einer knappen und zielgerichteten Form zu rekapitulieren, und zwar in einer Weise, die Studentinnen und Studenten bei der Prüfungsvorbereitung eine echte Hilfestellung bietet. Wir wollten weder eine Aufgabensammlung vorlegen noch mit den zahlreichen Lehrbüchern und den Einführungsvorlesungen zur Linearen Algebra konkurrieren. Stattdessen haben wir versucht, Fragen zu formulieren, die man in einer mündlichen Prüfung realistischerweise erwarten kann. In aller Regel wird man dort nicht damit konfrontiert, komplizierte Rechnungen und aufwendige Beweise in allen Details vorzuführen, sondern zu zeigen, dass man die zentralen Begriffe verstanden hat und sie in den wichtigsten Beweistechniken auch anwenden kann. Unter diesem Gesichtspunkt sind die Fragen ausgesucht und die Antworten formuliert worden, wobei wieder wesentlich die Erfahrungen des erstgenannten Autors aus seiner jahrelangen Tätigkeit als Dozent und Prüfer an der Ruprecht-Karls-Universität Heidelberg eingeflossen sind.

Die Inhalte werden, wie schon beim „Prüfungstrainer Analysis", in einem knappen Frage- und Antwort-Stil dargestellt. Das soll dem Leser ermöglichen, sein Wissen stichpunktartig zu überprüfen und eventuelle Lücken schnell zu entdecken.

Das Buch richtet sich an alle Studierenden, die ein gewisses mathematisches Pensum in Ihrem Studium zu erfüllen haben. Die Lineare Algebra ist heutzutage derart grundlegend für sämtliche Teilgebiete der Mathematik und in ihrer Darstellung derart einheitlich, dass es künstlich wäre, Niveauunterschiede einzuführen und ein Buch über Lineare Algebra speziell an Diplommathematiker, Lehramtskandidaten oder Informatiker zu adressieren. Es mag sein, dass es in der Analysis Unterschiede in den Ansprüchen gibt, aber über die Grundlagen der Linearen Algebra muss im Großen und Ganzen jeder dasselbe wissen. Daher sind Studenten im Haupt- oder Nebenfach Mathematik (mit den Studienzielen Diplom, Bachelor oder Lehramt) genauso herzlich eingeladen, das Buch zur Hand zu nehmen, wie Studierende, die einen Abschluss in Informatik oder in einer Naturwissenschaft anstreben.

Wir danken dem Verlagsteam von Spektrum Akademischer Verlag für die konstruktive Zusammenarbeit. Besonderer Dank gebührt unserem Lektor Herrn Dr. Rüdinger, ohne dessen kompetente und engagierte Beratung das Buch in dieser Form nicht zustande gekommen wäre, sowie Frau Alton, die uns während der Entstehungsphase in allen organisatorischen Fragen tatkräftig und geduldig unterstützt hat.

Heidelberg/Berlin im September 2008   Rolf Busam
Thomas Epp

Inhaltsverzeichnis

1 Algebraische Grundlagen

Wir setzen hier voraus, dass die Leser und Leserinnen mit den Sprech- und Bezeichnungsweisen der Mengenlehre und dem Abbildungsbegriff hinreichend vertraut sind. Wir sind nicht der Meinung, dass die Vorlesung „Lineare Algebra" dazu benutzt werden sollte, Allgemeinheiten über algebraische Strukturen wie z. B. allgemeine Struktursätze in aller Ausführlichkeit von Grund auf zu behandeln. Allerdings ist der Gruppen- und Körperbegriff für den Aufbau der linearen Algebra fundamental, und deswegen beginnen wir das Buch mit einigen Fragen zu den grundlegenden Eigenschaften des Gruppen- und Körperbegriffs.

1.1 Der Begriff der Gruppe

Gruppen spielen nicht nur in der Linearen Algebra eine zentrale Rolle (z. B. ist ein Vektorraum insbesondere auch eine abelsche Gruppe bezüglich der Addition), sondern besitzen auch zahlreiche Anwendungen in außermathematischen Bereichen wie der Chemie („kristallografische Gruppe") oder in der Physik (etwa bei der Klassifikation der Elementarteilchen). Die Schlagkraft der axiomatischen Methode bei der Einführung dieser Begriffe wird sich an vielen Beispielen zeigen.

Frage 1 Was versteht man unter einer **Gruppe**? Wann heißt eine Gruppe **abelsch** bzw. **kommutativ**?

Antwort: Eine Gruppe ist eine Menge G zusammen mit einer Verknüpfung „$*$", d.h. einer Abbildung $*\colon G \times G \to G$, für die die folgenden Axiome gelten

(G1) *(Assoziativität)* Für alle $a, b, c \in G$ gilt

$$(a * b) * c = a * (b * c).$$

(G2) *(Existenz neutraler Elemente)* Es gibt ein $e \in G$, so dass für alle $a \in G$ gilt

$$e * a = a.$$

   e heißt *neutrales* Element von G.

© Springer-Verlag GmbH Deutschland, ein Teil von Springer Nature 2019
R. Busam et al., *Prüfungstrainer Lineare Algebra*,
https://doi.org/10.1007/978-3-662-59404-9_1

(G3) *(Existenz inverser Elemente)* Zu jedem $a \in G$ gibt es ein $\tilde{a} \in G$ mit

$$\tilde{a} * a = e,$$

wobei e das neutrale Element bezeichnet. $\tilde{a}$ heißt in diesem Fall das zu a **inverse Element**.

Eine Gruppe $(G, *)$ heißt **abelsch** bzw. **kommutativ**, wenn zusätzlich $a * b = b * a$ für jedes $a,\ b \in G$ gilt. ◆

Frage 2 Warum gilt für jede Gruppe $(G, *)$ mit neutralem Element e

$$e * a = a \Longrightarrow a * e = a \qquad \text{für alle } a \in G$$

sowie

$$\tilde{a} * a = e \Longrightarrow a * \tilde{a} = e \qquad \text{für alle } a \in G?$$

Mit anderen Worten, warum ist ein *linksneutrales* Element in jeder Gruppe G stets auch *rechtsneutral* und ein *linksinverses* Element zu $a \in G$ stets auch *rechtsinvers*?

Antwort: Zu $\tilde{a}$ gibt es nach G3 ein linksinverses Element $\tilde{\tilde{a}}$. Damit gilt

$$a\tilde{a} = e(a\tilde{a}) = \left(\tilde{\tilde{a}}\tilde{a}\right)(a\tilde{a}) = \tilde{\tilde{a}}(\tilde{a}(a\tilde{a})) = \tilde{\tilde{a}}((\tilde{a}a)\tilde{a}) = \tilde{\tilde{a}}(e\tilde{a}) = \tilde{\tilde{a}}\tilde{a} = e.$$

Das beantwortet den zweiten Teil der Frage. Der erste folgt damit aus

$$a * e = a * (\tilde{a} * a) = (a * \tilde{a}) * a = e * a = a.$$

◆

Frage 3 Warum ist das neutrale Element e und das zu $a \in G$ inverse Element $\tilde{a}$ eindeutig bestimmt, so dass man also von *dem* neutralen und *dem* zu $a \in G$ inversen Element sprechen kann?

Antwort: Ist e' ein (eventuell von e unterschiedenes) neutrales Element, so folgt mit der Antwort zur vorigen Frage

$$e' * e = e \quad \text{sowie} \quad e' * e = e',$$

also $e' = e$.
  Ist $\tilde{a}'$ ein (eventuell von a verschiedenes) inverses Element zu a, so gilt

$$\tilde{a}' = \tilde{a}' * e = \tilde{a}' * (a * \tilde{a}) = (\tilde{a}' * a) * \tilde{a} = e * \tilde{a} = \tilde{a}.$$

◆

Frage 4 Warum ist eine nichtleere Menge G mit einer assoziativen Verknüpfung $*$ genau dann eine Gruppe, wenn es zu je zwei Elementen $a, b \in G$ ein $x \in G$ und ein $y \in G$ gibt mit

$$x * a = b \quad \text{und} \quad a * y = b?$$

Antwort: Aus der ersten Gleichung erhält man für beliebiges $a \in G$ ein $e \in G$ mit $e * a = a$. Für jedes andere $b \in G$ gilt dann

$$e * b = e * (a * y) = (e * a) * y = a * y = b,$$

also ist e ein neutrales Element in G. Durch Lösen der Gleichung $x * a = e$ erhält man das zu a inverse Element. Dieses existiert also für jedes $a \in G$, und folglich ist G eine Gruppe.   ◆

Frage 5 Sie G eine Gruppe und seien $a, b \in G$. Können Sie die folgenden Rechenregeln beweisen:

$$(a^{-1})^{-1} = a \qquad (a \cdot b)^{-1} = b^{-1} \cdot a^{-1}?$$

(Wir lassen an dieser Stelle die bisher gebrauchten Notationen hinter uns und benutzen in Zukunft der Übersichtlichkeit wegen bei der Untersuchung allgemeiner Gruppen die für multiplikative Strukturen gängigen Bezeichnungen. D. h., a^{-1} bezeichnet das zu a inverse Element, und für das Verknüpfungssymbol verwenden wir das Multiplikationszeichen, das gegebenenfalls auch unterdrückt werden kann.)

Antwort: Es ist

$$(a^{-1})^{-1} = (a^{-1})^{-1} \cdot e = (a^{-1})^{-1} \cdot (a^{-1} \cdot a) = ((a^{-1})^{-1} \cdot a^{-1}) \cdot a = e \cdot a = a.$$

Das beweist die erste Gleichung, die zweite folgt aus

$$(b^{-1} \cdot a^{-1}) \cdot (a \cdot b) = b^{-1} \cdot (a^{-1} \cdot a) \cdot b = b^{-1} \cdot e \cdot b = b^{-1} \cdot b = e.$$
        ◆

Frage 6 Können Sie Beispiele für abelsche und nicht-abelsche Gruppen angeben?

Antwort: (a) Die **ganzen Zahlen** $\mathbb{Z}$ bilden bezüglich der Addition eine abelsche Gruppe mit unendlich vielen Elementen.

(b) Ist K ein beliebiger **Körper**, so ist $(K, +)$ eine additive abelsche Gruppe und $(K^*, \cdot)$ eine multiplikative abelsche Gruppe. Dabei ist $K^* := K \backslash \{0\}$, wobei 0 das neutrale Element bezüglich der Addition bezeichnet.

(c) Jeder **Vektorraum** ist bezüglich der Addition von Vektoren eine abelsche Gruppe.

(d) Für ein $n > 0$ und $r \in \mathbb{Z}$ betrachte man die Menge

$$r + n\mathbb{Z} := \{r + n \cdot a; a \in \mathbb{Z}\} \subset \mathbb{Z},$$

die sogenannte *Restklasse von r modulo n*. Es gilt $r + n\mathbb{Z} = q + n\mathbb{Z}$ genau dann, wenn $r - q$ durch n teilbar ist bzw. wenn für r und q bei der ganzzahligen Division durch n

derselbe Rest übrig bleibt. Daher gibt es genau n verschiedene Restklassen modulo n. nämlich

$$n\mathbb{Z}, 1 + n\mathbb{Z}, \ldots, (n-1) + n\mathbb{Z}.$$

Mit $\mathbb{Z}/n\mathbb{Z}$ bzw. $\mathbb{Z}_n$ bezeichnet man die Menge dieser n Restklassen. Diese sind paarweise disjunkt, und ihre Vereinigung ist $\mathbb{Z}$. Somit liegt jede ganze Zahl a in genau einer der n Restklassen. Die Abbildung $\overline{\ \ } : \mathbb{Z} \to \mathbb{Z}/n\mathbb{Z}$ ordne jedem $a \in \mathbb{Z}$ seine Restklasse modulo n zu. Dann ist durch

$$\overline{a} \oplus \overline{b} := \overline{a + b}$$

auf $\mathbb{Z}/n\mathbb{Z}$ eine Verknüpfung definiert. Diese ist assoziativ und kommutativ, da die übliche Addition auf $\mathbb{Z}$ dies ist, ferner ist $\overline{0}$ ein neutrales Element in $\mathbb{Z}/n\mathbb{Z}$, und das zu $\overline{a}$ inverse Element ist durch $\overline{-a}$ gegeben. $(\mathbb{Z}/n\mathbb{Z}, \oplus)$ ist damit eine additive abelsche Gruppe, die **Restklassengruppe modulo** n.

(e) Für eine Menge X sei $\mathrm{Sym}(X)$ die Menge aller bijektiven Selbstabbildungen $X \to X$. $\mathrm{Sym}(X)$ bildet bezüglich der Verkettung von Abbildungen eine Gruppe, die allerdings nicht kommutativ ist, wenn X mehr als 2 Elemente hat. Die Assoziativität ist automatisch erfüllt, da die Hintereinanderausführung von Abbildungen assoziativ ist, mit der identischen Abbildung $x \mapsto x$ enthält $\mathrm{Sym}(X)$ ein neutrales Element, und aufgrund der Bijektivität ist mit F auch die Umkehrabbildung F^{-1}, also das zu F inverse Element, in $\mathrm{Sym}(X)$ enthalten. $(\mathrm{Sym}(X), \circ)$ ist damit eine Gruppe, die sogenannte **symmetrische Gruppe auf** X.

Ist speziell $X = \{1, 2, \ldots, n\}$, so schreibt man S_n für $\mathrm{Sym}(X)$. S_n besteht aus allen Permutationen der ersten n natürlichen Zahlen, und daher nennt man S_n auch **Permutationsgruppe**.

(f) Zu einem Körper K bezeichnet $\mathrm{GL}(n, K)$ (**General Linear Group**) die Menge aller $n \times n$-Matrizen in K mit nichtverschwindender Determinante. $\mathrm{GL}_n(K)$ bildet bezüglich der Matrizenmultiplikation eine nicht-abelsche Gruppe im Fall $n \geq 2$ (s. Frage 191).

(g) Ist K ein Körper und V ein K-Vektorraum, dann lässt sich unabhängig von einer Basis die Menge $\mathrm{Aut}(V)$ aller bijektiven K-linearen Selbstabbildungen (*Automorphismen*) auf V definieren. $\mathrm{Aut}(V)$ ist dann bezüglich der Hintereinander-ausführung von Abbildungen eine Gruppe, die **Automorphismengruppe** von V. Hat V die Dimension n, dann existiert bezüglich der Wahl einer Basis in V ein Isomorphismus $\mathrm{Aut}(V) \to \mathrm{GL}n(K)$, der einem Automorphismus $V \to V$ seine Matrix bezüglich der Basis zuordnet.

(h) Zu zwei Gruppen $(G, *_G)$ und $(H, *_H)$ ist das **direkte Produkt**

$$G \times H := \{(g, h); g \in G, h \in H\}$$

zusammen mit der komponentenweise erklärten Verknüpfung

$$(g_1, h_1) \cdot (g_2, h_2) := (g_1 *_G g_2, h_1 *_H h_2)$$

ebenfalls eine Gruppe. Das neutrale Element ist gegeben durch (e_G, e_H), das zu (g, h) inverse Element durch (g^{-1}, h^{-1}). ◆

Frage 7 Sei M eine beliebige nichtleere Menge. Warum ist die Menge $\mathrm{Abb}(M, M)$ der Abbildungen $M \longrightarrow M$ bezüglich der Hintereinanderausführung von Abbildungen keine Gruppe?

Antwort: Die Abbildungen aus $\mathrm{Abb}(M, M)$ sind in der Regel nicht bijektiv und besitzen in diesen Fällen keine Umkehrabbildung $M \to M$, also kein inverses Element in $\mathrm{Abb}(M, M)$. ◆

Frage 8 Was besagt die **Kürzungsregel** in einer Gruppe G?

Antwort: Für $a, b, c \in G$ gilt:

$$c \cdot a = c \cdot b \Longrightarrow a = b, \qquad a \cdot c = b \cdot c \Longrightarrow a = b.$$

Die beiden Regeln erhält man, wenn man beide Seiten der jeweiligen Gleichung links- bzw. rechtsseitig mit c^{-1} verknüpft. ◆

Frage 9 Ist $G = \{a_1 = e, a_2 \ldots, a_n\}$ eine Menge mit n Elementen, wie kann man dann auf übersichtliche Weise eine Verknüpfung auf G angeben?

Antwort: Die Gruppenstruktur lässt sich in einer sogenannten *Verknüpfungstafel* darstellen, in der alle n^2 Verknüpfungen $a_i \cdot a_j$ in einem quadratischen Schema eingetragen sind.

$\cdot$	e	a_2	$\ldots$	a_n
e	ee	ea_2	$\ldots$	ea_n
a_2	$a_2 e$	$a_2 a_2$	$\ldots$	$a_2 a_n$
$\ldots$	$\ldots$	$\ldots$	$\ldots$	$\ldots$
a_n	$a_n e$	$a_n a_2$	$\ldots$	$a_n a_n$

◆

Frage 10 Wie kann man aus einer Verknüpfungstafel ablesen, ob eine Menge $G = \{a_1, \ldots, a_n\}$ eine Gruppe ist?

Antwort: Es gilt:

- G enthält ein neutrales Element $e = a_k$ genau dann, wenn die k-te Zeile und die k-te Spalte einfach die Anordnung der Gruppenelemente wiederholen.
- G enthält inverse Elemente genau dann, wenn die Anordnung in jeder Zeile und Spalte aus einer Permutation der Gruppenelemente hervorgeht.
- Wegen $a^{-1}a = aa^{-1} = e$ muss für eine Gruppe zusätzlich gelten, dass die neutralen Elemente in der Gruppentafel symmetrisch zur Hauptdiagonalen $i = j$ liegen. Bei der Verknüpfungstafel einer *abelschen* Gruppe liegen alle Einträge symmetrisch zur Hauptdiagonalen.

Die Gültigkeit der Axiome $G2$ und $G3$ spiegelt sich damit unmittelbar in den offen zu Tage liegenden Eigenschaften der Verknüpfungstafel wider, und lässt sich dementsprechend leicht überprüfen. Das gilt allerdings nicht für das Assoziativgesetz. Um dieses zu verifizieren, müssen n^3 Gleichungen überprüft werden.

Frage 11   Können Sie die Verknüpfungstafeln für $G := \mathbb{Z}_5 := \mathbb{Z}/5\mathbb{Z}$ und für S_3 angeben?

Antwort: Die Verknüpfungstafel der Restklassengruppe $\mathbb{Z}/5\mathbb{Z}$ lautet

$$
\begin{array}{c|ccccc}
\oplus & \bar{0} & \bar{1} & \bar{2} & \bar{3} & \bar{4} \\
\hline
\bar{0} & \bar{0} & \bar{1} & \bar{2} & \bar{3} & \bar{4} \\
\bar{1} & \bar{1} & \bar{2} & \bar{3} & \bar{4} & \bar{0} \\
\bar{2} & \bar{2} & \bar{3} & \bar{4} & \bar{0} & \bar{1} \\
\bar{3} & \bar{3} & \bar{4} & \bar{0} & \bar{1} & \bar{2} \\
\bar{4} & \bar{4} & \bar{0} & \bar{1} & \bar{2} & \bar{3}
\end{array}
$$

Hier handelt es sich um eine abelsche Gruppe.
Die Gruppe S_3 besteht aus den sechs Elementen (Permutationen)

$$
\sigma_1 = \begin{bmatrix} 1\,2\,3 \\ 1\,2\,3 \end{bmatrix} \quad
\sigma_2 = \begin{bmatrix} 1\,2\,3 \\ 2\,3\,1 \end{bmatrix} \quad
\sigma_3 = \begin{bmatrix} 1\,2\,3 \\ 3\,1\,2 \end{bmatrix}
$$

$$
\sigma_4 = \begin{bmatrix} 1\,2\,3 \\ 1\,3\,2 \end{bmatrix} \quad
\sigma_5 = \begin{bmatrix} 1\,2\,3 \\ 3\,2\,1 \end{bmatrix} \quad
\sigma_6 = \begin{bmatrix} 1\,2\,3 \\ 2\,1\,3 \end{bmatrix}
$$

Dabei stehen in der unteren Zeile die Bilder der Zahlen 1, 2, 3 unter der jeweiligen Permutation.

Man erhält damit folgende Verknüpfungstafel für die Gruppe S_3

$$
\begin{array}{c|cccccc}
\circ & \sigma_1 & \sigma_2 & \sigma_3 & \sigma_4 & \sigma_5 & \sigma_6 \\
\hline
\sigma_1 & \sigma_1 & \sigma_2 & \sigma_3 & \sigma_4 & \sigma_5 & \sigma_6 \\
\sigma_2 & \sigma_2 & \sigma_3 & \sigma_1 & \sigma_5 & \sigma_6 & \sigma_4 \\
\sigma_3 & \sigma_3 & \sigma_1 & \sigma_2 & \sigma_6 & \sigma_4 & \sigma_5 \\
\sigma_4 & \sigma_4 & \sigma_6 & \sigma_5 & \sigma_1 & \sigma_3 & \sigma_2 \\
\sigma_5 & \sigma_5 & \sigma_4 & \sigma_6 & \sigma_2 & \sigma_1 & \sigma_3 \\
\sigma_6 & \sigma_6 & \sigma_5 & \sigma_4 & \sigma_3 & \sigma_2 & \sigma_1
\end{array}
$$

Da die Verknüpfungstafel nicht symmetrisch zur Hauptdiagonalen ist, handelt es sich bei S_3 um keine abelsche Gruppe.   ◆

Frage 12

Warum ist eine Gruppe G mit neutralem Element e abelsch, wenn $a^2 = e$ für jedes $a \in G$ gilt? Können Sie ein Beispiel für eine solche Gruppe angeben?

Antwort: Für beliebige Elemente $a, b \in G$ gilt unter diesen Voraussetzungen $a = a^{-1}, b = b^{-1}$ sowie $ab = (ab)^{-1}$, und daraus folgt insgesamt

$$ab = (ab)^{-1} = b^{-1}a^{-1} = ba.$$

Das einfachste Beispiel einer Gruppe mit dieser Eigenschaft ist $\mathbb{Z}/2\mathbb{Z}$. Davon ausgehend lassen sich durch Bildung direkter Produkte

$$\mathbb{Z}/2\mathbb{Z} \times \mathbb{Z}/2\mathbb{Z} \times \cdots \times \mathbb{Z}/2\mathbb{Z}$$

Gruppen mit Ordnung 2^n angeben, bei denen jedes Element zu sich selbst invers ist. ◆

Frage 13 Warum ist jede Gruppe mit vier Elementen abelsch?

Antwort: Seien a und b mit $a \neq b$ zwei Elemente aus G. Da jedes Element mit seinem Inversen und das neutrale Element mit jedem anderen Element kommutiert, bleibt nur der Fall $ab = c$ mit $a \neq e$ und $b \neq e$ sowie $c \notin \{e, a, b\}$ zu untersuchen. In diesem Fall muss aber auch $ba = c$ gelten, denn aus $ba = a$ bzw. $ba = b$ bzw. $ba = e$ würde $b = e$ bzw. $a = e$ bzw. $b = a^{-1}$ folgen, und das hatten wir bereits ausgeschlossen. ◆

Frage 14 Was versteht man unter der **Ordnung** einer endlichen Gruppe?

Antwort: Die Ordnung von G ist die Kardinalität der Menge G und wird mit ord G oder $|G|$ bezeichnet. Ist $|G|$ endlich, so ist die Ordnung von G also die Anzahl der Elemente in G. Im anderen Fall hat G unendliche Ordnung. ◆

Frage 15 Welche Ordnung hat die Gruppe S_n?

Antwort: Eine Permutation einer n-elementigen Menge lässt sich auf $n!$ verschiedene Arten festlegen: Für das Bild des ersten Elements hat man n Möglichkeiten, für das zweite noch $n-1$ Möglichkeiten usw., bis schließlich für das Bild des letzten Elements nur noch eine Möglichkeit übrig bleibt. Die Gruppe S_n hat somit die Ordnung $n!$. ◆

Frage 16 Wie ist die **Ordnung** eines Elements a einer Gruppe G definiert?

Antwort: Definiert man für $a \in G$ und $n \in \mathbb{Z}$

$$a^n := \begin{cases} \overbrace{aa\cdots a}^{n\text{-mal}} & \text{für } n > 0 \\ e & \text{für } n = 0, \\ \underbrace{a^{-1}a^{-1}\cdots a^{-1}}_{n\text{-mal}} & \text{für } n < 0. \end{cases}$$

dann gelten die üblichen „Potenzregeln"

$$a^m a^n = a^{m+n}, \qquad (a^m)^n = a^{mn},$$

und aus diesen folgt

$$\{n \in \mathbb{Z}; a^n = e\} = k\mathbb{Z}$$

für eine nichtnegative ganze Zahl k. Für $k > 0$ hat a eine *endliche Ordnung* in G. Die Zahl k ist in diesem Fall die *Ordnung* von a in G. Im Fall $k = 0$ sagt man, a hat *unendliche Ordnung* in G.

Besitzt a eine endliche Ordnung in G, so ist die Ordnung von a also die kleinste natürliche Zahl n, für die $a^n = e$ gilt. Gibt es keine natürliche Zahl mit dieser Eigenschaft, dann hat a unendliche Ordnung in G.   ◆

Frage 17 Können Sie für die Gruppe S_3 jeweils die Ordnungen der sechs Elemente angeben?

Antwort: Das neutrale Element σ_1 ist wie in jeder Gruppe das einzige Element mit der Ordnung 1. Die Elemente σ_2 und σ_3 besitzen beide die Ordnung 3, und σ_4, σ_5 und σ_6 besitzen jeweils die Ordnung 2.   ◆

Frage 18 Wann heißt eine Gruppe **zyklisch**?

Antwort: Eine Gruppe G heißt *zyklisch*, wenn sie von einem einzigen Element $a \in G$ erzeugt ist. D. h., für jedes $g \in G$ gibt es eine ganze Zahl m mit $g = a^m$. Im Fall einer endlichen Gruppe der Ordnung n gilt dann $G = \{e, a, a^2, \ldots, a^{n-1}\}$. Ist $|G|$ unendlich, dann gilt $G = \{e, a, a^{-1}, a^2, a^{-2}, \ldots\}$.   ◆

Frage 19 Warum ist jede zyklische Gruppe abelsch?

Antwort: Sei g das erzeugende Element von G. Für alle $a, b \in G$ gibt es dann $m, n \in \mathbb{Z}$ mit $a = g^m$ und $b = g^n$. Es folgt

$$ab = g^m g^n = g^{m+n} = g^{n+m} = g^n g^m = ba.$$

◆

Frage 20 Können Sie jeweils ein Beispiel einer endlichen und einer nichtendlichen zyklischen Gruppe angeben?

Antwort: Die Gruppe $\mathbb{Z}/n\mathbb{Z}$ ist eine zyklische Gruppe der Ordnung n, erzeugt von der Restklasse $\overline{1}$.

Die ganzen Zahlen sind eine zyklische Gruppe, deren Ordnung nichtendlich ist. Das erzeugende Element ist die 1.

Mit diesen beiden Beispielen sind bis auf Isomorphie schon alle zyklischen Gruppen mit endlicher bzw. nichtendlicher Ordnung aufgezählt. Eine zyklische Gruppe $G = \{e, a^1, a^2, \ldots, a^n\}$ der Ordnung n ist nämlich vermöge der Abbildung

$$\mathbb{Z}/n\mathbb{Z} \to G, \qquad \overline{m} \mapsto a^m$$

isomorph zu $\mathbb{Z}/n\mathbb{Z}$, und für eine nichtendliche Gruppe $H = \{e, h^1, h^{-1}, h^2, h^{-2}, \ldots\}$ ist die Abbildurig

$$\mathbb{Z} \to h, \qquad m \mapsto h^m$$

ein Isomorphismus. ◆

1.2 Abbildungen zwischen Gruppen, Untergruppen

Für zwei Gruppen G und G' sind vor allem diejenigen Abbildungen $F\colon G \longrightarrow G'$ von Interesse, durch die nicht nur die Elemente, sondern auch die Gruppenstruktur von G in bestimmter Weise auf diejenige von G' abgebildet wird, sodass gruppentheoretische Relationen zwischen zwei Elementen $a, b \in G$ auch zwischen den Bildern von a und b in G' bestehen. Abbildungen mit dieser Eigenschaft nennt man *Homomorphismen*.

Frage 21 Was versteht man unter einem **Homomorphismus** zwischen zwei Gruppen $(G, *)$ und $(H, \diamond)$? Wann heißt ein Homomorphismus

(a) **Monomorphismus,**
(b) **Epimorphismus,**
(c) **Isomorphismus,**
(d) **Endomorphismus,**
(e) **Automorphismus?**

Antwort: Eine Abbildung $F\colon G \longrightarrow H$ heißt *Homomorphismus*, wenn für alle $a, b \in G$ gilt:

$$F(a * b) = F(a) \diamond F(b).$$

Die anderen vier Begriffe beschreiben spezielle Homomorphismen. Ein Homomorphismus F heißt

(a) *Monomorphismus*, falls F injektiv ist,
(b) *Epimorphismus*, falls F surjektiv ist,
(c) *Isomorphismus*, falls F bijektiv ist,
(d) *Endomorphismus*, falls F ein Homomorphismus von G in sich selbst ist,
(e) *Automorphismus*, falls F ein Isomorphismus von $G \longrightarrow G$ ist.

◆

Frage 22 Wann heißen zwei Gruppen **isomorph**?

Antwort: Zwei Gruppen G und H heißen *isomorph*, geschrieben $G \simeq H$, wenn es einen Isomorphismus von G nach H gibt. ◆

Frage 23 Können Sie einige Beispiele von Homomorphismen nennen?

Antwort: (a) Für zwei Gruppen G und H ist die Abbildung $G \longrightarrow H$, die jedes $g \in G$ auf das neutrale Element in H abbildet, stets ein Homomorphismus.
(b) Ist G eine Gruppe und $H \subset G$ eine Untergruppe, dann ist die identische Abbildung $H \longrightarrow G, g \longmapsto g$ ein Homomorphismus.
(c) Die Abbildung

$$\overline{} : (\mathbb{Z}, +) \longrightarrow (\mathbb{Z}_n, \oplus) \qquad n \mapsto \overline{n}$$

ist wegen $\overline{n + m} = \overline{n} \oplus \overline{m}$ ein Homomorphismus. Dies ist ein Beispiel eines allgemeineren Prinzips, das in Frage 39 genauer erläutert wird: Ist G eine Gruppe und N ein Normalteiler in G, dann ist die sogenannte *kanonische Projektion*

$$\pi : G \longrightarrow G/N, \qquad g \mapsto gN$$

von G in die Menge G/N der Linksnebenklassen von N in G ein Gruppenhomomorphismus.
(d) Die Exponentialfunktion $\exp : \mathbb{R} \longrightarrow \mathbb{R}_+$ ist wegen

$$\exp(x + y) = \exp(x) \exp(y)$$

ein Gruppenhomomorphismus von der additiven Gruppe $(\mathbb{R}, +)$ in die multiplikative Gruppe $(\mathbb{R}_+, \cdot)$. Da die Exponentialfunktion die reellen Zahlen bijektiv auf $\mathbb{R}_+$ abbildet, handelt es sich dabei um einen Isomorphismus.
(e) Die komplexe Konjugation

$$\overline{} : \mathbb{C} \longrightarrow \mathbb{C}, \qquad a + ib \mapsto a - ib$$

ist offensichtlich ein Automorphismus der additiven Gruppe, $+$). Wegen

$$\overline{(a + ib) \cdot (c + id)} = (ac - bd) - i(ad + bc) = \overline{(a + ib)} \cdot \overline{(c + id)}$$

handelt es sich aber auch um einen Automorphismus der multiplikativen Gruppe $(\mathbb{C}^*, \cdot)$. Die komplexe Konjugation beschreibt also einen *Körperautomorphismus* von $\mathbb{C}$.

(f) Die komplexe Exponentialfunktion $\exp \colon \mathbb{C} \longrightarrow \mathbb{C}$ ist ein Gruppenhomomorphismus von der additiven Gruppe $(\mathbb{C}, +)$ in die multiplikative Gruppe $(\mathbb{C}^*, \cdot)$. Dieser ist surjektiv, aber wegen $\exp(z) = \exp(z + 2k\pi\mathrm{i})$ für alle $k \in \mathbb{Z}$ nicht injektiv.

(g) Jede lineare Abbildung $V \longrightarrow W$ zwischen zwei Vektorräumen V und W ist insbesondere ein Homomorphismus zwischen den Gruppen $(V, +)$ und $(W, *)$. ◆

Frage 24 Warum gilt für einen Gruppenhomomorphismus $F \colon (G, *) \longrightarrow (G', \diamond)$ sets

(a) $F(e) = e'$ für die neutralen Elemente $e \in G$ und $e' \in G'$ sowie
(b) $F(a^{-1}) = (F(a))^{-1}$ für alle $a \in G$?

Antwort: Für beliebiges $a \in G$ ist

$$F(a) = F(a * e) = F(a) \diamond F(e),$$

also $F(e) = e'$. Das zeigt (a). Damit gilt dann

$$e' = F(e) = F(a * a^{-1}) = F(a) \diamond F(a^{-1}),$$

und daraus folgt (b). ◆

Frage 25 Was versteht man unter dem **Kern** eines Homomorphismus?

Antwort: Der Kern eines Homomorphismus $F \colon G \longrightarrow G'$, geschrieben $\ker F$, ist die Menge aller $a \in G$, die durch F auf das neutrale Element in G' abgebildet werden. Es ist also

$$\ker(F) := \{a \in G; F(a) = e'\}.$$ ◆

Frage 26

Warum ist ein Homomorphismus $F \colon (G, *) \longrightarrow (G', \diamond)$ genau dann injektiv, wenn $\ker F = \{e\}$ mit dem neutralen Element $e \in G$ gilt?

Antwort: Sei zunächst $\ker F = \{e\}$. Für $a, b \in G$ mit $F(a) = F(b)$ gilt dann

$$F(a * b^{-1}) = F(a) \diamond F(b^{-1}) = F(a) \diamond (F(b))^{-1} = e',$$

also $a * b^{-1} \in \ker(F)$ und damit wegen der Voraussetzung $a = b$. Das heißt, F ist injektiv.

Die andere Richtung folgt aus $F(e) = e'$. Ist F injektiv, dann ist e das einzige Element, das auf e' abgebildet wird.   ◆

Frage 27 Warum ist die Zusammensetzung von Homomorphismen wieder ein Homomorphismus?

Antwort: Für Homomorphismen

$$F\colon (G, *) \longrightarrow (G', \diamond) \quad \text{und} \quad F'\colon (G', \diamond) \longrightarrow (G'', \bullet)$$

und Elemente $a, b \in G$ gilt

$$F' \circ F\,(a * b) = F'(F(a) \diamond F(b)) = F'\,(F(a)) \bullet F'\,(F(b)) = F' \circ F(a) \bullet F' \circ F(b).$$

Damit ist die Abbildung $F' \circ F\colon G \longrightarrow G''$ ein Homomorphismus.   ◆

Frage 28 Können Sie folgende Aussagen begründen?

(a) Die identische Abbildung $\mathrm{id}\colon G \longrightarrow G$ ist ein Isomorphismus.

(b) Ist $F\colon G \longrightarrow G'$, ein Isomorphismus, dann ist die (wohldefinierte) Umkehrabbildung $F^{-1}\colon G' \longrightarrow G$ ebenfalls ein Isomorphismus.

(c) Die Zusammensetzung von Isomorphismen ist wieder ein Isomorphismus.

Antwort: (a) Die identische Abbildung ist bijektiv und ferner wegen $\mathrm{id}(a+b) = a+b = \mathrm{id}(a) + \mathrm{id}(b)$ ein Homomorphismus.

(b) Als Umkehrabbildung einer bijektiven Abbildung ist F^{-1} ebenfalls bijektiv. Sind ferner a', b' beliebige Elemente aus G' dann gibt es $a, b \in G$ mit $F(a) = a'$ und $F(b) = b'$ und es gilt:

$$F^{-1}(a' \cdot b') = F^{-1}(F(a) \cdot F(b)) = F^{-1}(F(a \cdot b)) = a \cdot b = F^{-1}(a') \cdot F^{-1}(b'),$$

also ist F^{-1} ein Homomorphismus.

(c) Dies folgt aus dem Ergebnis zu Frage 27 zusammen mit der Tatsache, dass die Verkettung bijektiver Abbildungen wieder bijektiv ist.   ◆

Frage 29 Wann heißt eine Teilmenge $H \subset G$ einer Gruppe $(G, \cdot)$ **Untergruppe**?

Antwort: $H \subset G$ ist eine *Untergruppe von G*, wenn die Elemente aus H bezüglich der Verknüpfung „$\cdot$" ebenfalls eine Gruppe bilden.   ◆

Frage 30 Was besagt das **Untergruppenkriterium**?

Antwort: Das Kriterium besagt:
Eine nichtleere Teilmenge $U \subset G$ einer Gruppe G ist eine Untergruppe von G genau dann, wenn gilt

(i) $a \in U \Longrightarrow a^{-1} \in U$

(ii) $a, b \in U \Longrightarrow ab \in U$.

Beweis: Dass jede Untergruppe U die beiden Bedingungen erfüllen muss, gilt definitionsgemäß. Umgekehrt folgt aus (i) und (ii) zusammen $e \in U$. Da das Assoziativgesetz in ganz G und somit insbesondere in U gilt, erfüllt U folglich alle drei Gruppenaxiome. ◆

Frage 31 Ist $F \colon G \longrightarrow G'$ ein Gruppenhomomorphismus, warum tragen $\ker F$ und das Bild $\operatorname{im} F$ von F dann in natürlicher Weise eine Gruppenstruktur?

Antwort: Für $a, b \in \ker F$ gilt $F(ab) = F(a)F(b) = ee = e$, also $ab \in \ker F$. Ferner gilt wegen $F(a^{-1}) = (F(a))^{-1}$, dass mit a auch a^{-1} in $\ker F$ enthalten ist. Der Kern von F ist also nach dem Kriterium aus Frage 30 eine Untergruppe von G.

Für $a', b' \in \operatorname{im} F$ gibt es $a, b \in G$ mit $F(a) = a'$ und $F(b) = b'$. Somit gilt $F(ab) = a'b'$, also $a'b' \in \operatorname{im} F$. Außerdem gilt $F(a^{-1}) = F(a)^{-1} = a'^{-1}$, also ist mit a' auch a'^{-1} in $\operatorname{im} F$ enthalten und $\operatorname{im} F$ daher eine Untergruppe von G'. ◆

Frage 32 Was versteht man unter einer **Linksnebenklasse** von G bezüglich einer Untergruppe $H \subset G$? Was ist eine **Rechtsnebenklasse**?

Antwort: Für eine Unterguppe $H \subset G$ heißt die Menge

$$aH = \{ah; h \in H\}$$

für $a \in G$ eine *Linksnebenklasse von H in G*. Entsprechend heißt

$$Ha := \{ha; h \in H\}$$

eine *Rechtsnebenklasse von H in G*.

Beispiel: Sei $G = (\mathbb{R}^2, +)$ und $H \subset G$ ein eindimensionaler Unterraum, d.h. eine Gerade durch den Ursprung. Dann ist H insbesondere eine Untergruppe von G. Für $v \in \mathbb{R}^2$ bezeichnet dann die Linksnebenklasse $v + H$ in geometrischer Hinsicht die zu H parallele Gerade im $\mathbb{R}^2$, die durch den Punkt $O + v$ verläuft.

Die Menge der Linksnebenklassen bezüglich H wird mil G/H bezeichnet. Die Rechtsnebenklassen bezeichnet man mit $G \backslash H$. Die Abbildung $g \longmapsto g^{-1}$ bildet jedes Element $ah \in aH$ auf $(ah)^{-1} = h^{-1}a^{-1} \in Ha^{-1}$ ab und vermittelt daher eine Bijektion zwischen G/H und $G \backslash H$, die aH auf Ha^{-1} abbildet.

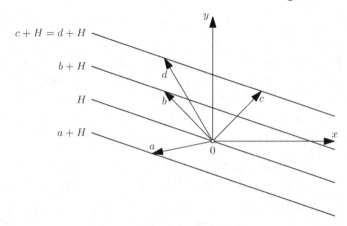

Ist G abelsch, so sind Links- und Rechtsnebenklassen trivialerweise identisch. Das gilt im Allgemeinen allerdings nicht. Diejenigen Untergruppen H, für die $aH = Ha$ gilt, besitzen besonderes Interesse (vgl. Frage 39). ♦

Frage 33

Wieso sind zwei Linksnebenklassen von H in G entweder disjunkt oder identisch?

Antwort: Es genügt, die folgende Implikation zu zeigen:

$$a \in bH \implies aH = bH. \qquad (*)$$

Aus $a' \in aH \cap bH$ folgt dann nämlich sofort $a'H = aH = bH$.

Sei also $a \in bH$, dann gilt $a = bh_1$ und $b = ah_1^{-1}$ für ein $h_1 \in H$. Für ein beliebiges Element $c \in bH$ gibt es entsprechend ein $h_2 \in H$ mit $c = bh_2$, und daraus folgt $c = ah_1^{-1}h_2 \in aH$. Also gilt $bH \subset aH$. Gilt umgekehrt $c \in aH$, also $c = ah_3$ für ein $h_3 \in H$, dann folgt $c = bh_1h_3 \in bH$. Damit ist auch $aH \subset bH$ und insgesamt $(*)$ gezeigt. ♦

Frage 34 Was versteht man unter dem **Index** einer Untergruppe H einer endlichen Gruppe G?

Antwort: Unter dem Index von H in G versteht man die Anzahl der Linksnebenklassen (und damit der Rechtsnebenklassen) von H in G. Man bezeichnet diese Zahl mit $(G : H)$. ♦

Frage 35 Was besagt der **Satz von Lagrange**?

Antwort: Der Satz von Lagrange besagt:
Ist G eine endliche Untergruppe und $H \subset G$ eine Untergruppe, dann gilt

$$|G| = (G : H) \cdot |H|.$$

Der *Beweis* ergibt sich im Wesentlichen aus Antwort 33. Aus dieser folgt insbesondere, dass G die disjunkte Vereinigung der Linksnebenklassen von H in G ist. Da in jeder Linksnebenklasse aH genau $|H|$ Elemente liegen, folgt daraus schon der Satz von Lagrange. ◆

Frage 36 Warum ist in einer endlichen Gruppe G die Ordnung einer Untergruppe H stets ein Teiler der Ordnung von G?

Antwort: Da $(G : H)$ eine natürliche Zahl ist, ergibt sich die Antwort als eine unmittelbare Konsequenz aus dem Satz von Lagrange. ◆

Frage 37 Was besagt der **kleine Fermat'sche Satz**? Was besagt er im Spezialfall $G = (\mathbb{Z}/p\mathbb{Z})^*$, wo p eine Primzahl ist?

Antwort: Aus dem Satz von Lagrange erhält man als Spezialfall:
Die Ordnung eines Elements $a \in G$ ist ein Teiler der Gruppenordnung. Für jedes $a \in G$ gilt also

$$a^{|G|} = a^{m \cdot \operatorname{ord} a} = e^m = e.$$

Das ist der kleine Fermat'sche Satz in gruppentheoretischer Sprechweise.
Ist $G = (\mathbb{Z}/p\mathbb{Z})^*$, so gilt wegen $|G| = p - 1$ speziell $\overline{a}^{p-1} = \overline{1}$ für alle $\overline{a} \in G$ bzw.

$$a^{p-1} = 1 \quad (\bmod\ p) \qquad \text{für alle } a \in \mathbb{Z}, \text{ die nicht durch } p \text{ teilbar sind.}$$

So lautet der kleine Fermat'sche Satz in seiner klassischen zahlentheoretischen Formulierung. ◆

Frage 38 Warum ist jede Gruppe von Primzahlordnung p zyklisch und damit abelsch?

Antwort: Nach dem Satz von Lagrange hat jedes Element aus G entweder die Ordnung 1 oder die Ordnung p. Jedes vom neutralen Element verschiedene Element aus G erzeugt daher die Gruppe G. ◆

Frage 39 Was versteht man unter einem **Normalteiler** in G?

Antwort: Eine Untergruppe $N \subset G$ heißt *Normalteiler in G*, wenn gilt:

$$aN = Na \qquad \text{für alle } a \in G,$$

d.h., wenn die Links- und Rechtsnebenklassen von N in G übereinstimmen.

Frage 40 Aus welchem Grund spielen die Normalteiler in einer Gruppe eine ausgezeichnete Rolle?

Antwort: Ist N ein Normalteiler in G, dann lässt sich auf der Menge der Linksnebenklassen G/N von N in G eine Gruppenstruktur definieren, indem man für zwei Linksnebenklassen aN und bN deren Produkt durch

$$aN \cdot bN := abN \qquad\qquad (*)$$

erklärt. Allerdings muss begründet werden, dass auf diese Weise tatsächlich eine Verknüpfung in der Menge der Linksnebenklassen von N in G gegeben ist. In der Definition $(*)$ werden nämlich Repräsentanten der vorkommenden Linksnebenklassen benutzt und es ist *a priori* nicht selbstverständlich, dass man bei der Wahl von anderen Repräsentanten derselben Klassen das gleiche Ergebnis bekommt. Es muss daher gezeigt werden, dass die Verknüpfung *wohldefiniert*, d.h. unabhängig von der Auswahl der Repräsentanten ist. Genau muss Folgendes gezeigt werden

Aus $a'N = aN$ und $b'N = bN$ folgt stets $abN = a'b'N$.

Seien also die beiden Voraussetzungen erfüllt. Dann gibt es Elemente $n_1, n_2 \in N$ mit $a = a'n_1$ und $b = b'n_2$, und daraus folgt

$$abN = ab'n_2N = ab'N = aNb' = a'n_2Nb' = a'Nb' = a'b'N.$$

Das zeigt die Wohldefiniertheit der Verknüpfung. Man beachte, dass hier zweimal von der Normalteilereigenschaft von N Gebrauch gemacht wurde. Diese Argumentation lässt sich daher nicht auf Links- oder Rechtsnebenklassen übertragen.

Die Gruppenstruktur von G/N ergibt sich nun leicht aus derjenigen von G. So überträgt sich die Assoziativität der Verknüpfung $(*)$ unmittelbar von G auf G/N. Die Verknüpfungsdefinition garantiert unmittelbar, dass mit aN und bN auch $aN \cdot bN$ eine Linksnebenklasse von N in G ist. Ferner ist mit $eN = N$ ein neutrales Element in G/N gegeben und zu jeder Linksnebenklasse $aN \in G/N$ existiert mit $a^{-1}N$ ein inverses Element in G/N. Damit ist G/N eine Gruppe und die *kanonische Projektion*

$$\pi \colon G \longrightarrow G/N, \qquad a \mapsto aN$$

ein Gruppenhomomorphismus.   ◆

Frage 41 Ist der Kern eines Gruppenhomomorphismus $F \colon G \longrightarrow G'$ stets ein Normalteiler in G?

Antwort: Sei $b \in \ker F$. Dann gilt für jedes $a \in G$

$$F(aba^{-1}) = F(a)F(b)F(a^{-1}) = F(a)F(a^{-1}) = 1,$$

also $aba^{-1} \in \ker F$. Daraus folgt zunächst $a \cdot \ker F \cdot a^{-1} \subset \ker F$ und durch einen Mächtigkeitsvergleich der beiden Mengen dieser Inklusion anschließend $a \cdot \ker F \cdot a^{-1} = \ker F$, also $a \cdot \ker F = \ker F \cdot a$. Demnach ist $\ker F$ ein Normalteiler in G.

Die Aussage des folgenden Homomorphiesatzes impliziert, dass jeder Normalteiler in G sich als Kern eines Gruppenhomomorphismus realisieren lässt.

♦

Frage 42 Was besagt der **Homomorphiesatz** für Gruppen?

Antwort: Der Homomorphiesatz besagt:
Zu jedem Gruppenhomomorphismus $F \colon G \longrightarrow G'$ gibt es einen eindeutig bestimmten Homomorphismus $\overline{F} \colon G/\ker F \longrightarrow G'$, so dass das folgende Diagramm kommutiert.

$$
\begin{array}{ccc}
G & \xrightarrow{\ F\ } & G' \\
& \pi \searrow & \uparrow \overline{F} \\
& & G/\ker F
\end{array}
$$

Es gilt $\mathrm{im}\, F = \mathrm{im}\, \overline{F}$ *und* $\ker \overline{F} = \overline{0}$, *insbesondere ist* $\overline{F}$ *injektiv. Für surjektives* F *gilt also*

$$G' \simeq G/\ker F.$$

Beweis: Falls überhaupt eine Abbildung $\overline{F}$ mit diesen Eigenschaften existiert, dann gilt für alle $a \in G$:

$$\overline{F}(a \ker F) = F(a). \qquad (*)$$

Umgekehrt folgt die Existenz von $\overline{F}$, wenn man zeigen kann, dass die durch $(*)$ gegebene Abbildung wohldefiniert, also unabhängig von der Auswahl der Repräsentanten ist. Dazu muss gezeigt werden, dass aus $a \ker F = b \ker F$ stets $\overline{F}(a \ker F) = \overline{F}(b \ker F)$ folgt.

Sei also $a \ker F = b \ker F$, dann gilt $ab^{-1} \in \ker F$, also $F(ab^{-1}) = F(a)F^{-1}(b) = 1$, also $F(a) = F(b)$, und mit Definition $(*)$ folgt wie gewünscht $\overline{F}(a \ker F) = \overline{F}(b \ker F)$. Das zeigt, dass $\overline{F}$ durch $(*)$ wohldefiniert ist. Also existiert ein Homomorphismus mit den gesuchten Eigenschaften. Dieser ist eindeutig, weil er $(*)$ erfüllen muss.

Beispiel: Sei $\mathrm{GL}(n, K)$ die Gruppe der invertierbaren $n \times n$-Matrizen über einem Körper K. Die Determinantenabbildung

$$\det \colon \mathrm{GL}(n, K) \longrightarrow K^*$$

ist ein surjektiver Gruppenhomomorphismus (vgl. Frage 265) mit dem Kern $\mathrm{SL}(n, K)$ („Special Linear Group": die Menge aller $n \times n$-Matrizen über K mit Determinante 1). Mit dem Homomorphiesatz schließt man

$$\mathrm{GL}(n, K)/\mathrm{SL}(n, K) \simeq K^*.$$

Weitere Anwendungsbeispiele des Homomorphiesatzes finden sich in den Antworten zu Frage 51 und Frage 64. ◆

Frage 43 Was besagt der **Satz von Cayley**?

Antwort: Der Satz von Cayley besagt:
Für jede Gruppe existiert ein kanonischer injektiver Homomorphismus

$$G \longrightarrow \mathrm{Sym}\, G$$

in die Gruppe $\mathrm{Sym}\, G$ *aller Selbstabbildungen von G. Mit anderen Worten, jede Gruppe der Ordnung n ist isomorph zu einer Untergruppe von* S_n.
Zum *Beweis* betrachte man für $a \in G$ die Abbildung

$$\tau_a : G \longrightarrow G, \qquad g \mapsto ag.$$

Man verifiziert leicht die folgenden drei Eigenschaften

  (i) τ_a ist bijektiv für jedes $a \in G$
  (ii) $\tau_a \circ \tau_b = \tau_{ab}$ für alle $a, b \in G$
  (iii) $\tau_a \circ \tau_{a^{-1}} = \mathrm{id}$ für alle $a \in G$.

Aus (i), (ii) und (iii) folgt, dass die Menge $\Theta := \{\tau_a; a \in G\}$ eine Untergruppe der symmetrischen Gruppe $\mathrm{Sym}(G)$ ist. Wegen (ii) ist

$$G \longrightarrow \Theta, \qquad a \mapsto \tau_a$$

ein Homomorphismus. Dieser ist injektiv, denn aus $\tau_a = \tau_b$ folgt $ag = bg$ für alle $g \in G$, also $a = b$. ◆

Frage 44 Können Sie alle Untergruppen der symmetrischen Gruppe S_3 beschreiben?

Antwort: Die einzigen Untergruppen der Ordnung 2 in S_3 sind die von den Transpositionen σ_4, σ_5 und σ_6 (zur Bezeichnung siehe Frage 11) erzeugten Untergruppen.
  Eine Untergruppe der Ordnung 3 ist mit $\langle \sigma_2 \rangle := \{1, \sigma_2, \sigma_3\}$ gegeben.
  Mehr Untergruppen der Ordnung 3 kann es nicht geben, denn eine von $\langle \sigma_2 \rangle$ verschiedene Untergruppe der Ordnung 3 müsste mindestens eine der Permutationen σ_4, σ_5 oder σ_6 der Ordnung 2 enthalten, was aufgrund des Satzes von Lagrange nicht sein kann.
  Da nach dem Satz von Lagrange jede echte Untergruppe von S_3 höchstens die Ordnung 3 hat, sind damit alle Untergruppen aufgezählt. ◆

Frage 45 Warum ist jede Gruppe der Ordnung ≤ 5 eine abelsche Gruppe?

Antwort: Die Gruppen der Ordnung 2, 3 und 5 sind Gruppen von Primzahlordnung. Für eine Gruppe G, deren Ordnung eine Primzahl p ist, folgt aber aus dem Satz von Lagrange, dass jedes vom neutralen Element verschiedene Element aus G die Ordnung p hat und damit ein Erzeuger von G ist. Gruppen mit Primzahlordnung sind also zyklisch und damit nach Antwort 38 abelsch.

Für Gruppen der Ordnung 4 wurde die Behauptung schon in der Antwort zu Frage 13 gezeigt, und für Gruppen der Ordnung 1 ist sie trivial. ◆

1.3 Der Signum-Homomorphismus

Jeder Permutation $\sigma\colon \{1, 2, \ldots, n\} \longrightarrow \{1, 2, \ldots, n\}$ lässt sich ein Vorzeichen so zuordnen, dass die Abbildung

$$\varepsilon\colon S_n \longrightarrow \{-1, 1\}$$

ein Gruppenhomomorphismus ist. Die Homomorphieeigenschaft von ε spielt in vielen Zusammenhängen eine große Rolle, insbesondere bei der Definition der Determinante nach Leibniz (vgl. Frage 271).

Frage 46 Was versteht man unter dem **Fehlstand** einer Permutation $\sigma \in S_n$?

Antwort: Ein Paar $(j, k) \in \{1, \ldots, n\}^2$ nennt man einen *Fehlstand* von $\sigma \in S_n$, wenn

$$j < k \quad \text{aber} \quad \sigma(j) > \sigma(k)$$

gilt. Zum Beispiel hat die Permutation $\begin{bmatrix} 1 & 2 & 3 \\ 2 & 3 & 1 \end{bmatrix}$ genau zwei Fehlstände, nämlich das Paar $(1, 3)$ und das Paar $(2, 3)$. ◆

Frage 47 Wie ist das **Vorzeichen** einer Permutation $\sigma \in S_n$ definiert?

Antwort: Für $\sigma \in S_n$ ist das **Vorzeichen** $\operatorname{sign} \sigma$ definiert durch

$$\operatorname{sign} \sigma = \begin{cases} +1, \text{ falls } \sigma \text{ eine gerade Anzahl an Fehlständen hat} \\ -1, \text{ falls } \sigma \text{ eine ungerade Anzahl an Fehlständen hat.} \end{cases}$$

◆

Frage 48 Wann heißt ein Element $\tau \in S_n$ eine **Transposition**?

Antwort: Eine Permutation $\tau \in S_n$ heißt *Transposition*, wenn sie zwei Elemente aus $\{1, \ldots, n\}$ vertauscht und alle anderen fest lässt, wenn es also zwei Elemente k, j aus $\{1, \ldots, n\}$ mit $k \neq j$ gibt, so dass gilt:

$$\tau(k) = j, \quad \tau(j) = k, \quad \tau(m) = m \quad \text{für alle } m \in \{1, \ldots, n\} \backslash \{j, k\}.$$

Zur Bezeichnung der Transposition benutzt man die Schreibweise (j, k).   ◆

Frage 49   Warum ist jede Permutation $\sigma \in S_n$ für $n \geq 2$ ein endliches Produkt von Transpositionen?

Antwort: Ist σ die identische Abbildung, dann gilt $\sigma = \tau \cdot \tau^{-1}$ für jede beliebige Transposition $\tau \in S_n$.

Im anderen Fall gibt es eine kleinste Zahl $j \in \{1, \ldots n\}$, für die $\sigma(j) \neq j$ gilt, spezieller $\sigma(j) > j$ wegen der Bijektivität von σ. Ist τ_1 die Abbildung, welche j mit $\sigma(j)$ vertauscht, dann ist $\tau_1 \cdot \sigma$ eine Permutation, die mindestens die ersten j Elemente aus $\{1, \ldots, n\}$ fest lässt, d.h., $\tau_1 \cdot \sigma$ bildet mindestens ein Element mehr als σ auf sich selbst ab. Daraus folgt induktiv die Existenz von Transpositionen $\tau_1, \tau_2, \ldots, \tau_k$ mit $k < n - j + 1$, für die gilt $\tau_k \cdots \tau_2 \cdot \tau_1 \cdot \sigma = \text{id}$, also $\sigma = \tau_1^{-1}$.

Beispiel. Für die Permutation $\sigma = \begin{bmatrix} 1\,2\,3\,4\,5 \\ 4\,5\,1\,2\,3 \end{bmatrix}$ erhält man nacheinander

$$(1,4) \cdot \sigma = \begin{bmatrix} 1\,2\,3\,4\,5 \\ 1\,5\,4\,2\,3 \end{bmatrix},$$

$$(2,5) \cdot (1,4) \cdot \sigma = \begin{bmatrix} 1\,2\,3\,4\,5 \\ 1\,2\,4\,5\,3 \end{bmatrix},$$

$$(3,4) \cdot (2,5) \cdot (1,4) \cdot \sigma = \begin{bmatrix} 1\,2\,3\,4\,5 \\ 1\,2\,3\,5\,4 \end{bmatrix},$$

$$(4,5) \cdot (3,4) \cdot (2,5) \cdot (1,4) \cdot \sigma = \begin{bmatrix} 1\,2\,3\,4\,5 \\ 1\,2\,3\,4\,5 \end{bmatrix} = \text{id}.$$

Es folgt $\sigma = ((4,5) \cdot (3,4) \cdot (2,5) \cdot (1,4))^{-1} = (1,4) \cdot (2,5) \cdot (3,4) \cdot (4,5)$.   ◆

Frage 50   Warum ist die Abbildung

$$\varepsilon \colon S_n \longrightarrow \{-1, 1\}, \qquad \sigma \mapsto \varepsilon(\sigma) := \text{Vorzeichen von } \sigma$$

ein Gruppenhomomorphismus?

Antwort: Es muss gezeigt werden, dass für $\tau, \sigma \in S_n$ gilt:

$$\text{sign}\,(\tau \cdot \sigma) = \text{sign}\,\tau \cdot \text{sign}\,\sigma. \tag{$*$}$$

Dieser Zusammenhang ergibt sich im Wesentlichen aus der folgenden Darstellung des Signums:

$$\operatorname{sign}\sigma = \prod_{\pi(j)<\pi(k)} \frac{\sigma(k)-\sigma(j)}{k-j}, \qquad (**)$$

wobei $\pi \in S_n$ beliebig gewählt werden kann. Um Formel $(**)$ einzusehen, mache man sich klar, dass im Zähler des rechts vom Gleichheitszeichen stehenden Produktes bis auf die Reihenfolge und das Vorzeichen genau dieselben Differenzen als Faktoren vorkommen wie im Nenner. Somit beträgt der Wert des Produkts ± 1. Weiter trägt ein Quotient $\frac{\sigma(k)-\sigma(j)}{k-j}$ genau dann ein negatives Vorzeichen, wenn das Paar (k,j) ein Fehlstand von σ ist. Daraus folgt insgesamt $((**))$.

Den Zusammenhang $(*)$ erhält man damit nun aus

$$\operatorname{sign}(\tau\cdot\sigma) = \prod_{j<k} \frac{\tau(\sigma(k))-\tau(\sigma(j))}{k-j} = \prod_{j<k} \frac{\tau(\sigma(k))-\tau(\sigma(j))}{\sigma(k)-\sigma(j)} \cdot \prod_{j<k} \frac{\sigma(k)-\sigma(j)}{k-j}$$

$$= \prod_{j<k} \frac{\tau(\sigma(k))-\tau(\sigma(j))}{\sigma(k)-\sigma(j)} \cdot \operatorname{sign}\sigma = \prod_{\sigma(j)<\sigma(k)} \frac{\tau(\sigma(k))-\tau(\sigma(j))}{\sigma(k)-\sigma(j)} \cdot \operatorname{sign}\sigma$$

$$= \prod_{j<k} \frac{\tau(k)-\tau(j)}{k-j} \cdot \operatorname{sign}\sigma = \operatorname{sign}\tau \cdot \operatorname{sign}\sigma.$$

♦

Frage 51

Wie viele Elemente hat $A_n = \ker \varepsilon$? A_n nennt man übrigens die **alternierende Gruppe** vom Grad n. Sie hat die Ordnung $\frac{1}{2}n!$.

Antwort: A_n ist als Kern des Gruppenhomomorphismus ε ein Normalteiler in S_n (vgl. Frage 41). Da ε surjektiv ist, folgt mit dem Homomorphiesatz (vgl. Frage 42)

$$S_n/A_n \simeq \{-1,1\},$$

also insbesondere $|S_n/A_n| = (S_n : A_n) = 2$. Mit dem Satz von Lagrange folgt hieraus $|A_n| = |S_n|/2$, also $|A_n| = \frac{1}{2}n!$.

♦

Frage 52 Wann heißt eine Permutation $\sigma \in S_n$ **gerade**, wann **ungerade**? Wie lassen sich demnach die Elemente aus A_n charakterisieren?

Antwort: Die Darstellung einer Permutation als Produkt von Transpositionen, deren generelle Möglichkeit in Frage 49 gezeigt wurde, ist in der Regel nicht eindeutig. Für jede Permutation σ ist jedoch eindeutig bestimmt, ob sie sich als Produkt einer geraden oder ungeraden Anzahl von Transpositionen schreiben lässt.

Für den Nachweis zeigen wir, dass für eine beliebige Permutation $\sigma \in S_n$ und eine beliebige Transposition $\tau \in S_n$ stets gilt:

$$\mathrm{sign}\,(\tau \cdot \sigma) = -\mathrm{sign}\,\sigma.$$

Daraus folgt, dass sich jede Permutation mit ungeradem Vorzeichen nur als Produkt einer ungeraden Anzahl an Transpositionen darstellen lässt und entsprechend jede Permutation mit geradem Vorzeichen nur als Produkt einer geraden Anzahl an Transpositionen. Sei

$$\sigma = \begin{bmatrix} \cdots & j & \cdots & i & \cdots & k & \cdots \\ \cdots & \sigma(j) & \cdots & \sigma(i) & \cdots & \sigma(k) & \cdots \end{bmatrix} \qquad (*)$$

und τ die Transpostion, die $\sigma(j)$ und $\sigma(k)$ miteinander vertauscht. Beim Übergang von σ zu $\tau \cdot \sigma$ ändert sich die Anzahl der Fehlstände, und diese Anzahl hängt ab von

- der Änderung der Reihenfolge von $\sigma(j)$ und $\sigma(k)$. Dies bewirkt genau einen zusätzlichen Fehlstand oder genau einen Fehlstand weniger
- der Änderung der Reihenfolge von $\sigma(j)$ und $\sigma(i)$ sowie $\sigma(i)$ und $\sigma(k)$ für alle i mit $j < i < k$. Hier muss unterschieden werden:

  - Ist $\sigma(i) < \min\{\sigma(j), \sigma(k)\}$ oder $\sigma(i) > \max\{\sigma(j), \sigma(k)\}$, so ändert sich die Anzahl der Fehlstände nicht.
  - Für $\min\{\sigma(j), \sigma(k)\} < \sigma(i) < \max\{\sigma(j), \sigma(k)\}$ ändert sich die Anzahl der Fehlstände um $+2$ oder -2.

Das Aufsummieren der hinzugekommenen bzw. weggefallenen Fehlstände ergibt also in jedem Fall eine ungerade Zahl. Daraus folgt $(*)$ und insgesamt die Behauptung.

Bezüglich A_n gilt damit

$$A_n = \{\sigma \in S_n; \sigma \text{ ist ein Produkt einer geraden Anzahl von Transpositionen}\}.$$

◆

Frage 53 Warum ist A_n für $n \geq 4$ keine abelsche Gruppe?

Antwort: Für paarweise verschiedene $x_1, x_2, x_3 \in \{1, \ldots, n\}$ gilt

$$(x_1, x_2, x_3) = (x_1, x_2) \circ (x_2, x_3).$$

Das heißt, dass jeder Drei-Zyklus (also eine Permutation, die genau drei Elemente nicht fest lässt) sich als Produkt zweier Transpositionen schreiben lässt und folglich zu A_n gehört. Ist $n \geq 4$, so enthält A_n die beiden Drei-Zyklen $\sigma_1 = (1, 2, 3)$ und $\sigma_2 = (2, 3, 4)$. Für diese gilt

$$\sigma_1 \circ \sigma_2 = (1, 2) \circ (3, 4) \neq (1, 3) \circ (2, 4) = \sigma_2 \circ \sigma_1.$$

◆

1.4 Ringe und Körper

Neben dem Gruppenbegriff sind für die Lineare Algebra auch die Strukturen „Ring" und „Körper" von großer Bedeutung. Wir bringen an dieser Stelle aus systematischen Gründen auch schon tiefer liegende Sachverhalte insbesondere über Ringe zur Sprache, die erst an späterer Stelle ab Kapitel 5.3 gebraucht werden.

Frage 54 Was versteht man unter

- (a) einem **Ring**,
- (b) einem **Schiefkörper**,
- (c) einem **Körper?**

Benutzen Sie bei Ihren Antworten nach Möglichkeit die Sprache der Gruppentheorie.

Antwort: (a) Ein *Ring* ist eine Menge R mit zwei inneren Verknüpfungen „+" und „$\cdot$" mit den Eigenschaften

- (R1) $(R, +)$ ist eine abelsche Gruppe.
- (R2)   Die Verknüpfung „$\cdot$" ist assoziativ.
- (R2)   Es gelten die *Distributivgesetze*

$$(a + b) \cdot c = a \cdot c + b \cdot c, \quad c \cdot (a + b) = c \cdot a + c \cdot b \quad \text{für } a, b, c \in R.$$

Besitzt R außerdem ein Einselement bezüglich der Multiplikation, so nennt man R einen *Ring mit Eins*. Wo nicht ausdrücklich anders gesagt, verstehen wir unter einem Ring stets einen Ring mit Eins.

(b) Ein *Schiefkörper* S ist ein Ring mit der zusätzlichen Eigenschaft, dass $(S^*, \cdot) = (S \backslash \{0\}, \cdot)$ eine multiplikative Gruppe bildet, Zusätzlich zu den Eigenschaften R1, R2 und R3 gilt für S also noch, dass zu jedem $a \in S^*$ ein inverses Element a^{-1} existiert, so dass gilt

$$a^{-1} \cdot a = 1.$$

(c) Ein *Körper* K ist ein Schiefkörper mit der zusätzlichen Eigenschaft, dass die multiplikative Gruppe $(K^*, \cdot)$ kommutativ ist. ◆

Frage 55 Können Sie Beispiele nennen für

- (a) Ringe (nichtkommutative und kommutative),
- (b) einen Schiefkörper,
- (c) einige Körper?

Antwort: (a) Die Menge der ganzen Zahlen ist ein kommutativer Ring mit 1. Die Mengen $n\mathbb{Z}$ für $n \in \mathbb{N}$ sind ebenfalls kommutative Ringe, besitzen jedoch kein Einselement bezüglich der Multiplikation. Ferner sind alle Körper und Schiefkörper insbesondere auch Ringe.

Aus einem gegebenen Ring R lassen sich durch verschiedene Konstruktionsprozesse weitere Ringe gewinnen:

Für einen Körper K sei $R = K^{n \times n}$ die Menge der $(n \times n)$-Matrizen mit Koeffizienten in K. Dann ist R bezüglich der üblichen Addition und Multiplikation von Matrizen ein Ring mit der Einheitsmatrix als neutralem multiplikativem Element. R ist für $n \geq 2$ nicht kommutativ. Etwas allgemeiner gilt, dass für einen Vektorraum V die Menge der linearen Abbildungen $V \longrightarrow V$ die Struktur eines Rings besitzt, wobei die additive Struktur durch die übliche Addition von Abbildungen und die Multiplikation durch die Verknüpfung von Abbildungen gegeben ist. Man beachte, dass die Gültigkeit des Distributivgesetzes hier von der *Linearität* der Abbildungen abhängt.

Für eine Menge M und einen Ring R sei R^M die Menge aller Abbildungen $M \longrightarrow R$. Definiert man für $f, g \in R^M$ die Verknüpfungen

$$
f + g \colon X \longrightarrow R, \qquad x \mapsto f(x) + g(x)
$$
$$
f \cdot g \colon X \longrightarrow R, \qquad x \mapsto f(x) \cdot g(x),
$$

dann ist R^M auf natürliche Weise ein Ring.

Im Fall $I = \mathbb{N}$ erhält man aus dem vorhergehenden Punkt einen wichtigen Spezialfall. Der *Polynomring* $R[X]$ ist definiert als

$$
R[X] := \{(a_i)_{i \in \mathbb{N}}; a_i \in R \text{ und } a_i = 0 \text{ für alle bis auf endlich viele } i\}.
$$

$R[X]$ ist damit isomorph zu einem Unterring von $R^{\mathbb{N}}$. Genauer gilt:

$$
R[X] \simeq R^{(\mathbb{N})} := \{f \in R^{\mathbb{N}}; f(n) = 0 \text{ für alle bis auf endlich viele } n \in \mathbb{N}\}
$$

(b) Das bekannteste Beispiel eines Schiefkörpers ist der Schiefkörper $\mathbb{H}$ der *Hamilton'schen Quaternionen*. Zur Konstruktion von $\mathbb{H}$ gehe man aus von einem vierdimensionalen Vektorraum V über R mit Basis e, i, j, k und definiere

$$
e^2 = e, \quad ei = ie = i, \quad ej = je = j, \quad ek = ke = k,
$$
$$
i^2 = j^2 = k^2 = -e,
$$
$$
ij = -ji = k, \quad jk = -kj = i, \quad ki = -ik = j.
$$

Das Produkt beliebiger Elemente aus V erklärt man hiervon ausgehend durch $\mathbb{R}$-lineare Ausdehnung. Mit dieser Multiplikation und der gewöhnlichen Vektoraddition ist $(V, +, \cdot) =: \mathbb{H}$ ein Schiefkörper.

(c) Beispiele für Körper sind $\mathbb{Q}, \mathbb{R}$ oder $\mathbb{C}$. Zwischen $\mathbb{Q}$ und $\mathbb{C}$ liegen unendlich viele *Zwischenkörper*, etwa $\mathbb{Q}(\sqrt{2}) := \{a + b\sqrt{2}; a, b \in \mathbb{Q}\}$ oder $\mathbb{Q}(i) := \{a + bi, ; a, b \in \mathbb{Q}\}$. Diese Körper enthalten alle unendlich viele Elemente.

Beispiele *endlicher Körper* sind für jede Primzahl p die Mengen $\mathbb{F}_p := \mathbb{Z}/p\mathbb{Z}$. Ist allgemeiner $q = p^n$ eine Primzahlpotenz, so existiert ein Körper $\mathbb{F}_q$ mit q Elementen. Diesen erhält man als Erweiterungskörper von $\mathbb{F}_p$. (vgl. [5]).

Für einen Körper K ist die Menge $K(X)$ der *rationalen* Funktionen ebenfalls ein Körper. Diesen erhält man rein algebraisch als *Quotientenkörper* des Polynomrings $K[X]$ (analog zur Konstruktion von $\mathbb{Q}$ aus $\mathbb{Z}$)   ♦

Frage 56 Was versteht man unter einem **Integritätsring**?

Antwort: Ein kommutativer Ring R, mit $1 \neq 0$ heißt *Integritätsring*, wenn für zwei Elemente $a, b \in R$ mit $a \neq 0$ und $b \neq 0$ stets auch $ab \neq 0$ gilt. Ein Integritätsring ist somit ein *nullteilerfreier* Ring.   ◆

Frage 57 Worin besteht der Unterschied zwischen einem kommutativen Ring mit Einselement ($\neq 0$) und einem Körper?

Antwort: Ein Ring, der kein Körper ist, besitzt nicht zu jedem Element ein multiplikativ Inverses, ist also bezüglich der Multiplikation keine Gruppe.   ◆

Frage 58 Warum besitzt der Körper $\mathbb{Q}$ der rationalen Zahlen keinen echten Unterkörper?

Antwort: Sei $U \subset \mathbb{Q}$ ein Unterkörper von $\mathbb{Q}$. Wegen $1 \in U$ folgt zunächst $\mathbb{Z} \in U$ und damit auch $\frac{1}{m} \in U$ für alle $m \in \mathbb{Z}^*$. Beide Zwischenergebnisse zusammen implizieren aber, dass die Brüche $\frac{n}{m}$ für alle $n \in \mathbb{Z}$ und alle $m \in \mathbb{Z}^*$ in U enthalten sind, dass also $U = \mathbb{Q}$ gilt.

◆

Frage 59 Was versteht man unter der **Charakteristik** eines Körpers K?

Antwort: Für $n \in \mathbb{N}$ betrachte man die endlichen Summen

$$\underbrace{1_K + 1_K + \cdots + 1_K}_{n \text{ Summanden}} =: n \cdot 1_K.$$

Sind diese alle von null verschieden, so setzt man $\mathrm{char}(K) = 0$. Andernfalls gibt es eine kleinste Zahl n, für die $n \cdot 1_K = 0$ gilt. In diesem Fall ist $\mathrm{char}(K) = n$.   ◆

Frage 60 Welche Charakteristik haben die Körper $\mathbb{Q}, \mathbb{Q}(\sqrt{2}) := \{a + b\sqrt{2}; a, b \in \mathbb{Q}\}$ und $\mathbb{C}$?

Antwort: Alle drei Körper besitzen die Charakteristik 0.   ◆

Frage 61 Gibt es Körper der Charakteristik 2 mit unendlich vielen Elementen?

Antwort: Ja, beispielsweise ist der Körper $K = \mathbb{F}_2(X)$ der rationalen Funktionen über dem Körper $\mathbb{F}_2$ ein Körper mit unendlich vielen Elementen, für den $1_K + 1_K = 0$ gilt.

Ein weiteres Beispiel ist der *algebraische Abschluss* $\overline{\mathbb{F}}_2$ von $\mathbb{F}_2$. Zur Definition des algebraischen Abschlusses vergleiche [5]. ◆

Frage 62 Warum ist die Charakteristik eines endlichen Körpers stets eine Primzahl?

Antwort: Sei char $(K) = n = pq$ eine zusammengesetzte Zahl mit $1 < p, q < n$. Definitionsgemäß ist dann n die kleinste natürliche Zahl mit $n1_K = 0$. Aufgrund des Distributivgesetzes gilt

$$(p1_K) \cdot (q1_K) = \underbrace{(1_K + \cdots + 1_K)}_{p\text{-mal}} \cdot \underbrace{(1_K + \cdots + 1_K)}_{q\text{-mal}} = (pq)1_K = n1_K = 0$$

Nach Voraussetzung ist $q1_K \neq 0$, also existiert ein Inverses $(q1_K)^{-1}$, und es folgt

$$p1_K = (p1_K) \cdot (q1_K) \cdot (q1_K)^{-1} = 0 \cdot (q1_K)^{-1} = 0,$$

im Widerspruch zur Voraussetzung. ◆

Frage 63 Was versteht man unter dem **Primkörper** eines Körpers K?

Antwort: Der Primkörper von K ist der kleinste Unterkörper von K. ◆

Frage 64 Ist K ein Körper und P sein Primkörper. Warum gilt dann

(a) $\text{char}(K) = p \iff P \simeq \mathbb{Z}/p\mathbb{Z}$,
(b) $\text{char}(K) = 0 \iff P \simeq \mathbb{Q}$?

Mit anderen Worten: Warum sind $\mathbb{Q}$ und die Restklassenkörper $\mathbb{Z}/p\mathbb{Z}$ bis auf Isomorphie die einzigen Primkörper?

Antwort: (a) Ist $P = \mathbb{Z}/p\mathbb{Z}$, dann gilt $\text{char}(K) = p$, andernfalls würde $q1_K = 0$ für ein $q < p$ gelten, und damit wäre $\mathbb{Z}/p\mathbb{Z}$ kein Unterkörper von K.

Zum Beweis der anderen Richtung betrachte man die Abbildung

$$F: \mathbb{Z} \longrightarrow K, \qquad n \longrightarrow n1_K.$$

Man überprüft leicht, dass es sich dabei um einen Homomorphismus von Ringen handelt, insbesondere also um einen Gruppenhomomorphismus der additiven Gruppe $(\mathbb{Z}, +)$ in die additive Gruppe $(K, +)$. Ist $\text{char}(K) = p$, so gilt $\ker F = p\mathbb{Z}$, und aus dem Homomorphiesatz (Frage 42) folgt $\mathbb{Z}/p\mathbb{Z} \simeq \text{im } F \subset K$.

(b) Ist $\text{char}(K) = 0$, so sind alle endlichen Summen $n1_K$ für $n \in \mathbb{Z} \backslash \{0\}$ von null verschieden und besitzen daher ein inverses Element. Man betrachte

$$F^*: \mathbb{Q} \longrightarrow K, \qquad \frac{n}{m} \mapsto n1_K \cdot (m1_K)^{-1}.$$

Die Abbildung F^* ist wegen

$$F^*\left(\frac{kn}{km}\right) = kn1_K\cdot(km1_K)^{-1} = k1_K\cdot n1_K\cdot(k1_K\cdot m1_K)^{-1} = n1_K\cdot(m1_K)^{-1} = F^*\left(\frac{n}{m}\right)$$

wohldefiniert. Ferner ist F^*, wie man leicht überprüft, ein injektiver Körperhomomorphismus. Daraus folgt $\mathbb{Q} \subset K$ und folglich $\mathbb{Q} = P$, da $\mathbb{Q}$ keine weiteren Unterkörper enthält.

Die Umkehrung der Aussage ist trivial.   ◆

Frage 65 Was ist ein **Ideal** in einem Ring R?

Antwort: Eine Teilmenge $\mathfrak{a} \subset R$ heißt *Ideal*, wenn gilt:

(i) $\mathfrak{a}$ ist eine additive Untergruppe.
(ii) Für alle $a \in \mathfrak{a}$ und alle $r \in R$ gilt $ra \in \mathfrak{a}$ und $ar \in \mathfrak{a}$.

Zum Beispiel bilden für jedes $a \in R$ die Mengen

$$Ra := (a) := \{ra; r \in R\}$$

ein Ideal in R. Den Nachweis hierfür kann man gerne als Übung nachvollziehen.   ◆

Frage 66 Welches sind die Ideale in $\mathbb{Z}$?

Antwort: Die Ideale in $\mathbb{Z}$ sind genau die Mengen $a\mathbb{Z} := \{am; m \in \mathbb{Z}\}$ mit $a \in \mathbb{Z}$.   ◆

Frage 67 Ist ein Ideal $\mathfrak{a} \subset R$ stets auch ein Unterring von R?

Antwort: Nein, denn im Allgemeinen ist $1 \notin \mathfrak{a}$. Genauer folgt aus $1 \in \mathfrak{a}$ bereits $\mathfrak{a} = R$, da für jedes $r \in R$ gilt $r = 1 \cdot r \in \mathfrak{a}$.   ◆

Frage 68 Was versteht man unter einem **Hauptidealring**? Kennen Sie ein Beispiel?

Antwort: Ein Ring R heißt *Hauptidealring*, wenn jedes Ideal $\mathfrak{a} \subset R$ von einem einzigen Element erzeugt wird, wenn also ein $a \in R$ existiert mit

$$\mathfrak{a} = Ra := (a) := \{ra; r \in R\}.$$

Ein einfaches Beispiel eines Hauptidealrings ist $\mathbb{Z}$.   ◆

Frage 69 Können Sie zeigen, dass für einen Homomorphismus $F : R \longrightarrow R'$ zwischen Ringen R und R' der Kern von F ein Ideal in R ist?

Antwort: Für a, $b \in \ker F$ gilt $F(a+b) = F(a)+F(b) = 0+0 = 0$, also $a+b \in \ker F$. Ferner folgt für beliebiges $r \in RF(ra) = r \cdot F(a) = r \cdot 0 = 0$, also $ra \in \ker F$. Das zeigt die Behauptung. ◆

Frage 70 Wie ist für einen Ring R und ein Ideal $\mathfrak{a} \subset R$ der **Quotienten- bzw. Restklassenring** $R/\mathfrak{a}R$ definiert? Können Sie zeigen, dass $R/\mathfrak{a}R$ von R tatsächlich die Struktur eines Rings erbt?

Antwort: Ähnlich wie für Untergruppen definiert man für ein Ideal $\mathfrak{a} \subset R$ eine Relation „$\sim_{\mathfrak{a}}$" auf R durch

$$a \sim_{\mathfrak{a}} b \iff a - b \in \mathfrak{a}.$$

Die Relation „$\sim_{\mathfrak{a}}$" ist dann eine Äquivalenzrelation. Denn wegen $a - a = 0 \in \mathfrak{a}$ für jedes $a \in R$ gilt $a \sim_{\mathfrak{a}} a$, die Relation ist also reflexiv. Sie ist symmetrisch, da aus $a-b \in \mathfrak{a}$. also $a \sim_{\mathfrak{a}} b$ auch $b-a = -(a-b) \in \mathfrak{a}$, also $b \sim_{\mathfrak{a}} a$ folgt. Um die Transitivität zu zeigen, nehme man $a \sim_{\mathfrak{a}} b$ und $b \sim_{\mathfrak{a}} c$ mit $a, b, c \in R$ an. Dann gilt $a - b \in \mathfrak{a}$ und $b - c \in \mathfrak{a}$ und daraus folgt

$$(a - b) + (b - c) = a - c \in \mathfrak{a},$$

also $a \sim_{\mathfrak{a}} c$. Das zeigt die Transitivität.

Man kann daher zu jedem $a \in R$ die Nebenklasse

$$[a] := \{b \in R; b \sim_{\mathfrak{a}} a\} = a + \mathfrak{a}$$

bilden. Nach Frage 33 sind zwei Nebenklassen entweder disjunkt oder identisch, insbesondere ist R die disjunkte Vereinigung der Nebenklassen modulo $\mathfrak{a}$.

Eine Ringstruktur auf $R/\mathfrak{a}$ erklärt man mittels der Verknüpfungsregeln

$$[a] + [b] := [a + b], \quad [a] \cdot [b] := [a \cdot b].$$

Hier ist wie in Antwort 40 zu zeigen, dass diese Regeln unabhängig von der Auswahl der Repräsentanten sind. Gilt etwa $[a] = [a']$ und $[b] = [b']$, dann hat man $a - a' \in \mathfrak{a}$ und $b - b' \in \mathfrak{a}$, und es folgt

$$(a+b)-(a'+b') = (a-a')+(b-b') \in \mathfrak{a}, \quad (a\cdot b)-(a'\cdot b') = b(a-a')+a'(b-b') \in \mathfrak{a},$$

also

$$[a + b] = [a' + b'], \qquad [a \cdot b] = [a' \cdot b'].$$

Die Multiplikation und Division in $R/\mathfrak{a}$ ist also wirklich unabhängig von der Auswahl der Repräsentanten.

Die Eigenschaften $R1$ bis $R3$ übertragen sich von R damit unmittelbar auf $R/\mathfrak{a}$, woraus insgesamt folgt, dass $R/\mathfrak{a}$ ein Ring ist.   ◆

Frage 71 Wie lautet der **Homomorphiesatz für Ringe**? Wie lässt er sich beweisen?

Antwort: Der Satz lautet:
Sei $F\colon R \longrightarrow R'$ ein Ringhomomorphismus, $\mathfrak{a}$ ein Ideal in R mit $\mathfrak{a} \subset \ker F$ und $\pi\colon R \to R/\mathfrak{a}$ die natürliche Projektion. Dann gibt es einen eindeutig bestimmten Ringhomomorphismus $\overline{F}\colon R/\mathfrak{a} \longrightarrow R'$ so dass das unten stehende Diagramm kommutiert.

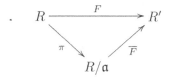

Insbesondere gilt für surjektives F

$$R/(\ker F) \simeq R'.$$

Antwort: Der Beweis funktioniert nach demselben Muster wie der für Gruppen (vgl. Frage 42). Falls ein $\overline{F}$ mit den genannten Eigenschaften existiert, dann gilt für $\overline{a} \in R/\mathfrak{a}$ jedenfalls

$$\overline{F}(\overline{a}) = F(a). \qquad (*)$$

Nun zeigt man, dass durch die Festlegung $(*)$ tatsächlich ein wohldefinierter Homomorphismus $R/\mathfrak{a} \longrightarrow R'$ gegeben ist. Dazu ist wiederum nur die Unabhängigkeit der Definition von der Auswahl der Repräsentanten nachzuweisen. Sind a und b zwei Repräsentanten derselben Restklasse, dann gilt $a - b \in \mathfrak{a}$, also $a - b \in \ker F$, und daher liefert die Definition $(*)$

$$\overline{F}(\overline{a}) - \overline{F}(\overline{b}) = F(a) - F(b) = F(a - b) = 0,$$

also $\overline{F}(\overline{a}) = \overline{F}(\overline{b})$. Die Abbildung $\overline{F}$ ist folglich wohldefiniert und es gilt $\overline{F} \circ /\pi = F$. Ferner ist $\overline{F}$ durch $(*)$ eindeutig festgelegt.
   Ist F surjektiv, dann auch $\overline{F}$, und es gilt $F(a) = 0 \iff a \in \ker F$, also $\overline{a} = 0 \in R/\ker F$. Daraus folgt der Zusatz.   ◆

1.5 Polynomringe

Das Studium der Polynome führt streng genommen über die Lineare Algebra hinaus und ist dem mathematischen Teilgebiet zuzurechnen, das man heutzutage allgemein als „Algebra" bezeichnet. Polynome spielen trotzdem auch in der Linearen

Algebra eine wesentliche Rolle, da in zahlreichen Fällen lineare Problemstellungen auf natürliche Weise die Untersuchung von Gleichungen „höheren", eben polynomialen, Typs erfordern, etwa bei der Bestimmung der Eigenwerte eines Endomorphismus. Den Polynomring $R[X]$ über einem Ring R führen wir hier gleich im algebraischen Sinne ein, verstehen Polynome also nicht als spezielle Abbildungen $R \longrightarrow R$, sondern als Ring $R^{(\mathbb{N})}$. Auch einige allgemeine ringtheoretische Begriffe und Zusammenhänge werden behandelt.

Frage 72 Wie kann man für einen kommutativen Ring R den **Polynomring** $R[X]$ definieren?

Antwort: Man kann den Polynomring $R[X]$ als die Menge aller formal gebildeten Summen des Typs $\sum_{i=1}^{m} a_i X^i$ mit $a_i \in R$ einführen, wobei die obere Grenze m variabel aber stets endlich ist. Indem man auf diese Ausdrücke die Rechenregeln für gewöhnliche Summen anwendet, erkennt man $R[X]$ als kommutativen Ring. Eins- bzw. Nullelement entsprechen dabei dem Eins- bzw. Nullelement in R.

Etwas präziser lässt sich $R[X]$ definieren als die Menge aller Folgen $(a_i)_{i\in\mathbb{N}}$ mit Elementen $a_i \in R$, für die $a_i = 0$ für fast alle i gilt. Erklärt man die Addition und Multiplikation durch

$$(a_i)_{i\in\mathbb{N}} + (b_i)_{i\in\mathbb{N}} := (a_i + b_i)_{i\in\mathbb{N}}$$

$$(a_i)_{i\in\mathbb{N}} \cdot (b_i)_{i\in\mathbb{N}} := (c_i)_{i\in\mathbb{N}} \quad \text{mit } c_i = \sum_{\substack{k,\ell\in\mathbb{N} \\ k+\ell=i}} a_k b_\ell,$$

so wird $R[X]$ unter dieser Definition zu einem kommutativen Ring mit 1. Die „Variable" X kann man unter dieser Perspektive einführen als das Element

$$X := (0,1,0,\ldots) \in R^{(\mathbb{N})}.$$

Anwenden der Definition der Multiplikation auf X liefert dann

$$X^n = (\delta_{in})_{i\in\mathbb{N}} = (\underbrace{0,\ldots,0}_{n-1-\mathrm{mal}},1,0,\ldots) \in R[X].$$

Identifiziert man die Elemente $a \in R$ mit $(a,0,\ldots) \in R^{(\mathbb{N})}$, so ist diese Identifikation verträglich mit der Ringstruktur auf R, und jede Folge $f = (a_i)_{i\in\mathbb{N}} \in \mathbb{R}^{(\mathbb{N})}$ lässt sich als Summe der Gestalt $\sum_{i\in\mathbb{N}} a_i X^i$ darstellen. Die Definition der Addition und Multiplikation in $R[X]$ entspricht dann der Bildung von Summen und Produkten gewöhnlicher endlicher Summen. ◆

Frage 73 Wie ist der **Grad** eines Polynoms $f \in R[X]$ definiert?

Antwort: Ist f nicht das Nullpolynom, dann gibt es in der Darstellung $f = \sum_{i\in\mathbb{N}_0} a_i X^i \neq 0$ einen Koeffizienten $a_n \neq 0$, so dass $a_i = 0$ für alle $i > n$ gilt. Man nennt in diesem Fall a_n den *höchsten Koeffizienten* von f und bezeichnet n als den *Grad von* f, $n = \deg f$.

Für das Nullpolynom $f = 0$ gilt die Konvention $\deg f = -\infty$.   ◆

Frage 74 Können Sie zeigen, dass für $f, g \in R[X]$ gilt

$$\deg(f + g) \leq \max\{\deg f, \deg g\}$$
$$\deg(f \cdot g) \leq \deg f + \deg g$$

sowie, falls R ein Integritätsring ist,

$$\deg(f \cdot g) = \deg f + \deg g?$$

Antwort: Sei

$$f = \sum_{i \in \mathbb{N}} a_i X^i \qquad g = \sum_{i \in \mathbb{N}} b_i X^i$$

mit $\deg f = n$ und $\deg g = m$. Dann gilt $a_i = 0$ und $b_j = 0$ und folglich $a_i + b_j = 0$ für alle $i > n$ und alle $j > m$, also $a_k + b_k = 0$ für alle $k > \max\{n, m\}$. Das zeigt die erste Behauptung.

Weiter gilt $a_i b_j = 0$, falls $i + j > n + m$ ist. Daraus folgt für

$$f \cdot g = \sum_{\ell \in \mathbb{N}} c_\ell \qquad \text{mit} \qquad c_\ell = \sum_{i + j = \ell} a_i b_j,$$

dass c_ℓ für alle $\ell > m + n$ verschwindet. Also gilt $\deg(f \cdot g) \leq \deg f + \deg g$.

Ist R zudem ein Integritätsring, dann folgt aus $a_n \neq 0$ und $b_m \neq 0$ auch $c_{n+m} = a_n b_m \neq 0$. Zusammen mit $\deg(f \cdot g) \leq m + n$ ergibt sich $\deg(f \cdot g) = \deg f + \deg g$.   ◆

Frage 75

Wenn R ein Integritätsring ist, wieso dann auch $R[X]$?

Antwort: Für nichttriviale Polynome $f, g \in R[X]$ gilt $\deg f \geq 0$ und $\deg g \geq 0$. Dann ist nach Frage 74 aber auch $\deg(f \cdot g) = \deg f + \deg g \geq 0$, also $f \cdot g \neq 0$. Das zeigt, dass $R[X]$ ein Integritätsring ist.   ◆

Frage 76 Wie ist für einen kommutativen Ring R und für ein Element $r \in R$ der **Einsetzungshomomorphismus** $F_r \colon R[X] \longrightarrow R$ definiert?

Antwort: Für $r \in R$ definiert man

$$F_r \colon R[X] \longrightarrow R, \qquad \sum_{i \in \mathbb{N}} c_i X^i \longmapsto \sum_{i \in \mathbb{N}} c_i r^i.$$

Dass dies ein Homomorphismus von Ringen ist, prüft man unmittelbar nach.   ◆

Frage 77 Was versteht man unter einem **euklidischen Ring**?

Antwort: Ein Integritätsring R heißt *euklidischer Ring*, wenn es eine Abbildung $\delta \colon R \backslash \{0\} \longrightarrow \mathbb{N}$ gibt, die die folgende Eigenschaft besitzt: Zu je zwei Elementen $a, b \in R$ mit $b \neq 0$ existieren (nicht notwendig eindeutig bestimmte) Elemente $p, q \in R$, so dass

$$a = bq + r, \qquad r = 0 \text{ oder } \delta(r) < \delta(b)$$

gilt. Zum Beispiel ist $\mathbb{Z}$ aufgrund des Satzes über den euklidischen Algorithmus ein euklidischer Ring, wenn man δ als Betragsfunktion wählt.   ◆

Frage 78 Können Sie zeigen, dass der Polynomring $K[X]$ zusammen mit der Gradabbildung ein euklidischer Ring ist?

Antwort: Seien f, g zwei Polynome aus $K[X]$ mit $g \neq 0$. Es muss gezeigt werden, dass Polynome $q, r \in K[X]$ existieren, für die gilt

$$f = qg + r, \qquad \deg r < \deg g. \tag{$*$}$$

Ist $\deg g > \deg f$, dann folgt dies bereits mit $q = 0$ und $r = f$. Man kann daher im Folgenden von

$$m = \deg f \geq \deg g = n$$

ausgehen. Für $f = aX^m + \cdots$ und $g = bX^n + \cdots$ setze man

$$q_1 := \frac{a}{b} \cdot X^{m-n}, \quad f_1 = f - q_1 g.$$

Dann gilt $q_1 g = aX^m + \cdots$ und damit

$$f = q_1 g + f_1, \qquad \deg f_1 < \deg f.$$

Gilt nun bereits $\deg f_1 < \deg g$, so hat man eine Zerlegung des Typs $(*)$ gefunden. Andernfalls kann man dasselbeVerfahren für f_1 wiederholen und eine Zerlegung

$$f_1 = q_2 g + f_2, \qquad \deg f_2 < \deg f$$

finden. Derart fortfahrend lässt sich eine Serie $f_1, f_2, \ldots$ von Polynomen mit $\deg f_1 > \deg f_2 > \cdots$ konstruieren. Nach endlich vielen (genauer höchstens $m - n$) Schritten k gilt dann notwendigerweise $\deg f_k < \deg g$, und man erhält

$$f = q_1 g + q_2 g + \cdots + q_k g + f_k = (q_1 + \cdots + q_k)g + f_k, \qquad \deg f_k < \deg g.$$

Mit $q = q_1 + \cdots + q_k$ und $r = f_k$ folgt $(*)$.

Um die Eindeutigkeit zu zeigen, betrachte man eine weitere Darstellung $f = q'g + r'$ mit $\deg r' < \deg g$. Es gilt dann $(q - q')g + (r - r') = 0$ bzw.

$$(q - q')g = r' - r. \qquad (**)$$

Ist $(q - q') \neq 0$, dann folgt $\deg((q - q')g) \geq \deg g$. Andererseits ist nach Voraussetzung $\deg(r' - r) < \deg g$, im Widerspruch zu $(**)$. Also gilt $q = q'$ und damit auch $r = r'$. ◆

Frage 79 Können Sie das Verfahren aus Frage 78 an den beiden Polynomen

$$f = 4X^4 + 3X^3 + 2X^2 + X + 1, \qquad g = X^3 + X^2 + X + 1$$

veranschaulichen?

Antwort: Man erhält $q_1 g = 4X \cdot g = 4X^4 + 4X^3 + 4X^2 + 4X + 4$ und damit

$$f_1 = -X^3 - 2X^2 - 3X - 3.$$

Weiter ist $q_2 g = -1 \cdot g$, also

$$f_2 = f_1 + g = -X^2 - 2X - 2.$$

Damit erhält man wegen $\deg f_2 < \deg g$ mit

$$f = (4X - 1) \cdot g + (-X^2 - 2X - 2)$$

die gesuchte Zerlegung. ◆

Frage 80 Wieso ist jeder euklidische Ring ein Hauptidealring?

Antwort: Sei R ein euklidischer Ring und $\mathfrak{a}$ ein Ideal in R. Man kann $\mathfrak{a} \neq 0$ annehmen, da andernfalls bereits $\mathfrak{a} = (0)$ gilt. Sei

$$a = \min\{\delta(r); r \in \mathfrak{a}\}. \qquad (*)$$

Wir zeigen, dass $\mathfrak{a} = (a)$ gilt. Dazu wähle man ein beliebiges $b \in \mathfrak{a}$. Wegen $(*)$ gilt $\delta(b) \geq \delta(a)$, und da R ein euklidischer Ring ist, gibt es geeignete Elemente $q, r \in R$ mit $b = qa + r$, wobei $r = 0$ oder $\delta(r) < \delta(a)$ gilt. Ist nun $\delta \neq 0$, dann kann r wegen $(*)$ nicht in $\mathfrak{a}$ enthalten sein, woraus $b - qa \notin \mathfrak{a}$ folgt. Das ist ein Widerspruch, da mit b

und a auch $b - qa$ ein Element des Ideals $\mathfrak{a}$ ist. Es muss also $r = 0$ und damit $b = qa$, also $b \in (a)$ gelten. Daraus folgt $\mathfrak{a} = (a)$, also ist R ein Hauptidealring. ◆

Frage 81 Wann heißen zwei Elemente a, b eines Integritätsrings R **assoziiert**?

Antwort: Die beiden Elemente a und b heißen *assoziiert*, wenn es eine Einheit $e \in R^*$ mit $ae = b$ gibt. ◆

Frage 82 Wieso sind zwei Elemente a, b eines Integritätsrings R genau dann assoziiert, wenn $(a) = (b)$ gilt?

Antwort: Sind a und b assoziiert, dann gilt $ae = b$ und $be' = a$ mit Einheiten $e, e' \in R^*$. Daraus folgt $b \in (a)$ und $(a) \in b$, also $(b) \supset (a)$ und $(a) \supset (b)$. Das beweist die eine Richtung der Äquivalenz. Gelte nun umgekehrt $(a) = (b)$. Dann gibt es Elemente $p, q \in R$ mit $a = pb$ und $b = qa$, woraus $a = pqa$ bzw. $a \cdot (1 - pq) = 0$ folgt. Ist $a \neq 0$, dann erhält man $pq = 1$, die Elemente p und q sind also Einheiten und a und b folglich assoziiert. Dies gilt auch im Fall $a = 0$, denn wegen $b = qa$ folgt dann $a = b = 0$. ◆

Frage 83 Wann nennt man ein Element $p \neq 0$ eines Integritätsrings R **irreduzibel**, wann **Primelement?**

Antwort: (i) p, wobei p ist keine Einheit, heißt *irreduzibel*, wenn aus einer Gleichung $p = ab$ mit $a, b \in R$ stets folgt, dass a oder b eine Einheit in R ist. Im anderen Fall heißt p *reduzibel*.
(ii) p heißt *Primelement*, wenn aus $p|ab$ mit $a, b \in R$ stets $p|a$ oder $p|b$ folgt. Dabei bedeutet die Schreibweise $p|q$, dass p ein Teiler von q ist, also ein Element $r \in R$ mit $q = pr$ existiert.
Im Ring $\mathbb{Z}$ sind die irreduziblen Elemente genauso wie die Primelemente gerade $\pm p$, wobei p eine Primzahl ist. ◆

Frage 84

Wieso ist in jedem Integritätsring R jedes Primelement auch irreduzibel?

Antwort: Sei $p \in R$ ein Primelement. Aus $p = ab$ folgt dann $p|a$ oder $p|b$. Ohne Beschränkung der Allgemeinheit können wir $p|b$, also $b = cp$ für ein $c \in R$ annehmen.

Es folgt $p = acp$ oder $p \cdot (1 - ac) = 0$. Damit ist a eine Einheit in R und p folglich irreduzibel.   ◆

Frage 85

Wieso gilt für einen Hauptidealring R auch, dass jedes irreduzible Element ein Primelement ist?

Antwort: Sei $p \in R$ irreduzibel und gelte $p|ab$ sowie $p \nmid a$. Es muss $p|b$ gezeigt werden. Dazu betrachte man das Ideal

$$(a) + (p) = \{ra + sp; s, r \in R\}.$$

Da R nach Voraussetzung ein Hauptideal ist, wird $(a) + (p)$ von einem Element $c \in R$ erzeugt, also gilt $(a) + (p) = (c)$ und insbesondere $a \in (c)$ und $p \in (c)$, also $a = rc$ und $p = sc$ für geeignete Elemente $r, s \in R$. Da p irreduzibel ist, ist entweder s oder c eine Einheit in R. Im ersten Fall folgt $c = s^{-1}p$ und damit $a = rs^{-1}p$, im Widerspruch zur Voraussetzung, dass p kein Teiler von a ist. Also bleibt nur die Möglichkeit, dass c eine Einheit in R ist. Dies impliziert $(c) = (a) + (p) = R$, insbesondere gibt es $e, f \in R$ mit $ea + fp = 1$. Multiplikation dieser Gleichung mit b liefert $eab + fpb = b$. Wegen $p|ab$ folgt aus dieser Gleichung wie gewünscht $p|b$.   ◆

Frage 86 Können Sie zeigen, dass sich in einem Hauptidealring R jedes Element $a \neq 0$, welches keine Einheit ist, als endliches Produkt von Primelementen schreiben lässt?

Antwort: Ist a irreduzibel, dann ist a nach Frage 84 prim und somit insbesondere ein endliches Produkt von Primelementen. Wir können folglich im Weiteren davon ausgehen, dass a reduzibel ist und führen den Beweis indirekt, nehmen also an, dass sich a nicht als endliches Produkt von Primelementen schreiben lässt. Da a reduzibel ist, gilt $a = a_1 b_1$ für zwei Nichteinheiten a_1 und b_1, von denen nach der Voraussetzung sich mindestens einer ebenfalls nicht als endliches Produkt von Primelementen schreiben lässt. Sei dies etwa a_1. Dann gilt aus denselben Gründen wie oben $a_1 = a_2 b_2$ für zwei Nichteinheiten $a_2, b_2 \in R$, wobei man ohne Beschränkung der Allgemeinheit annehmen kann, dass sich a_2 nicht als endliches Produkt von Primelementen schreiben lässt. Fährt man auf diese Weise fort, erhält man eine Folge

$$a = a_0, a_1, a_2, \ldots \in R, \qquad a_{i+1}|a_i.$$

Da ferner a_{i+1} und a_i nicht miteinander assoziiert sind, führt das auf eine echt aufsteigende Kette von Idealen

$$(a) = (a_0) \subsetneq (a_1) \subsetneq (a_2) \subsetneq \cdots.$$

Nun ist leicht einzusehen, dass in diesem Fall auch $\mathfrak{b} = \bigcup_{i \in \mathbb{N}} (a_i)$ ein Ideal in R ist, und da R ein Hauptideal ist, gilt $\mathfrak{b} = (b)$ für ein $b \in R$. Nach Definition von $\mathfrak{b}$ gibt es dann einen Index i_0 mit $b \in (a_{i_0})$. Es folgt

$$\mathfrak{b} = (b) \subset (a_{i_0}) \subset (a_i) \subset \mathfrak{b}$$

für alle $i \geq i_0$. Also ist $(a_{i_0}) = (a_i)$ für $i \geq i_0$, im Widerspruch dazu, dass die Kette der Ideale echt aufsteigend ist.   ♦

Frage 87 Können Sie zeigen, dass die Primfaktorzerlegung in einem Integritätsring bis auf Assoziiertheit eindeutig ist, d.h. dass aus einer Gleichung der Form

$$p_1 \cdots p_r = q_1 \cdots q_s \qquad\qquad (*)$$

für Primelemente $p_i, q_i \in R$ stets folgt, dass nach geeigneter Umnummerierung p_i und q_i assoziiert sind und insbesondere $r = s$ gilt?

Antwort: Aus $(*)$ folgt $p_1 | q_1 \cdots q_s$, und da $q_1, \ldots, q_s$ Primelemente sind, gibt es ein q_i mit $p_1 | q_i$, also $p_1 = \epsilon_1 q_i$. Durch Umnummerierung kann man $i = 1$ erreichen und erhält damit die Gleichung

$$p_2 \cdots p_r = \epsilon_1 q_2 \cdots q_s.$$

Auf dieselbe Weise schließt man nun, dass p_2 zu einem der Elemente $q_2, \ldots, q_s$ assoziiert sein muss. Induktiv folgt daraus, dass p_i zu q_i für $i = 1, \ldots, r$ assoziiert ist, wenn man die Elemente $q_1, \ldots, q_s$ entsprechend umnummeriert. Insbesondere gilt $s > r$, und das Herauskürzen aller p_i liefert die Gleichung

$$1 = q_{r+1} \cdots q_s,$$

welche zeigt, dass die Elemente $q_{r+1}, \ldots, q_s$ sämtlich Einheiten sind, im Widerspruch zu ihrer Eigenschaft als Primelemente.   ♦

Frage 88 Wie ist der **größte gemeinsame Teiler** von Ringelementen $r_1, \ldots, r_n \in R$ definiert?

Antwort: Sei R ein Integritätsring. Ein Element $d \in R$ *heißt größter gemeinsamer Teiler* von $r_1, \ldots, r_n$, wenn gilt:

(i) $d | r_i$ für $i = 1, \ldots, n$, d. h. d ist ein gemeinsamer Teiler der r_i.
(ii) Ist t Teiler der r_i, so gilt $t | d$.

Man schreibt in diesem Fall $d = \mathrm{ggT}(r_1, \ldots, r_n)$.   ♦

Frage 89 Seien a, b Elemente eines euklidischen Rings R und $d = \text{ggT}(a, b)$. Dann gilt $aR + bR = dR$, insbesondere existieren $r, s \in R$ mit $ar + bs = d$, wobei $\text{ggT}(r, s) = 1$ gilt. Können Sie das beweisen?

Antwort: Da R ein Hauptidealring ist, gilt $aR + bR = d'R$ für ein $d' \in R$, und es ist d' ein gemeinsamer Teiler von a und b und damit auch von d. Es gilt also $d'|d$. Andererseits impliziert die Gleichung $aR + bR = d'R$, dass $as + br = d'$ für bestimmte Zahlen $r, s \in R$ gilt, und hieraus folgt, dass jeder gemeinsame Teiler von a und b auch ein Teiler von d' ist. Also gilt $d|d'$ und folglich $d = d'$. Das beantwortet den ersten Teil der Frage. Ist d^* ein gemeinsamer Teiler von r und s, dann folgt aus der Gleichung $ar + bs = d$, dass d^*d ein Teiler von d ist. Folglich ist d^* eine Einheit, und es gilt $\text{ggT}(r, s) = 1$. ◆

Frage 90 Können Sie zeigen, dass ein Element $p \neq 0$ eines Hauptidealrings R genau dann ein Primelement ist, wenn der Restklassenring $R/(p)$ ein Körper ist?

Antwort: Sei p ein Primelement. Für jedes $a \in R\backslash(p)$ gilt dann $\text{ggT}(a, p) = 1$, und nach Frage 89 gibt es $r, s \in R$ mit $ra + sp = 1$. Für die Restklasse $[ar + sp] = [a][r] \in R/(p)$ gilt daher $[r][a] = [1]$. d.h., $[a]$ ist eine Einheit in $R/(p)$. Damit ist $R/(p)$ ein Körper. Ist umgekehrt p kein Primelement, dann gilt $p = ab$ für zwei Nichteinheiten $a, b \in R$. In $R/(p)$ gilt dann $[a] \neq [0]$ und $[b] \neq [0]$ aber $[a][b] = [ab] = [p] = [0]$. Der Ring $R/(p)$ besitzt in diesem Fall Nullteiler und kann daher kein Körper sein. ◆

Frage 91 Was ist eine **Nullstelle** eines Polynoms $f \in R[X]$?

Antwort: Ein Element $a \in R$ heißt *Nullstelle* von f, wenn $f(a) = 0$ gilt, d. h. wenn f im Kern des Einsetzungshomomorphismus $F_a: R[X] \longrightarrow R, p \longmapsto p(a)$ liegt.

Frage 92 Sei $\alpha \in K$ eine Nullstelle des Polynoms $f \in K[X]$. Können Sie zeigen dass dann ein Polynom $g \in K[X]$ existiert, so dass

$$f = (X - \alpha) \cdot g$$

gilt?

Antwort: Division mit Rest führt auf eine Gleichung

$$f = (X - \alpha) \cdot g + r \tag{$*$}$$

mit $\deg r < \deg(X - \alpha) = 1$, also $r \in K$. Setzt man hier α für X ein, so folgt wegen $f(\alpha) = 0$ unmittelbar $r = 0$. ◆

2 Vektorräume

In diesem Kapitel wird der Vektorraumbegriff axiomatisch eingeführt und einige grundlegende Begriffe erläutert, etwa „Unterraum", „Linearkombination", „lineare Unabhängigkeit" und „Erzeugendensystem". Für Vektoren eines allgemeinen Vektorraums benutzen wir stets lateinische Buchstaben u, v, w, wobei die Buchstaben x, y, z in der Regel Vektoren des K^n bezeichnen. Für Elemente des Grundkörpers K benutzen wir in den meisten Fällen griechische Buchstaben $\alpha, \beta, \gamma, \ldots$.

2.1 Grundbegriffe

Frage 93 Wie lauten die Axiome für einen K-Vektorraum?

Antwort: Sei K ein Körper. Ein K-Vektorraum ist eine Menge V zusammen mit einer inneren Verknüpfung $V \times V \longrightarrow V$, $(v, w) \longrightarrow v + w$, genannt „Addition", und einer äußeren Verknüpfung $K \times V \longrightarrow V$, genannt „skalare Multiplikation", für die die folgenden Eigenschaften gelten:

(V1) V ist eine abelsche Gruppe bezüglich der Addition „$+$".
(V2) Für alle $v, w \in V$ und alle $\alpha, \beta \in K$ gilt:

      (i) $\alpha \cdot (\beta \cdot v) = (\alpha\beta) \cdot v$ (Assoziativität)

      (ii) $\begin{aligned}(\alpha + \beta) \cdot v &= \alpha \cdot v + \beta \cdot v, \\ \alpha \cdot (v + w) &= \alpha \cdot v + \alpha \cdot w\end{aligned}$ (Distributivität)

      (iii) $1 \cdot v = v$

Frage 94 Wie erhält man aus den Axiomen die folgenden **Rechenregeln**?

   (i) $\alpha \cdot 0_V = 0_V$ für alle $\alpha \in K$
  (ii) $0_K \cdot v = 0_V$ für alle $v \in V$
 (iii) $(-\alpha) \cdot v = \alpha \cdot (-v) = -\alpha \cdot v$
 (iv) Aus $\alpha \cdot v = 0_V$ folgt $\alpha = 0_K$ oder $v = 0_V$

(Das Nullelement des Körpers K und das des Vektorraums V werden hier durch einen entsprechenden Index unterschieden. Das wird aber nur an dieser Stelle so gemacht, im

© Springer-Verlag GmbH Deutschland, ein Teil von Springer Nature 2019
R. Busam et al., *Prüfungstrainer Lineare Algebra*,
https://doi.org/10.1007/978-3-662-59404-9_2

Weiteren wird auf den Unterschied nicht mehr durch eine spezielle Bezeichnungsweise hingewiesen.)

Antwort:

(i)   Es gilt $\alpha \cdot 0_V + \alpha \cdot 0_V = \alpha \cdot (0_V + 0_V) = \alpha \cdot 0_V$. Daraus folgt $\alpha \cdot 0_V = 0_K$.

(ii) Aus $0_K \cdot v + 0_K \cdot v = (0_K + 0_K) \cdot v = 0_K \cdot v$ folgt $0_K \cdot v = 0_V$.

(iii) Mit (i) und (ii) gilt

$$\alpha \cdot v + (-\alpha) \cdot v = (\alpha + (-\alpha)) \cdot v = 0_K \cdot v = 0_V \quad \text{und}$$
$$\alpha \cdot v + \alpha \cdot (-v) = \alpha \cdot (v + (-v)) = \alpha \cdot 0_V = 0_V.$$

Daraus folgt (iii).
Sei $\alpha v = 0_V$ und $\alpha \neq 0_K$. Dann gilt

$$v = 1 \cdot v = \alpha^{-1}\alpha \cdot v = \alpha^{-1} \cdot (\alpha v) = \alpha^{-1} \cdot 0_V = 0_V.$$

◆

Frage 95   Können Sie einige Beispiele für Vektorräume nennen?

Antwort: (i) Das Standardbeispiel ist der Raum

$$K^n = \{x = (x_1, \ldots, x_n);\ x_i \in K\},$$

bestehend aus allen n-Tupeln von Elementen aus K. Definiert man die Addition und die skalare Multiplikation komponentenweise durch

$$(x_1, \ldots, x_n) + (y_1, \ldots, y_n) = (x_1 + y_1, \ldots, x_n + y_n),$$
$$\alpha \cdot (x_1, \ldots, x_n) = (\alpha x_1, \ldots, \alpha x_n),$$

so ergibt sich die Gültigkeit der Vektorraumaxiome für K^n unmittelbar aus den Körpereigenschaften von K.

Aus denselben Gründen sieht man, dass auch die Räume

$$K[X] := \{\text{Folgen } (x_n)_{n \in \mathbb{N}} \text{ in } K;\ x_i = 0 \text{ für fast alle } i\}$$

und

$$K^{\mathbb{N}} := \{\text{Folgen } (x_n)_{n \in \mathbb{N}} \text{ in } K\},$$

versehen mit komponentenweiser Addition und Skalarmultiplikation, jeweils K-Vektorräume sind. Man nennt $K[X]$ den *Polynomring über K*. Im Unterschied zu K^n haben die Räume $K^{\mathbb{N}}$ und $K[X]$ *unendliche Dimension* (vgl. Frage 115).

(ii) Die Menge Abb (K, K) der Abbildungen $K \longrightarrow K$ ist ein Vektorraum, wenn man die Addition und skalare Multiplikation durch

$$(f + a)(x) = f(x) + g(x), \qquad (\alpha f)(x) = \alpha \cdot f(x)$$

für $f, g \in K^K$ und $\alpha \in K$ definiert.

In der Regel interessiert man sich nur für bestimmte Teilmengen von $\mathrm{Abb}(K, K)$, die in den meisten interessanten Fällen ebenfalls eine Vektorraum-struktur tragen. Speziell für $K = \mathbb{R}$ bilden z. B. die Mengen

$$\mathscr{C}[a, b] := \{\text{stetige Funktionen auf } [a, b]\}$$
$$\mathscr{C}^k[a, b] := \{k\text{-mal stetig differenzierbare Funktionen auf } [a, b]\}$$
$$\mathscr{R}[a, b] := \{\text{Regelfunktionen auf } [a, b]\}$$

Vektorräume.

(iii) Für jede rein irrationale Zahl ξ sind die Mengen

$$\mathbb{Q}(\alpha) := \{a + b\xi; \ a, b \in \mathbb{Q}\}$$

Veklorräume über $\mathbb{Q}$. Beispielsweise ist die Menge $\mathbb{Q}(\sqrt{2})$ als *Erweiterungskörper* von $\mathbb{Q}$ insbesondere ein $\mathbb{Q}$-Vektorraum. Ein analoger Zusammenhang gilt für alle Erweiterungskörper eines Grundkörpers K (vgl. [4]).

(iv) Die *komplexen Zahlen*

$$\mathbb{C} := \{a + b\mathrm{i}; \ a, b \in \mathbb{R}\}$$

sind insbesondere ein $\mathbb{R}$-Vektorraum.

(v) Jeder Körper K besitzt die Struktur eines K-Vektorraums, indem man die Multiplikation als skalare Multiplikation deutet. ◆

Frage 96 Was versteht man unter einem **Unterraum** eines K-Vektorraums V?

Antwort: Eine nichtleere Teilmenge $U \subset V$ heißt *Untervektorraum* oder *linearer Unterraum* oder kurz *Unterraum* von V, wenn U zusammen mit der in V gegebenen Vektoraddition und skalaren Multiplikation ebenfalls einen Vektorraum bildet. Da die Assoziativ- und Distributivgesetze in U automatisch gelten, da sie in V gelten, ist eine Teilmenge $U \subset V$ durch folgende drei Eigenschaften als Unterraum ausgezeichnet:

(i) $U \neq \emptyset$
(ii) $v, w \in U \Longrightarrow v + w \in U$
(iii) $v \in U \Longrightarrow \alpha v \in U$ für alle $\alpha \in K$.

Man beachte, dass man aus (iii) sofort $-1 \cdot v = -v \in U$ sowie $0 \cdot v = 0 \in U$ erhält.
Beispiele: (a) Jeder Vektorraum enthält insbesondere sich selbst als Unterraum sowie den trivialen Unterraum $U = \{0\}$.
(b) Die Menge

$$U := \{(x_1, x_2, x_3); \ x_1, x_2, x_3 \in K, \ x_3 = 0\} \subset K^3$$

bildet einen Unterraum von K^3, die Menge

$$X := \{(x_1, x_2, x_3); \ x_1, x_2, x_3 \in K, \ x_3 = 1\} \subset K^3$$

allerdings nicht, da die Summe zweier Elemente aus X nicht mehr in X liegt.
(c) Für $\alpha_1, \alpha_2, \beta \in K$ ist

$$U := \{(x_1, x_2) \in K; \ \alpha_1 x_1 + \alpha_2 x_2 = \beta\}$$

genau dann ein Unterraum, wenn $\beta = 0$ gilt. In diesem Fall enthält U nämlich den Nullvektor, und für $x = (x_1, x_2)$ und $y = (y_1, y_2)$ und $\lambda \in K$ folgt

$$\alpha_1(x_1 + y_1) + \alpha_2(x_2 + y_2) = (\alpha_1 x_1 + \alpha_2 x_2) + (\alpha_1 y_1 + \alpha_2 y_2) = 0 + 0 = 0$$
$$\alpha_1 \lambda x_1 + \alpha_2 \lambda x_2 = \lambda(\alpha_1 x_1 + \alpha_2 x_2) = \lambda \cdot 0 = 0,$$

also $x + y \in U$ und $\lambda x \in U$.

Für $\beta \neq 0$ ist U jedoch kein Unterraum, denn U enthält in diesem Fall nicht den Nullvektor.
(d) Ist A eine reelle $m \times n$-Matrix (vgl. Kapitel 3), dann ist die Lösungsmenge

$$U := \{x \in K^n; \ A \cdot x = 0\}$$

des zugehörigen homogenen Systems ein Unterraum von K^n.
(e) Im Raum $\text{Abb}(\mathbb{R}, \mathbb{R})$ der Abbildungen $\mathbb{R} \longrightarrow \mathbb{R}$ hat man die folgende aufsteigende Kette von Unterräumen

$$\mathbb{R}_d[X] \subset \mathbb{R}[X] \subset \mathscr{C}^k(\mathbb{R}) \subset \mathscr{C}(\mathbb{R}) \subset \mathscr{R}(\mathbb{R}) \subset \text{Abb}(\mathbb{R}, \mathbb{R}).$$

Dabei bezeichnet $\mathbb{R}_d[X]$ die Menge aller Polynome mit Grad $\leq d$, $\mathscr{C}^k(\mathbb{R})$ die Menge der $k-$mal stetig differenzierbaren reellen Funktionen, $k \in \mathbb{N}$, $\mathscr{C}(\mathbb{R})$ die Menge der stetigen reellen Funktionen und $\mathscr{R}(\mathrm{R})$ die Menge der Regelfunktionen in $\mathbb{R}$.   ◆

Frage 97 Ist die Menge

$$U := \{(x_1, x_2) \in \mathbb{R}^2; \ x_1 \cdot x_2 \geq 0\}$$

ein Unterraum von $\mathbb{R}^2$?

Antwort: Die Vektoren $v = (1, 2)$ und $w = (-2, -1)$ liegen beide in U, trotzdem gilt $v + w = (-1, 1) \notin U$. Also ist U kein Unterraum.   ◆

Frage 98 Können Sie zeigen, dass der Durchschnitt (auch unendlich vieler) Unterräume eines Vektorraums V wieder ein Unterraum von V ist? Gilt dasselbe auch für die Vereinigung von Unterräumen?

Antwort: Sei $(U_i)_{i \in I}$ ein System von Unterräumen aus V, wobei I irgendeine Indexmenge bezeichnet. Der Durchschnitt $\bigcap_{i \in I} U_i$ enthält den Nullvektor, da dieser in allen

U_i liegt. Ferner gilt für $v, w \in \bigcap_{i \in I} U_i$

$$u, w \in U_i \quad \text{für alle } i \in I,$$

und folglich, da die U_i Unterräume sind,

$$v + w \in U_i \quad \text{und} \quad \alpha v \in U_i \quad \text{für alle } i \in I,$$

also

$$v + w \in \bigcap_{i \in I} U_i \quad \text{und} \quad \alpha v \in \bigcap_{i \in I} U_i.$$

Somit ist $\bigcap_{i \in I} U_i$ ein Unterraum von V.

Dagegen ist die Vereinigung $U_1 \cup U_2$ zweier Unterräume $U_1, U_2 \in V$ in der Regel kein Unterraum. Sei zum Beispiel

$$U_1 = \{(x_1, x_2) \in K^2;\ x_1 = 0\}, \qquad \text{und} \qquad U_2 = \{(x_1, x_2) \in K^2;\ x_2 = 0\},$$

dann liegen die Vektoren $u_1 = (0, 1)$ und $u_2 = (1, 0)$ beide in $U_1 \cup U_2$, nicht aber deren Summe $u_1 + u_2 = (1, 1)$. ♦

Frage 99 Was versteht man unter einer **Linearkombination** eines endlichen Systems $(v_1, \ldots, v_r)$ von Vektoren eines K-Vektorraums V?

Antwort: Unter einer *Linearkombination* der Vektoren $v_1, \ldots, v_r \in V$ versteht man jede Summe der Form

$$\alpha_1 v_1 + \cdots + \alpha_r v_r,$$

wobei α_i für $i = 1, \ldots, r$ beliebige Elemente des Grundkörpers K sind. Da V gegenüber skalarer Multiplikation und Addition von Vektoren abgeschlossen ist, ist jede Linearkombination von Vektoren aus V damit selbst ein Element aus V. ♦

Frage 100 Was versteht man unter einer Linearkombination von Vektoren eines *unendlichen* Systems von Vektoren aus V?

Antwort: Eine Linearkombination eines unendlichen Systems S ist eine Linearkombination eines endlichen Teilsystems von S, d. h. eine Linearkombination von endlich vielen Vektoren aus S.

Man betrachte zum Beispiel das *unendliche* System $S = (1, X, X^2, X^3, \ldots)$ des Polynomrings $K[X]$. Jede Linearkombination aus S besitzt dann die Gestalt

$$\alpha_0 + \alpha_1 X + \alpha_2 X^2 + \cdots + \alpha_r X^r$$

mit $\alpha_i \in K$ und $r \in \mathbb{N}$. ♦

Frage 101 Was versteht man unter dem von einem System $S = (v_1, \ldots, v_r)$ von Vektoren in V aufgespannten **Unterraum**? Wieso handelt es sich dabei überhaupt um einen linearen Unterraum?

Antwort: Der von S aufgespannte Unterraum ist die Menge aller Linearkombinationen von Vektoren aus S. Er wird mit $\mathrm{span}(S)$ bezeichnet. Ergänzend definiert man $\mathrm{span}(\emptyset) := \{0\}$.

Beispiel: Für die Vektoren $e_1 = (1, 0, 0)$ und $e_2 = (0, 1, 0)$ aus K^3 gilt

$$\mathrm{span}(e_1, e_2) = \{(x_1, x_2, x_3) \in K^3; \ x_3 = 0\}.$$

Um zu zeigen, dass $\mathrm{span}(S)$ Unterraum ist, betrachte man zwei Vektoren $v, w \in \mathrm{span}(S)$. Es gilt

$$v = \alpha_1 v_1 + \cdots + \alpha_r v_r, \qquad w = \beta_1 v_1 + \cdots + \beta_r v_r$$

mit bestimmten $\alpha_i, \beta_i \in K$, also

$$
\begin{aligned}
-v = (-\alpha_1) v_1 + \cdots + (-\alpha_r) v_r & \in & \mathrm{span}(S), \\
v + w = (\alpha_1 + \beta_1) v_1 + \cdots + (\alpha_r + \beta_r) v_r & \in & \mathrm{span}(S).
\end{aligned}
$$

Damit ist insbesondere $0 \in \mathrm{span}(S)$. Weiter gilt für jedes $\lambda \in K$

$$\lambda v = (\lambda \alpha_1) v_1 + \cdots + (\lambda \alpha_r) v_r \in \mathrm{span}(S).$$

Damit ist $\mathrm{span}(S)$ abgeschlossen gegenüber skalarer Multiplikation und der Addition von Vektoren. Außerdem gelten in $\mathrm{span}(S)$ die Assoziativ- und Distributivgesetze, da sie in V gelten. Also ist $\mathrm{span}(S) \subset V$ ein Vektorraum, folglich ein Unterraum von V.

◆

Frage 102 Sei $S = (v_1, v_2, \ldots)$ ein (eventuell unendliches) System von Vektoren aus V. Durch welche Eigenschaft lässt sich der Unterraum $\mathrm{span}(S)$ charakterisieren?

Antwort: Es gilt:

$\mathrm{span}(S)$ *ist der kleinste Unterraum von V, der alle Vektoren aus S enthält. Genau bedeutet das*

$$\mathrm{span}(S) = \bigcap \{U \subset V; \ U \ \textit{Unterraum mit} \ S \subset U\}.$$

Beweis: Sei

$$W := \bigcap \{U \subset V; \ U \ \text{Unterraum mit} \ S \subset U\}.$$

Die Menge W bildet nach Frage 98 einen Unterraum von V. Ebenso ist $\mathrm{span}(S)$ nach Frage 101 ein Untervektorraum. Da $S \subset \mathrm{span}(S)$ gilt, folgt $W \subset \mathrm{span}(S)$. Umgekehrt erhält man aber auch $\mathrm{span}(S) \subset W$, denn jedes $v \in \mathrm{span}(S)$ lässt sich als Linearkombination

$$v = \alpha_1 v_1 + \cdots + \alpha_r v_r$$

für ein $r \in \mathbb{N}$ und bestimmten $\alpha_1, \ldots, \alpha_r \in K$ schreiben. Diese Linearkombination ist in jedem Unterraum U mit $S \subset U$ und damit auch in W enthalten. ◆

Frage 103 Was versteht man unter einem **Erzeugendensystem** eines Vektorraums V? Wann heißt ein Vektorraum V **endlich erzeugt**?

Antwort: Ein System S von Vektoren aus V heißt *Erzeugendensystem* von V, wenn

$$V = \mathrm{span}(S)$$

gilt. V heißt *endlich erzeugt*, wenn es ein Erzeugendensystem von V gibt, das nur endlich viele Elemente enthält. ◆

Frage 104 Wann heißt ein System $S = (v_1, \ldots, v_r)$ von Vektoren eines K-Vektorraums V **linear unabhängig** bzw. **linear abhängig**?

Antwort: S heißt *linear unabhängig*, wenn für alle $\alpha_1, \ldots, \alpha_r \in K$ gilt:

$$\alpha_1 v_1 + \cdots + \alpha_r v_r = 0 \Longleftrightarrow \alpha_1 = \cdots = \alpha_r = 0.$$

S heißt *linear abhängig*, wenn S nicht linear unabhängig ist, wenn es also eine nichttriviale Linearkombination des Nullvektors mit Vektoren aus V gibt.
Zum Beispiel ist das System der beiden Funktionen $f_1 : x \longmapsto e^x$ und $f_2 : x \longmapsto e^{-x}$ im Vektorraum $\mathscr{C}(\mathbb{R})$ linear unabhängig, dagegen sind die drei Funktionen $(f_1, f_2, \sinh)$ wegen

$$\frac{1}{2}e^x - \frac{1}{2}e^{-x} - \sinh x = 0 \qquad \text{für alle } x \in \mathbb{R}$$

linear abhängig. ◆

Frage 105 Wann heißt ein *unendliches* System S von Vektoren linear unabhängig?

Antwort: Ein unendliches System $S = (v_1, v_2, \ldots)$ heißt linear unabhängig, wenn jedes endliche Teilsystem linear unabhängig ist. Das bedeutet, dass für jedes $r \in \mathbb{N}$ gilt:

$$\alpha_1 v_1 + \cdots + \alpha_r v_r = 0 \Longleftrightarrow \alpha_1 = \alpha_2 = \cdots = \alpha_r = 0.$$

In diesem Sinne ist z. B. das System der Polynome $(p_0, p_1, p_2, \ldots)$ mit

$$p_i(x) = X^i \qquad \text{für alle } i \in \mathbb{N}$$

linear unabhängig in $\mathbb{R}[X]$. Für jedes $r \in \mathbb{N}$ folgt nämlich aus

$$\alpha_0 p_0 + \alpha_1 p_1 + \cdots + \alpha_r p_r = \alpha_0 + \alpha_1 X + \cdots + \alpha_r X^r = 0$$

notwendigerweise $\alpha_0 = \alpha_1 = \cdots = \alpha_r = 0$.   ◆

Frage 106 Was bedeutet die lineare Abhängigkeit bei Systemen der Länge 1 bzw. 2?

Antwort: Ein System $S = (v)$ ist linear abhängig genau dann, wenn $v = 0$ gilt, ein System $S = (v, w)$ genau dann, wenn $v = \alpha \cdot w$ mit einem $\alpha \in K$ gilt.   ◆

Frage 107 Können Sie folgenden Zusammenhang begründen: Ein System $S = (v_1, \ldots, v_r)$ ist linear unabhängig genau dann, wenn für $k = 1, \ldots, r$ gilt:

$$v_k \notin \text{span}(v_1, \ldots, v_{k-1})$$

(dabei ist $\text{span}(\emptyset) = \{0\}$)?

Antwort: Beweis mit Induktion nach r. Der Fall $r = 1$ ist klar, da $\{v_1\}$ genau dann linear unabhängig ist, wenn $v_1 \neq 0$, also $v_1 \notin \text{span}(\emptyset)$ gilt. Sei daher $r \geq 2$ und die Behauptung für $k < r$ schon gezeigt. Angenommen, die Vektoren $(v_1, \ldots, v_r)$ sind linear abhängig. Dann gibt es $\alpha_1, \ldots, \alpha_r$ mit $\alpha_i \neq 0$ für mindestens ein $i \in \{1, \ldots, r\}$, so dass gilt

$$\alpha_1 v_1 + \cdots + \alpha_r v_r = 0, \qquad (*)$$

also

$$\alpha_1 v_1 + \cdots + \alpha_{r-1} v_{r-1} = -\alpha_r v_r.$$

Ist $\alpha_r \neq 0$, dann liefert die Division durch $-\alpha_r$ eine Darstellung von v_r als Linearkombination von $v_1, \ldots, v_{r-1}$, in diesem Fall gilt also $v_r \in \text{span}(v_1, \ldots, v_{r-1})$. Ist $\alpha_r = 0$, dann sind bereits die Vektoren $v_1, \ldots, v_{r-1}$ linear abhängig. Nach Induktionsvoraussetzung lässt sich v_{r-1} als Linearkombination von $v_1, \ldots, v_{r-2}$ darstellen, und indem man diese in $(*)$ substituiert, erhält man

$$\beta_1 v_1 + \cdots + \beta_{r-2} v_{r-2} + \alpha_r v_r = 0,$$

mit bestimmten $\beta_i \in K$, die nicht alle verschwinden. Das System $(v_1, \ldots, v_{r-2}, v_r)$ der Länge $r - 1$ ist demnach linear abhängig. Nach Induktionsvoraussetzung gilt $v_r \in \text{span}(v_1, \ldots, v_{r-2})$ und damit erst recht $v_r \in \text{span}(v_1, \ldots, v_{r-1})$. Das zeigt insgesamt die Implikation

$$v_1, \ldots, v_r \text{ linear abhängig} \implies v_r \in \text{span}(v_1, \ldots, v_{r-1}).$$

Sei umgekehrt $v_r \in \text{span}(v_1, \ldots, v_{r-1})$. Dann gilt

$$\alpha_1 v_1 + \cdots + \alpha_{r-1} v_{r-1} = v_r,$$

für bestimmte $\alpha_i \in K$, und durch Addition von $-v_r$ auf beiden Seiten der Gleichung erhält man eine nichttriviale Linearkombination des Nullvektors.   ◆

2.2 Basis und Dimension

Der Begriff der Basis ist von fundamentaler Bedeutung für die Lineare Algebra. In der Tat ergeben sich die meisten Zusammenhänge der Linearen Algebra als eine Folge der Tatsache, dass Vektorräume überhaupt eine Basis besitzen. Auf dem Begriff der Basis gründet sich auch der Dimensionsbegriff. Außerdem ermöglicht die Auswahl einer Basis, Vektoren eines n-dimensionalen Vektorraums durch n-Tupel von Elementen aus K zu beschreiben und lineare Abbildungen zwischen endlich-dimensionalen Vektorräumen durch Matrizen. Die wichtigsten Sätze in diesem Kapitel sind der *Basisauswahlsatz*, der *Basisergänzungssatz* sowie der *Austauschsatz von Steinitz*.

Frage 108   Was versteht man unter einer **Basis** in einem K-Vektorraum V?

Antwort: Eine *Basis* ist ein System S von Vektoren aus V mit den beiden Eigenschaften

- (i) S ist ein Erzeugendensystem von V, also $V = \mathrm{span}(S)$.
- (ii) S ist linear unabhängig.

Beispiele: (a) Eine Basis des K^n ist gegeben durch die *Standardbasis* $\mathcal{E}_n = (e_1, \ldots, e_n)$ mit $e_1 = (1, 0, 0, \ldots, 0)$, $e_2 = (0, 1, 0, \ldots, 0), \ldots, e_n = (0, 0, \ldots, 0, 1)$.
(b) Eine Basis des Vektorraums $K[X] = \{\sum_{i \in \mathbb{N}} \alpha_i X^i;\ \alpha_i = 0$ für fast alle $i\}$ der Polynome in K ist gegeben durch das unendliche System $(1, X, X^2, \ldots)$.
(c) Die Elemente 1 und $\sqrt{2}$ bilden eine Basis des $\mathbb{Q}$-Vektorraums $\mathbb{Q}(\sqrt{2})$.
(d) $(1, i)$ ist eine Basis von $\mathbb{C}$, betrachtet als $\mathbb{R}$-Vektorraum.   ◆

Frage 109   Wie lassen sich Basen in einem endlich erzeugten Vektorraum $V \neq \{0\}$ charakterisieren?

Antwort: *Folgende Aussagen sind für $\mathcal{B} = (v_1, \ldots, v_n)$ äquivalent:*

- (i)   *$\mathcal{B}$ ist eine Basis von V.*
- (ii) *$\mathcal{B}$ ist ein unverlängerbares (maximales) linear unabhängiges System in V, d. h., fügt man zu $\mathcal{B}$ irgendeinen Vektor $v \in V$ hinzu, so ist das neue System linear abhängig.*
- (iii) *$\mathcal{B}$ ist ein unverkürzbares (minimales) Erzeugendensystem von V, d. h., lässt man einen Vektor weg, so ist das neue System kein Erzeugendensystem mehr.*
- (iv) *Jeder Vektor aus V lässt sich eindeutig als Linearkombination von Vektoren aus $\mathcal{B}$ schreiben.*

Beweis: (i) $\implies$ (ii): Sei $v \in V$ beliebig. Da $\mathcal{B}$ als Basis insbesondere ein Erzeugenden-system von V ist, lässt sich v als Linearkombination der Basisvektoren darstellen, es gilt also $v = \sum_{i=1}^{n} \alpha_i v_i$ mit geeigneten $\alpha_i \in K$. Subtraktion von v auf beiden Seiten der Gleichung liefert dann

$$v - \sum_{i=1}^{n} \alpha_i v_i = 0.$$

Da zumindest der Koeffizient bei v in dieser Linearkombination nicht verschwindet, bedeutet das, dass die Vektoren $v, v_1, \ldots, v_n$ linear abhängig sind.

(ii) $\implies$ (iii): Sei $\mathcal{B}$ ein maximal linear unabhängiges System. Wäre $\mathcal{B}$ kein Erzeu-gendensystem, dann gäbe es einen Vektor $v \in V$ mit $v \notin \text{span}(\mathcal{B})$ und somit wäre $\mathcal{B} \cup \{v\}$ ebenfalls linear unabhängig, im Widerspruch zur Maximalität von $\mathcal{B}$. Da ande-rerseits $\mathcal{B}$ als maximal linear unabhängiges System insbesondere linear unabhängig ist, ist $\mathcal{B} \backslash \{v_i\}$ für jeden Basisvektor $v_i \in \mathcal{B}$ kein Erzeugendensystem mehr. Daraus folgt die Minimalitätseigenschaft von $\mathcal{B}$.

(iii) $\implies$ (iv): Ist $\mathcal{B}$ ein minimales Erzeugendensystem, so lässt sich jeder Vektor aus $v \in V$ als Linearkombination der Vektoren aus $\mathcal{B}$ darstellen. Angenommen, die Darstellung sei nicht eindeutig, es gelte also $v = \sum_{i=1}^{n} \alpha_i v_i = \sum_{i=1}^{n} \beta_i v_i$, wobei wir ohne Beschränkung der Allgemeinheit $\alpha_n \neq \beta_n$ annehmen können. Dann folgt

$$v_n = -\sum_{i=1}^{n-1} \frac{\alpha_i - \beta_i}{\alpha_n - \beta_n} v_i, \quad \text{also} \quad v_n \in \text{span}(v_1, \ldots, v_{n-1}).$$

Für jede Linearkombination $\lambda_1 v_1 + \cdots \lambda_n v_n$ gilt dann mit $\alpha' := -\frac{\alpha_i - \beta_i}{\alpha_n - \beta_n}$

$$\lambda_1 v_1 + \cdots \lambda_n v_n = \sum_{i=1}^{n-1} (\lambda_i + \lambda_n \alpha') v_i.$$

Das heißt, $(v_1, \ldots, v_{n-1})$ ist ebenfalls ein Erzeugendensystem von V, im Widerspruch dazu, dass $\mathcal{B}$ minimal ist.

(iv) $\implies$ (i): Unter der Voraussetzung ist $\mathcal{B}$ zumindest ein Erzeugendensystem von V, und aus der Eindeutigkeit der Linearkombinationen folgt, dass sich insbesondere der Nullvektor nur durch eine einzige Linearkombination darstellen lässt, nämlich durch die, in der alle Koeffizienten verschwinden. Daraus folgt die lineare Unabhängigkeit von $\mathcal{B}$. $\blacklozenge$

Frage 110 Was besagt der **Basisauswahlsatz**?

Antwort: Der Basisauswahlsatz lautet:

Jedes Erzeugendensystem $E = (v_1, \ldots, v_m)$ eines endlich-dimensionalen Vektorraums V enthält ein Teilsystem, das eine Basis von V ist.

Beweis: Da E endlich ist, enthält E ein minimales Erzeugendensystem. Dieses muss dann eine Basis von V sein. ◆

Frage 111 Was besagt der **Basisergänzungssatz** oder **Austauschsatz von Steinitz**?

Antwort: Der Satz besagt:

Jedes linear unabhängige System $S = (u_1, \dots, u_r)$ von Vektoren eines endlich erzeugten Vektorraums V lässt sich durch Hinzunahme von Vektoren eines Erzeugendensystems $E = (v_1, \dots, v_m)$ zu einer Basis von V ergänzen.

Beweis: Ausgehend von $S_0 := S$ konstruiere man linear unabhängige Systeme $S_1, \dots, S_m$ durch die rekursive Vorschrift

$$S_i = \begin{cases} S_{i-1} & \text{falls } v_i \in \operatorname{span}(S_{i-1}) \\ S_{i-1} \cup \{v_i\} & \text{sonst} \end{cases}$$

Nach Konstruktion sind alle Systeme S_i für $i = 1, \dots, m$ linear unabhängig. S_m ist aber auch ein Erzeugendensystem von V, da $\operatorname{span}(S_m)$ alle Vektoren des Erzeugendensystems E enthält. Also ist S_m eine Basis von V und der Satz damit bewiesen.

Will man beispielsweise die linear unabhängigen Vektoren $v_1 = (1, 1, 0, 0)$ und $v_2 = (0, 1, 1, 0)$ des $\mathbb{R}^4$ mit Vektoren aus der Standardbasis zu einer Basis $\mathcal{B}$ des $\mathbb{R}^4$ ergänzen, so liefert der obige Algorithmus

$$S_0 = (v_1, v_2), \ S_1 = (v_1, v_2, e_1) = S_2 = S_3, \ S_4 = (v_1, v_2, e_1, e_4) = \mathcal{B}.$$

◆

Frage 112 Können Sie begründen, warum jeder endlich erzeugte K-Vektorraum V eine Basis besitzt?

Antwort: Man wende den Basisauswahlsatz auf ein endliches Erzeugendensystem E von V an. Die so erhaltene Basis $\mathcal{B} \subset E$ ist dann in jedem Fall sogar endlich. ◆

Frage 113 Sei V ein endlich erzeugter K-Vektorraum, $E = (v_1, \dots, v_m)$ ein Erzeugendensystem und $\mathcal{B} = (u_1, \dots, u_r)$ eine Basis von V. Wieso gilt dann $r \leq m$?

Antwort: Das linear unabhängige System $(u_2, \dots, u_r)$ lässt sich nach dem Basisergänzungssatz durch die Hinzunahme von i_1 Vektoren aus E zu einer Basis $\mathcal{B}_1$ von V ergänzen, wobei notwendigerweise $i_1 \geq 1$ gilt. Analog lässt sich das linear unabhängige System $\mathcal{B}_1 \setminus \{u_2\}$ zu einer Basis $\mathcal{B}_2$ ergänzen, indem man i_2 weitere Vektoren aus E hinzufügt. Auf diese Weise fortfahrend konstruiert man eine Folge $\mathcal{B}_1, \dots, \mathcal{B}_r$ von Vektorraumbasen mit

$$|\mathcal{B}_1| = r - 1 + i_1$$
$$|\mathcal{B}_2| = r - 2 + i_1 + i_2$$
$$\cdots$$
$$|\mathcal{B}_r| = i_1 + i_2 + \cdots + i_r.$$

Wegen $\mathcal{B}_r \subset E$ gilt $i_1 + \cdots + i_r \leq m$ und wegen $i_j \geq 1$ für $j = 1, \ldots, r$ folgt daraus $r \leq m$ wie gewünscht.   ◆

Frage 114 Warum haben je zwei Basen eines endlich erzeugten K-Vektorraums dieselbe Länge?

Antwort: Seien $\mathcal{B}_1$ und $\mathcal{B}_2$ zwei Basen von V der Länge n bzw. m. Da $\mathcal{B}_2$ insbesondere ein Erzeugendensystem ist, gilt $m \geq n$ nach Frage 113. Aus demselben Grund gilt aber auch $n \leq m$, also insgesamt $n = m$.   ◆

Frage 115 Wie ist die **Dimension** eines K-Vektorraums definiert?

Antwort: Wenn V endlich erzeugt ist, haben alle Basen nach Frage 114 dieselbe Länge. Diese Länge nennt man die *Dimension* von V ($\dim V$). Ist V nicht endlich erzeugt, so setzt man $\dim V = \infty$ und sagt, V sei *unendlich-dimensional*.   ◆

Frage 116 Wie ist der **Rang** $\mathrm{rg}(v_1, \ldots, v_r)$ eines endlichen Systems $(v_1, \ldots, v_r)$ von Vektoren aus V definiert?

Antwort: Es ist
$$\mathrm{rg}(v_1, \ldots, v_n) = \dim \mathrm{span}(v_1, \ldots, v_n).$$
◆

Frage 117 Können Sie zeigen, dass es in einem nicht endlich erzeugten K-Vektorraum linear unabhängige Systeme beliebiger Länge gibt?

Antwort: Angenommen, der Zusammenhang gilt nicht. Dann gibt es ein linear unabhängiges System maximaler Länge in V. Dies wäre dann eine Basis von V, also insbesondere ein endliches Erzeugendensystem von V, im Widerspruch dazu, dass V unendlichdimensional ist.   ◆

Frage 118 Man betrachte zum Raum der stetigen Funktionen aus $\mathbb{R}$ die folgende Teilmenge

$$S = \{f_a : \mathbb{R} \longrightarrow \mathbb{R}; \; f_a(x) = x + a\}.$$

Können Sie alle maximal linear unabhängigen Teilmengen von S bestimmen?

Antwort: Für $a \neq b$ sind die beiden Funktionen f_a und f_b linear unabhängig, denn aus $\alpha_1 f_a + \beta f_b = 0$ folgt

$$\alpha f_a(x) + \beta f_b(x) = \alpha(x+a) + \beta(x+a) = (\alpha+\beta)x + \alpha a + \beta b = 0 \qquad (*)$$

für alle $x \in \mathbb{R}$. Einsetzen der speziellen Werte $x = 0$ und $x = 1$ liefert $\alpha a + \beta b = \alpha + \beta + \alpha a + \beta b = 0$, also $\beta = -\alpha$ und damit $\alpha(a - b) = 0$, was wegen $a \neq b$ dann $\alpha = 0$ und schließlich auch $\beta = 0$ impliziert. Das zeigt die lineare Unabhängigkeit der Funktionen f_a, f_b.

Je drei paarweise verschiedene Funktionen f_a, f_b, f_c aus S sind jedoch linear abhängig. Wie oben führt $\alpha f_a + \beta f_b + \gamma f_c = 0$ auf

$$(\alpha + \beta + \gamma)x + \alpha a + \beta b + \gamma c = 0 \qquad \text{für alle } x \in \mathbb{R},$$

was auf jeden Fall für die Lösungen des Gleichungssystems $\alpha + \beta + \gamma = \alpha a + \beta b + \gamma c = 0$ erfüllt ist. Dieses System aus zwei Gleichungen in drei Unbekannten besitzt aber stets eine nichttriviale Lösung. (Was sich unmittelbar aus der Theorie linearer Gleichungssysteme ergibt, auf „elementarem" Weg aber auch durch explizite Konstruktion der Lösungen wie im ersten Teil der Antwort verifiziert werden kann.)

Insgesamt folgt, dass die maximal linear unabhängigen Systeme aus S genau diejenigen sind, die zwei verschiedene Funktionen aus S enthalten. ◆

Frage 119 Ist $\mathcal{B}$ eine Basis eines K-Vektorraums V, wieso gilt dann $|V| = \max\{|\mathcal{B}|, |K|\}$?

Antwort: Die Ungleichung $|V| \geq |\mathcal{B}|$ ist klar. Um $|V| \geq |K|$ zu beweisen, wähle man einen beliebigen Vektor $v \in \mathcal{B}$. Wegen $v \neq 0$ gilt $\alpha v \neq \beta v$ für $a\alpha \neq b$. Es folgt $K = Kv \subset V$, also $|K| \leq |V|$.

Zum Bew eis der anderen Ungleichung betrachte man die für jeden Vektor $v \in V$ eindeutige Darstellung $v = \sum_{i=1}^{k(v)} \alpha_i v_i$ und ordne dem Vektor v die Menge

$$\Psi(v) := \{(\alpha_1, v_1), \dots, (\alpha_{k(v)}, v_{k(v)})\} \subset K \times \mathcal{B}$$

zu. Damit ist Ψ eine injektive Abbildung $V \longrightarrow \mathscr{P}_{\text{fin}}(K \times \mathcal{B})$, wobei $\mathscr{P}_{\text{fin}}(M)$ für eine beliebige Menge M die Menge der endlichen Teilmengen von M bezeichnet. Ist M unendlich, so gilt der allgemeine Zusammenhang $|\mathscr{P}_{\text{fin}}(M)| = |M|$, und damit erhält man insgesamt

$$|V| \leq |\mathscr{P}_{\text{fin}}(K \times \mathcal{B})| = |K \times \mathcal{B}| = \max\{|K|, |\mathcal{B}|\}. \qquad ◆$$

Frage 120   Ist $\mathcal{B}$ eine Basis des Raums $\mathbb{R}^{\mathbb{R}}$ der Funktionen $\mathbb{R} \longrightarrow \mathbb{R}$ und $\mathcal{C}$ eine Basis der Raums $\mathscr{C}(\mathbb{R})$ der stetigen Funktionen auf $\mathbb{R}$, dann gilt $|\mathcal{B}| > |\mathbb{R}|$ und $|\mathcal{C}| = |\mathbb{R}|$. Können Sie das begründen?

Antwort: Die Abbildung $\Psi : \mathbb{R}^{\mathbb{R}} \longrightarrow \mathscr{P}(\mathbb{R})$ mit $\Psi(f) = \{x \in \mathbb{R};\ f(x) = 0\}$ ist surjektiv. Also gilt $|\mathbb{R}^{\mathbb{R}}| \geq |\mathscr{P}(\mathbb{R})| > |\mathbb{R}|$. Da $|\mathbb{R}^{\mathbb{R}}| = \max\{|\mathbb{R}|, |\mathcal{B}|\}$ nach Frage 119 gilt, folgt $|\mathcal{B}| > |\mathbb{R}|$.

Eine stetige Funktion ist durch ihre Werte in $\mathbb{Q}$ bereits eindeutig festgelegt. Daher ist die Abbildung

$$\mathscr{C}(\mathbb{R}) \longrightarrow \mathbb{R}^{\mathbb{Q}}, \qquad f \longmapsto f|_{\mathbb{Q}}$$

injektiv. Es folgt $|\mathscr{C}(\mathbb{R})| \leq |\mathbb{R}^{\mathbb{Q}}| = |\mathbb{R}^{\mathbb{N}}| = |\mathbb{R}|$. Zusammen mit $|\mathscr{C}(\mathbb{R})| = \max\{|\mathbb{R}|, |\mathcal{C}|\}$ folgt daraus die Behauptung.   ◆

Frage 121   Sei V ein endlich-dimensionaler Vektorraum und $U \subset V$ ein Unterraum. Können Sie $\dim U \leq \dim V$ zeigen und dass $\dim U = \dim V$ nur für $U = V$ gilt?

Antwort: Sei $\dim V = n$. Angenommen, $\dim U > n$. Dann gibt es ein linear unabhängiges System der Länge $n + 1$ von Vektoren aus U. Das System dieser Vektoren ist natürlich auch in V linear unabhängig, im Widerspruch zu Antwort 109 (d). Also ist U endlich erzeugt mit $\dim U \leq \dim V$. Der Zusatz folgt aus dem Basisergänzungssatz.   ◆

Frage 122   Seien $U, W \subset V$ Unterräume eines K-Vektorraums V. Unter welcher Bedingung ist auch $U \cup W$ ein Unterraum von V?

Antwort: Bezüglich der Vereinigung von Unterräumen gilt: $U \cup W$ *ist genau dann ein Unterraum, wenn $U \subset W$ oder $W \subset U$ gilt*. Hier ist die „Rückrichtung" der Äquivalenz offensichtlich, da $U \cup W$ in diesem Fall einem der beiden Unterräume U oder W entspricht. Gilt umgekehrt $U \not\subset W$ und $W \not\subset U$, dann wähle man Vektoren $u \in U \backslash W$ und $w \in W \backslash U$. Der Vektor $u + w$ kann dann nicht in U enthalten sein, denn aus $u + w = u' \in U$ folgt $w = u - u' \in U$, im Widerspruch zur Voraussetzung. Analog folgt $u + w \notin W$, insgesamt also $u + w \notin U \cup W$. Daher kann $U \cup W$ in diesem Fall kein Vektorraum sein.   ◆

2.3 Summen von Vektorräumen

Die Antworten zu den Fragen 98 und 122 zeigen, dass man durch die bloße mengentheoretische Vereinigung zweier Unterräume in der Regel keinen neuen Unterraum

erhält. Um gegebene Unterräume U und W zu einem größeren Raum zusammen-
zufassen, der ebenfalls eine lineare Struktur trägt, bildet man statt dessen die
Summe $U + W$, welche gerade dem Erzeugnis der Menge $U \cup W$ entspricht.

Frage 123 Wie ist die Summe $U + W$ zweier Unterräume eines K-Vektorraums V
definiert?

Antwort: Man definiert $U + W = \operatorname{span}(U \cup W)$. Damit besitzt jedes Element aus
$v \in U + W$ eine Darstellung $v = u + w$ mit $u \in U$ und $w \in W$. Diese Darstellung
braucht im Allgemeinen jedoch nicht eindeutig zu sein.   ◆

Frage 124

Wie lautet die **Dimensionsformel für Unterräume**? Können Sie eine
Beweisskizze geben?

Antwort: Die Dimensionsformel lautet:
Für endlich-dimensionale Untervektorräume $U, W \subset V$ gilt

$$\boxed{\dim(U + W) = \dim U + \dim W - \dim(U \cap W).}$$

Beweis: Sei $(v_1, \ldots, v_m)$ eine Basis von $U \cap W$. Gemäß dem Basisergänzungssatz
kann man diese zu einer Basis $\mathcal{B}_U = (v_1, \ldots, v_m, u_1, \ldots, u_r)$ von U bzw. einer Basis
$\mathcal{B}_W = (v_1, \ldots, v_m, w_1, \ldots, w_s)$ von W ergänzen. Durch Zusammenfassen von $\mathcal{B}_U$ und
$\mathcal{B}_W$ erhält man

$$\mathcal{B} := (v_1, \ldots, v_m, u_1, \ldots, u_r, w_1, \ldots, w_s).$$

Da das System $\mathcal{B}$ genau $\dim U + \dim W - \dim(U \cap B)$ Vektoren enthält, genügt es zu
zeigen, dass $\mathcal{B}$ eine Basis von $U + W$ ist. Offensichtlich ist $\mathcal{B}$ ein Erzeugendensystem
von $U + W$, also muss nur noch die lineare Unabhängigkeit nachgewiesen werden. Dazu
betrachte man

$$\underbrace{\alpha_1 v_1 + \cdots + \alpha_m v_m + \beta_1 u_1 + \cdots + \beta_r u_r}_{=:v} + \underbrace{\gamma_1 w_1 + \cdots + \gamma_s w_s}_{=:-v} = 0. \qquad (*)$$

Der Vektor v lässt sich sowohl als Linearkombination von Vektoren aus $\mathcal{B}_U$ als auch
von Vektoren aus $\mathcal{B}_W$ darstellen und liegt folglich in $U \cap W$. Daher muss er sich bereits
als Linearkombination der Vektoren $v_1, \ldots, v_m$ darstellen lassen, also ist $(*)$ äquivalent
zu

$$\alpha_1' v_1 + \cdots + \alpha_m' v_m + \gamma_1 w_1 + \cdots + \gamma_s w_s = 0$$

mit eindeutig bestimmten $\alpha_i' \in K$. Das ist eine Linearkombination der Basisvektoren
aus $\mathcal{B}_W$. Da $\mathcal{B}_W$ linear unabhängig ist, folgt daraus $\gamma_i = 0$ für $i = 1, \ldots, s$. Setzt man
dieses Ergebnis in $(*)$ ein, so liefert die lineare Unabhängigkeit von $\mathcal{B}_U$, dass auch die

restlichen Koeffizienten in $(*)$ verschwinden. Das zeigt die lineare Unabhängigkeil von
$\mathcal{B}$ und damit insgesamt die Behauptung.   ◆

Frage 125 Wann heißt die Summe $U + W$ zweier Unterräume eines K-Vektorraums
V **direkt**?

Antwort: Eine Summe $U + W$ heißt *direkt*, geschrieben $U \oplus W$, wenn $U \cap W = \{0\}$
gilt. Das ist äquivalent dazu, dass jedes Element $v \in U \oplus W$ eine *eindeutige* Darstellung
$v = u + w$ mit $u \in U$ und $w \in W$ besitzt. Hat man nämlich eine Basis $(u_1, \ldots, u_r)$ von
U und eine Basis $(w_1, \ldots, w_m)$ von W, so impliziert $U \cap W = \{0\}$, dass das System
$(u_1, \ldots, u_r, w_1, \ldots, w_m)$ linear unabhängig und damit eine Basis von $U + W$ ist. Jeder
Vektor $v \in U + W$ hat dann eine eindeutige Darstellung $v = \sum_{i=1}^{r} \alpha_i u_i + \sum_{i=1}^{m} \beta_i w_i$
mit $u = \sum_{i=1}^{r} \alpha_i u_i \in U$ und $w = \sum_{i=1}^{m} \beta_i w_i \in W$.   ◆

Frage 126 Wann gilt für zwei Unterräume U und W eines endlichdimensionalen
K-Vektorraums $\dim(U + W) = \dim(U) + \dim(W)$?

Antwort: Nach der Dimensionsformel aus Frage 124 gilt die Formel genau dann, wenn
$\dim(U \cap W) = 0$, also $U \cap W = \{0\}$ gilt bzw. genau dann, wenn die Summe direkt
ist.   ◆

Frage 127 Was ist ein **Komplement** eines Unterraums $U \subset V$ in V? Ist ein Komplement, falls es existiert, eindeutig bestimmt?

Antwort: Ein *Komplement* eines Unterraums $U \subset V$ ist ein Unterraum $W \subset V$ derart,
dass $V = U \oplus W$ gilt.

Ein Komplement ist nicht eindeutig bestimmt. Sei V zum Beispiel zweidimensional
und U der von einem Vektor $u \in V$ aufgespannte Unterraum. Für zwei von u linear
unabhängige Vektoren w und w' gilt dann

$$V = U \oplus Kw = U \oplus Kw',$$

aber $Kw \neq Kw'$, sofern $w \neq w'$ ist.   ◆

3 Lineare Abbildungen und Matrizen

In der Linearen Algebra bewegt man sich immer innerhalb von Vektorräumen, also Mengen mit einer bestimmten algebraischen Struktur. Wie meistens in der Mathematik gehört zu einer bestimmten, durch strukturelle Eigenschaften ausgezeichneten Klasse von Mengen aber auch eine bestimmte Klasse von Abbildungen, die die Struktur ebendieser Mengen respektieren. Im Fall der Linearen Algebra sind das die *linearen Abbildungen* oder *Vektorraumhomomorphismen*.

Eine lineare Abbildung $F : V \longrightarrow W$ zwischen zwei Vektorräumen V und W überträgt alle vektorraumspezifischen Relationen, die zwischen den Vektoren aus V bestehen, auf deren Bilder in W. So gilt z. B.

$$v \in \mathrm{span}(v_1, \ldots, v_r) \Longrightarrow F(v) \in \mathrm{span}(F(v_1), \ldots, F(v_r))$$
$$v_1, \ldots, v_r \text{ linear abhängig} \Longrightarrow F(v_1), \ldots, F(v_r) \text{ linear abhängig}$$
$$w = \alpha_1 v_1 + \cdots + \alpha_r v_r \Longrightarrow F(w) = \alpha_1 F(v_1) + \cdots + \alpha_r F(v_r).$$

Das letzte Beispiel ist besonders aufschlussreich. Da sich jede Relation, die zwischen den Elementen eines Vektorraums besteht, durch den Begriff der Linearkombination ausdrücken lässt, genügt es, für eine lineare Abbildung zu fordern, dass sie bestehende Gleichungen zwischen Linearkombinationen überträgt, dass also für $v_1, \ldots, v_r \in V$ und $\alpha_1, \ldots, \alpha_r \in K$ stets gilt:

$$F(\alpha_1 v_1 + \cdots + \alpha_r v_r) = \alpha_1 F(v_1) + \cdots + \alpha_r F(v_r)$$

Dies ist bereits in der kürzeren Forderung

$$F(\alpha_1 v_1 + \alpha_2 v_2) = \alpha_1 F(v_1) + \alpha_2 F(v_2) \qquad \text{für alle } v_1, v_2 \in V \text{ und } \alpha_1, \alpha_2 \in K$$

enthalten.

© Springer-Verlag GmbH Deutschland, ein Teil von Springer Nature 2019
R. Busam et al., *Prüfungstrainer Lineare Algebra*,
https://doi.org/10.1007/978-3-662-59404-9_3

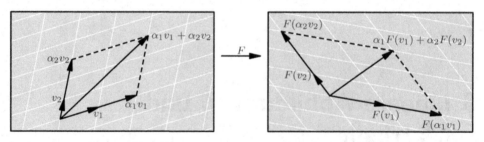

Da sich alle Elemente eines Vektorraums als Linearkombinationen der Basisvektoren darstellen lassen, verwundert es nicht, dass lineare Abbildungen die Eigenschaft besitzen, bereits durch ihre Werte auf den Basisvektoren eindeutig bestimmt zu sein, was ein große rechnerische und theoretischen Tragweite besitzt.

3.1 Grundbegriffe

Wir führen in diesem Abschnitt die wesentlichen Grundbegriffe ein und leiten daraus die ersten elementaren Eigenschaften linearer Abbildungen ab. Hier und im Folgenden bezeichnen wir lineare Abbildungen stets große lateinische Buchstaben F, G. Ist von allgemeinen, nicht unbedingt linearen, Abbildungen die Rede, dann benutzen wir kleine Buchstaben f, g, h.

Frage 128 Wann heißt eine Abbildung $F : V \longrightarrow W$ zwischen K-Vektorräumen V und W K-**linear** oder K-**Homomorphismus**?

Antwort: Eine Abbildung $F : V \longrightarrow W$ heißt K-linear bzw. K-Homomorphismus, wenn für alle $v, w \in V$ und alle $\alpha \in K$ gilt

(i) $F(v + w) = F(v) + F(w)$.
(ii) $F(\alpha v) = \alpha \cdot F(v)$.

Die beiden Bedingungen lassen sich zusammenfassen, indem man für $v, w \in V$ und $\alpha, \beta \in K$ fordert

$$F(\alpha v + \beta w) = \alpha F(v) + \beta F(w).$$

$\blacklozenge$

Frage 129 Können Sie die Begriffe **Isomorphismus, Epimorphismus, Endomorphismus** und **Automorphismus** erläutern?

Antwort: Alle vier Begriffe bezeichnen Spezialfälle linearer Abbildungen. Eine lineare Abbildung $F : V \longrightarrow W$ zwischen K-Vektorräumen V und W heißt

Isomorphismus, wenn F bijektiv ist,
Epimorphismus, wenn F surjektiv ist,

Endomorphismus, wenn F eine Selbstabbildung ist, also $V = W$ gilt,
Automorphismus, wenn $V = W$ gilt und F bijektiv ist.

◆

Frage 130 Können Sie einige Beispiele linearer Abbildungen nennen?

Antwort: Seien V, W Vektorräume.

(a) Die identische Abbildung id: $V \longrightarrow V$ ist wegen

$$\mathrm{id}(v + v') = v + v' = \mathrm{id}(v) + \mathrm{id}(v')$$
$$\mathrm{id}(\alpha v) = \alpha v = \alpha \cdot \mathrm{id}(v)$$

ein Homomorphismus, aufgrund der Bijektivität sogar ein Isomorphismus.

(b) Die Nullabbildung $o : V \longrightarrow W$ mit $o(v) = 0$ für alle $v \in V$ ist K-linear:

$$o(v + v') = 0 = 0 + 0 = o(v) + o(v')$$
$$o(\alpha v) = 0 = \alpha \cdot 0 = \alpha \cdot o(v).$$

(c) Für einen Unterraum $U \subset V$ ist die Inklusionsabbildung $U \hookrightarrow V$ ein Vektorraumhomomorphismus.

(d) Die komplexe Konjugation $^{\overline{\quad}} : \mathbb{C} \longrightarrow \mathbb{C}$ mit $x + \mathrm{i}y \longmapsto x - \mathrm{i}y$ ist $\mathbb{R}$-linear, allerdings nicht $\mathbb{C}$-linear. Für $\alpha \in \mathbb{C} \backslash \mathbb{R}$ gilt nämlich

$$\overline{\alpha z} = \overline{\alpha} \cdot \overline{z} \neq \alpha \overline{z}.$$

Das ist übrigens der Grund, weshalb die komplexe Konjugation keine *holomorphe Funktion* ist (vgl. [6], S. 265).

(e) Die linearen Abbildungen $\mathbb{R} \longrightarrow \mathbb{R}$ sind genau die Abbildungen des Typs $x \longmapsto ax$ mit $a \in \mathbb{R}$, also genau diejenigen Abbildungen, deren Graph eine Gerade durch den Ursprung beschreibt.

(f) Zu $m, n \in \mathbb{N}$ seien $m \times n$ Elemente $\alpha_{ij} \in K$ mit $1 \leq i \leq m$ und $1 \leq j \leq n$ gegeben. Die Abbildung $f : K^n \longrightarrow K^m$, die jeden Vektor $(x_1, \ldots, x_n) \in K^n$ auf den Vektor

$$\left(\sum_{j=1}^n a_{1j}x_j, \ldots, \sum_{j=1}^n \alpha_{mj}x_j \right)$$

abbildet, ist eine K-lineare Abbildung.

(h) Für ein Intervall $[a, b]$ bezeichne $\mathscr{C}([a, b])$ den $\mathbb{R}$-Vektorraum der stetigen Funktionen und $\mathscr{C}^1([a, b])$ der stetig differenzierbaren Funktionen auf $[a, b]$. Dann sind die Abbildungen

$$\mathrm{int} : \mathscr{C}([a, b]) \longrightarrow \mathscr{C}^1([a, b]), \qquad f \longmapsto F \quad \text{mit} \quad F(x) = \int_a^x f(t)\,\mathrm{d}t,$$

$$\mathrm{diff} : \mathscr{C}^1([a, b]) \longrightarrow \mathscr{C}([a, b]), \qquad f \longmapsto f'$$

$\mathbb{R}$-lineare Abbildungen zwischen unendlich-dimensionalen Veklorräumen.

◆

Frage 131 Ist die Abbildung $F : \mathbb{R}^2 \longrightarrow \mathbb{R}$ mit $F((x_1, x_2)) = x_1 - x_2$ linear? Wie verhält es sich mit $G : \mathbb{R}^2 \longrightarrow \mathbb{R}$, definiert durch $G((x_1, x_2)) = x_1 x_2$?

Antwort: Die Abbildung F ist linear. Für zwei Vektoren $x = (x_1, x_2)$ und $y = (y_1, y_2)$ sowie $\alpha \in \mathbb{R}$ gilt

$$F(x + y) = F((x_1 + y_1, x_2 + y_2)) = (x_1 + y_1) - (x_2 + y_2)$$
$$= (x_1 - x_2) + (y_1 - y_2) = F(x) + F(y)$$
$$F(\alpha x) = F((\alpha x_1, \alpha x_2)) = \alpha x_1 - \alpha x_2 = \alpha(x_1 - x_2) = \alpha F((x_1, x_2)) = \alpha F(x).$$

Dagegen ist G nicht linear. Es ist nämlich

$$G(x + y) = G((x_1 + y_1, x_2 + y_2)) = (x_1 + y_1)(x_2 + y_2) \neq x_1 x_2 + y_1 y_2 = G(x) + G(y).$$

Ist $\alpha \in \mathbb{R}$, so folgt die Nichtlinearität von G auch aus

$$G(\alpha x) = G((\alpha x_1, \alpha x_2)) = \alpha^2 x_1 x_2 \neq \alpha x_1 x_2 = \alpha G(x).$$

◆

Frage 132 Warum ist die Zusammensetzung (Verkettung) linearer Abbildungen wieder linear?

Antwort: Seien $G : U \longrightarrow V$ und $F : V \longrightarrow W$ linear. Dann gilt für alle Vektoren $u, u' \in U$

$$
\begin{aligned}
F \circ G(u + u') &= F(G(u + u')) \\
&= F(G(u) + G(u')) && \text{(wegen der Linearität von } G) \\
&= F(G(u)) + F(G(u')) && \text{(wegen der Linearität von } F) \\
&= F \circ G(u) + F \circ G(u').
\end{aligned}
$$

Nach demselben Muster zeigt man für $\alpha \in \mathbb{R}$

$$F \circ G(\alpha u) = F(G(\alpha u)) = F(\alpha G(u)) = \alpha F(G(u)) = \alpha(F \circ G)(u).$$

Also ist $F \circ G$ linear.

◆

Frage 133 Ist $F : V \longrightarrow W$ linear und bijektiv, warum ist dann auch die Umkehrabbildung $G : W \longrightarrow V$ linear und bijektiv?

Antwort: Die Umkehrabbildung einer bijektiven Abbildung ist immer bijektiv Um die Linearität zu zeigen, betrachte man $w, w' \in W$ und $v, v' \in V$ mit $F(v) = w$ und $F(v') = w'$. Dann folgt wegen $G \circ F = \mathrm{id}$ und der Linearität von F

$$G(w + w') = G(F(v) + F(v')) = G(F(v + v')) = v + v' = G(w) + G(w').$$

Weiter erhält man für alle $\alpha \in K$

$$G(\alpha w) = G(\alpha F(v)) = G(F(\alpha v)) = \alpha v = \alpha G(w).$$

◆

Frage 134 Warum ist die Zusammensetzung von Isomorphismen wieder ein Isomorphismus?

Antwort: Die Zusammensetzung zweier Isomorphismen ist als Zusammensetzung zweier bijektiver Abbildungen bijektiv und außerdem linear nach Frage 132. ◆

Frage 135 Wie ist der **Kern**, wie das **Bild** einer linearen Abbildung $F : V \longrightarrow W$ erklärt?

Antwort: Man definiert

$$\ker F := F^{-1}(0) := \{v \in V;\ F(v) = 0\} \subset V$$
$$\mathrm{im}\, F := F(V) := \{w \in W;\ \text{es gibt ein } v \in V \text{ mit } w = F(v)\} \subset W.$$

◆

Frage 136 Warum besitzen der Kern und das Bild einer K-linearen Abbildung $F : V \longrightarrow W$ stets eine Vektorraumstruktur?

Antwort: Seien $v, v' \in \ker F$ und $\alpha \in K$. Dann gilt

$$F(v + v') = F(v) + F(v') = 0 + 0 = 0, \qquad \text{also } v + v' \in \ker F$$
$$F(\alpha v) = \alpha \cdot F(v) = \alpha \cdot 0 = 0, \qquad \text{also } \alpha v \in \ker F,$$

Somit ist $\ker F$ ein Untervektorraum von V.

Liegen $w, w' \in W$ im Bild von F, dann gibt es Vektoren $v, v' \in V$ mit $w = F(v)$ und $w = F(v')$. Mit $\alpha \in K$ folgt

$$w + w' = F(v) + F(v') = F(v + v') \in \mathrm{im}\, F$$
$$\alpha w = \alpha \cdot F(v) = F(\alpha v) \in \mathrm{im}\, F,$$

also ist $\operatorname{im} F$ ein Untervektorraum von W.   ◆

Frage 137   Können Sie zur linearen Abbildung

$$F : \mathbb{R}^2 \longrightarrow \mathbb{R}, \qquad (x_1, x_2)^T \longmapsto x_1 - x_2$$

den Kern und das Bild angeben?

Antwort: Wegen

$$F((x_1, x_2)^T) = 0 \Longleftrightarrow (x_1 - x_2) = 0 \Longleftrightarrow x_1 = x_2$$

folgt

$$\ker F = \{(x_1, x_2)^T \in \mathbb{R}^2;\; x_1 = x_2\} = \mathbb{R} \cdot (1, 1)^T.$$

Zu jedem $a \in \mathbb{R}$ gibt es mit $(a, 0)$ zumindest ein Urbild unter F (es gibt natürlich noch viel mehr). Daher ist $\operatorname{im} F = \mathbb{R}$.   ◆

Frage 138   Wie lässt sich die Surjektivität bzw. Injektivität einer linearen Abbildung $F : V \longrightarrow W$ mittels der Eigenschaften von $\operatorname{im} F$ bzw. $\ker F$ charakterisieren?

Antwort: Es gilt:

  (i) F surjektiv $\Longleftrightarrow \operatorname{im} F = W$,

 (ii) F injektiv $\Longleftrightarrow \ker F = \{0\}$.

    Aussage (i) ist klar: F ist surjektiv genau dann, wenn für jedes $w \in W$ ein $v \in V$ mit $F(v) = w$ existiert, was gerade bedeutet, dass jedes $w \in W$ im Bild von F liegt.

    Zu Aussage (ii): Ist F injektiv, so kann natürlich nur ein Element auf die Null abgebildet werden. Das zeigt die „Hinrichtung". Ist umgekehrt $\ker F = \{0\}$, dann folgt aus $F(v) = F(v')$, also $F(v - v') = 0$, dass $v - v' = 0$ und damit $v = v'$ gilt. D. h., F ist injektiv.   ◆

Frage 139   Was besagt der „Basisbildersatz" für lineare Abbildungen?

Antwort: Der Satz besagt:
Seien V, W Vektorräume, $F : V \longrightarrow W$ linear, sowie $(v_1, \ldots, v_n)$ eine Basis von V. Dann ist die Abbildung F durch die Bilder $F(v_1), \ldots, F(v_n)$ der Basisvektoren bereits eindeutig bestimmt.
Beweis: Für beliebiges $v \in V$ gibt es eindeutig bestimmte Skalare $\alpha_1, \ldots, \alpha_n \in K$ mit

$$v = \alpha_1 v_1 + \cdots + \alpha_n v_n.$$

Für den Wert $F(v)$ unter einer linearen Abbildung $F : V \longrightarrow W$ gilt dann

$$F(v) = F(\alpha_1 v_1 + \cdots + \alpha_n v_n) = \alpha_1 F(v_1) + \cdots + \alpha_n F(v_n).$$

Der Wert $F(v)$ ist also für jedes $v \in V$ durch die Bilder $F(v_1), \ldots, F(v_n)$ der Basisvektoren bereits eindeutig bestimmt. $\blacklozenge$

Frage 140 Gibt es eine lineare Abbildung $F : \mathbb{R}^2 \longrightarrow \mathbb{R}^2$ mit

$$F((2,1)^T) = (1,1)^T, \qquad F((1,1)^T) = (2,1)^T, \qquad F((1,2)^T) = (1,2)^T?$$

Antwort: Die Vektoren $v_1 = (2,1)^T$ und $v_2 = (1,1)^T$ bilden eine Basis von $\mathbb{R}^2$. Nach dem Basisbildersatz ist F durch die Werte für v_1 und v_2 bereits eindeutig festgelegt, sofern F linear ist. In diesem Fall erhielte man wegen $(1,2)^T = -v_1 + 3 \cdot v_2$

$$F((1,2)^T) = -F(v_1) + 3 \cdot F(v_2) = -(1,1)^T + 3 \cdot (2,1)^T = (5,2)^T \neq (1,2)^T.$$

Daraus folgt, dass keine lineare Abbildung mit den angegebenen Eigenschaften existiert. $\blacklozenge$

Frage 141 Mit $\mathrm{Hom}_K(V, W)$ bezeichnet man die Menge aller K-linearen Abbildungen $V \longrightarrow W$. Wie lässt sich auf $\mathrm{Hom}_K(V, W)$ eine Vektorraumstruktur definieren?

Antwort: Für zwei Abbildungen $F, G \in \mathrm{Hom}_K(V, W)$ und $\alpha \in K$ definiere man die Vektorraumaddition sowie die skalare Multiplikation durch

$$F + G : V \longrightarrow W, \qquad (F+G)(v) = F(v) + G(v) \qquad \text{(i)}$$
$$\alpha F : V \longrightarrow W, \qquad (\alpha F)(v) = \alpha \cdot F(v). \qquad \text{(ii)}$$

Dann sind $F + G$ und αF K-linear wegen

$$(F+G)(v+v') = F(v+v') + G(v+v') = F(v) + F(v') + G(v) + G(v')$$
$$= (F+G)(v) + (F+G)(v'),$$
$$(F+G)(\alpha v) = F(\alpha v) + G(\alpha v) = \alpha F(v) + \alpha G(v) = \alpha(F(v) + G(v))$$
$$= \alpha(F+G)(v).$$

Die Abbildungen $F+G$ und αF gehören damit ebenfalls zu $\mathrm{Hom}_K(V, W)$, also handelt es sich bei $\mathrm{Hom}_K(V, W)$ zusammen mit den beiden Operationen (i) und (ii) um einen K-Vektorraum. $\blacklozenge$

Frage 142 Warum ist $\mathrm{Hom}_K(V, W)$ (kanonisch) isomorph zu W?

Antwort: Sei $F \in \mathrm{Hom}_K(K, W)$. Für jedes $\alpha \in K$ gilt dann $F(\alpha) = \alpha \cdot F(1)$, und damit ist F bereits durch den Wert $F(1) \in W$ eindeutig bestimmt. Umgekehrt lässt sich zu jedem $w \in W$ eine lineare Abbildung $G \in \mathrm{Hom}_K(K, W)$ allein durch die Festsetzung $G(1) = w$ definieren. Die Abbildung

$$\Phi : \mathrm{Hom}_K(K, W) \longrightarrow W, \qquad F \longmapsto F(1)$$

ist also bijektiv. Sie ist ferner linear, denn für $F, G \in \mathrm{Hom}_K(K, W)$ und $\alpha, \beta \in K$ hat man wegen der Linearität von F und G

$$\Phi(\alpha F + \beta G) = (\alpha F + \beta G)(1) = \alpha F(1) + \beta G(1) = \alpha \Phi(F) + \beta \Phi(G).$$

Insgesamt handelt es sich bei F also um einen Isomorphismus.   ◆

Frage 143 Was versteht man unter dem **Rang** einer linearen Abbildung $F : V \longrightarrow W$?

Antwort: Der Rang von F ist definiert als die Dimension des Bildes von F

$$\mathrm{rg}\, F := \dim \mathrm{im}\, F.$$

Beispielsweise besitzt eine konstante Abbildung $V \longrightarrow W$ mit $v \longmapsto w$ für ein $w \in W$ und alle $v \in V$ den Rang 1. Für die identische Abbildung $\mathrm{id} : V \longrightarrow V$ gilt rg id $= \dim V$, und für die Nullabbildung $o : V \longrightarrow \{0\}$ ist $\mathrm{rg}\, o = 0$.   ◆

Frage 144 Was besagt die **Dimensionsformel** (Rangformel) für lineare Abbildungen? Können Sie eine Beweisskizze geben?

Antwort: Die Dimensionsformel liefert einen Zusammenhang zwischen der Dimension des Kerns und der des Rangs einer linearen Abbildung. Sie lautet:
Für K-Vektorräume V, W und K-lineare Abbildungen $f : V \longrightarrow W$ gilt

$$\boxed{\dim V = \dim \ker F + \dim \mathrm{im}\, F.}$$

Beweis: Ist einer der beiden Räume im F oder ker F unendlich-dimensional, so auch V, und in diesem Fall gilt die Formel. Man kann also annehmen, dass ker F und im V beide von endlicher Dimension sind. Man wähle eine Basis $(v_1, \ldots, v_r)$ von ker F. Nach dem Basisergänzungssatz kann diese zu einer Basis $(v_1, \ldots, v_r, w_1, \ldots, w_s)$ von V ergänzt werden, wobei $s + r = n = \dim V$ gilt. Die Vektoren

$$F(w_1), \ldots, F(w_s)$$

bilden dann ein Erzeugendensystem von im F, denn für $v \in V$ hat man eine Darstellung $v = \sum_{i=1}^{r} \alpha'_i v_i + \sum_{j=1}^{s} \alpha_j w_j$ mit eindeutig bestim mten $\alpha'_i, \alpha_j \in K$. Daraus folgt

$$F(v) = \sum_{i=1}^{r} + \underbrace{\alpha'_i f(v_i)}_{=0} + \sum_{j=1}^{s} \alpha_j F(w_j) = \sum_{j=1}^{s} \alpha_j F(w_j).$$

Somit ist $\operatorname{im} F = \operatorname{span}(F(w_1), \ldots, F(w_s))$. Die Dimensionsformel folgt also, wenn jetzt noch die lineare Unabhängigkeit der $F(w_i)$ gezeigt werden kann. In diesem Fall gilt dann nämlich $\dim \operatorname{im} F = s = n - r = \dim V - \dim \ker F$.

Sei also

$$\alpha_1 F(w_1) + \cdots + \alpha_s F(w_s) = 0.$$

Dann folgt aufgrund der Linearität von F

$$\alpha_1 w_1 + \cdots + \alpha_s w_s \in \ker F,$$

also

$$\alpha_1 w_1 + \cdots + \alpha_s w_s = \beta_1 v_1 + \cdots + \beta_r v_r$$

für eindeutig bestimmte $\beta_i \in \mathbb{R}$. Man erhält

$$-\beta_1 v_1 - \cdots - \beta_r v_r + \alpha_1 w_1 + \cdots + \alpha_s w_s = 0,$$

und daraus folgt $\alpha_1 = \cdots = \alpha_s = \beta_1 = \cdots = \beta_r = 0$, da $(v_1, \ldots, v_r, w_1, \ldots, w_s)$ eine Basis von V ist. Damit ist die lineare Unabhängigkeit von $(F(w_1), \ldots, F(w_s))$ und insgesamt die Dimensionsformel bewiesen. ◆

Frage 145 Können Sie folgenden Zusammenhang begründen? Ist V oder W endlich-dimensional, so gilt für $F \in \operatorname{Hom}_K(V, W)$ stets

$$\operatorname{rg} F \leq \min(\dim V, \dim W).$$

Antwort: Wegen $\operatorname{im} F \subset W$ gilt stets $\operatorname{rg} F = \dim \operatorname{im} F \leq \dim W$. Es muss im Folgenden also nur noch $\operatorname{rg} F \leq \dim V$ nachgewiesen werden.

Ist W endlich-dimensional und V unendlich-dimensional, dann gilt erst recht $\operatorname{rg} F < V$, und die Ungleichung ist in diesem Fall richtig.

Für endlich-dimensionales V folgt $\operatorname{rg} F \leq \dim V$ aus dem Basisbildersatz, demzufolge $\operatorname{im} F$ ein Erzeugendensystems der Länge $\dim V$ besitzt. Also gilt $\dim \operatorname{im} F = \operatorname{rg} F \leq \dim V$ aufgrund von Frage 113. ◆

Frage 146 Folgt aus $\dim \ker F < \infty$ und $\dim \operatorname{im} F < \infty$ die Endlichkeit von $\dim V$?

Antwort: Ja, denn $\dim V = \dim \ker F + \dim \operatorname{im} F < \infty$. ◆

Frage 147 Sei $\dim V = \dim W < \infty$. Können Sie zeigen, dass die folgenden Aussagen äquivalent sind?

(i) F ist surjektiv,   (ii) F ist injektiv,   (iii) F ist bijektiv.

Mit anderen Worten: Eine lineare Abbildung zwischen zwei Vektorräumen derselben Dimension ist bereits dann bijektiv, wenn sie injektiv oder surjektiv ist.

Antwort: Ist F surjektiv, dann gilt dim im $F = $ dim $W = $ dim V, und damit folgt aus der Dimensionsformel dim ker $F = 0$, also ker $F = \{0\}$, d. h., F ist injektiv nach Frage 138.

Ist F injektiv, dann gilt dim ker $F = 0$, und zwar wieder aufgrund von Frage 138. Die Dimensionsformel liefert dann dim $W = $ dim $V = $ dim im F. Daraus folgt die Surjektivität von F.

Damit ist die Äquivalenz (i) $\Longleftrightarrow$ (ii) gezeigt, aus der unmittelbar folgt, dass beide Aussagen mit (iii) äquivalent sind. ◆

Frage 148 Sei dim $V = $ dim $W = n$. Warum ist F genau dann ein Isomorphismus wenn rg $F = n$ gilt?

Antwort: Ist F bijektiv, dann gilt ker $F = \{0\}$, und aus der Dimensionsformel folgt

$$\mathrm{rg}\, F = \dim V = \dim W = n.$$

Gilt umgekehrt rg $F = n$, dann liefert die Dimensionsformel dim ker $F = 0$. Also ist F injektiv und aufgrund von Frage 147 auch bijektiv, also ein Isomorphismus. ◆

3.2 Quotientenvektorräume und affine Unterräume

Das Äquivalent zu den Nebenklassen der Gruppentheorie bilden bei den Vektorräumen die *affinen Unterräume*. In der Euklidischen Geometrie handelt es sich dabei um Punkte, Geraden und Ebenen. Dies sind selbst in der Regel keine Unterräume, sondern entstehen aus diesen durch *Parallelverschiebung* entlang eines Vektors.

Frage 149 Was ist ein **affiner Unterraum** eines Vektorraums V? Können Sie einige Beispiele nennen?

Antwort: Man nennt eine Teilmenge $A \subset V$ einen *affinen Unterraum*, wenn A leer ist oder es ein Element $a \in V$ und einen linearen Unterraum $U \subset V$ gibt, so dass gilt

$$A = a + U := \{a + u;\ u \in U\}.$$

Im $\mathbb{R}^3$ sind die affinen Unterräume gerade die Punkte, Geraden und Ebenen, im $\mathbb{R}^2$ analog die Punkte und Geraden. Die Gerade $x_2 = x_1 + 1$ etwa ist der um den Vektor $(0,1)^T$ parallel verschobene Unterraum $\mathbb{R} \cdot (1,1)^T \subset \mathbb{R}^2$.

Ein weiteres wichtiges Beispiel für affine Unterräume sind die Lösungsmengen nichthomogener Gleichungssysteme (s. Frage 223). ◆

Frage 150 Wie ist die **Dimension eines affinen Unterraums** definiert? Was versteht man unter einer affinen Gerade bzw. einer affinen Ebene?

Antwort: Die Dimension eines affinen Unterraums $v + U$ ist $\dim U$. Man nennt einen affinen Unterraum A *Gerade*, wenn A die Dimension 1 und *Ebene*, wenn A die Dimension 2 hat. ◆

Frage 151 Was ist eine affine Hyperebene? Können Sie ein Beispiel nennen?

Antwort: Ist V ein n-dimensionaler Vektorraum und $U \subset V$ ein Unterraum der Dimension $n - 1$, so ist jeder affine Unterraum $v + U$ eine Hyperebene in V.

Beispiele für Hyperebenen sind die Geraden im $\mathbb{R}^2$ und die Ebenen im $\mathbb{R}^3$. ◆

Frage 152 Wann heißen zwei affine Unterräume $A_1 = v_1 + U_1$ und $A_2 = v_2 + U_2$ **parallel**? Wann ist eine affine Gerade zu einer affinen Ebene parallel?

Antwort: A_1 und A_2 heißen parallel, wenn $U_1 \subset U_2$ oder $U_2 \subset U_1$ gilt. Ist A_1 eine affine Gerade, A_2 eine affine Ebene, so ist A_1 parallel zu A_2, wenn U_1 ein Unterraum von U_2 ist. ◆

Frage 153 Können Sie zeigen: Ist $U \subset V$ ein Unterraum, dann gilt für $v, w \in V$ entweder $v + U = w + U$ oder $(v + U) \cap (w + U) = \emptyset$? (Anschaulich: Zwei nicht parallele affine Unterraum dentische parallele affine Unterräume besitzen keinen Schnittpunkt.)

Antwort: Sei $a \in (v + U) \cap (w + U)$. Dann gibt es $u_1, u_2 \in U$ mit $a = v + u_1 = w + u_2$. Daraus folgt zunächst $v = w + u_2 - u_1$. Ist nun b ein beliebiges Element aus $v + U$, dann gilt $b = v + u_3$ für ein $u_3 \in U$, also $b = w + u_2 - u_1 + u_3 \in w + U$. Das zeigt $v + U \subset w + U$, und auf dieselbe Weise folgt $w + U \subset v + U$. Das zeigt die Behauptung. ◆

Frage 154

Sei U ein Unterraum und $V/U := \{v + U;\ v \in V\}$. Wie kann man dieser Menge eine K-Vektorraumstruktur aufprägen? Wie nennt man den Raum V/U?

Antwort: Setzt man versuchsweise

$$(v + U) + (w + U) = (v + w)) + U, \qquad \alpha(v + U) = \alpha v + U, \qquad (*)$$

so erfüllt V/U zusammen mit diesen Verknüpfungen formal alle Vektorraumaxiome. Die Frage wäre damit beantwortet, *vorausgesetzt* man kann zeigen, dass durch (*) überhaupt eine wohldefinierte Abbildung gegeben ist, was in diesem Fall bedeutet, dass die Definition der Summe und skalaren Multilplikation unabhängig von der Auswahl der Repräsentanten sind. Es muss also gezeigt werden, dass aus $v + U = v' + U$ und $w + U = w' + U$ stets $(v + w) + U = (v' + w') + U$ und $\alpha v + U = \alpha v' + U$ folgt, wie es in dem Beispiel in der Abbildung der Fall ist.

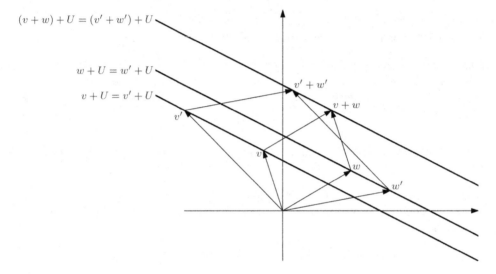

Gelte also $v+U = v'+U$ und $w+U = w'+U$. Dann folgt $v' = v+u_1$ und $w' = w+u_2$ für bestiminte $u_1, u_2 \in U$. Es folgt dann $(v' + w') + U = (v + u_1 + w + u_2) + U = (v + w) + u_1 + u_2 + U = (v+w)+U$ und $\alpha v' + U = \alpha(v + u_1) + U = \alpha v + \alpha u_1 + U = \alpha v + U$. Damit sind die Verknüpfungen durch (*) in der Tat wohldefiniert und V/U damit ein K-Vektorraum. Man nennt V/U *Quotientenvektorraum*. ◆

Frage 155 Sei $F : V \longrightarrow W$ eine lineare Abbildung und $w \in W$. Was versteht man unter der **Faser** von F über w?

Antwort: Die *Faser* ist die Urbildmenge $F^{-1}(w)$ des Vektors w unter F:

$$F^{-1}(w) := \{v \in V;\ F(v) = w\}.$$

Die Faser von F über w ist genau dann nichtleer, wenn w im Bild von F liegt. ◆

Frage 156 Wieso wird V durch die Fasern von F in disjunkte Teilmengen zerlegt?

Antwort: Jedes $v \in V$ wird auf genau ein Element $F(v) = w \in W$ abgebildet und liegt daher in genau einer Faser, nämlich in $F^{-1}(w)$.   ◆

Frage 157 In welchem Zusammenhang stehen die Fasern von F mit den affinen Unterräumen von V?

Antwort: Es gilt:
Für $v \in V$ ist die Faser von F über $F(v)$ gerade der affine Unterraum $v + \ker F$. Es gilt also

$$v + \ker F = F^{-1}(F(v)).$$

Ist F insbesondere surjektiv, dann entsprechen die Fasern von F auf bijektive Weise den affinen Unterräumen $v + U$ mit $U = \ker F$.
Beweis: Sei $U := \ker F$. Für $v + u \in v + U$ gilt $F(v + u) = F(v)$, also $v + u \in F^{-1}(F(v))$, und damit $v + U \subset F^{-1}(F(v))$. Ist umgekehrt $v' \in F^{-1}(F(v))$, dann gilt $F(v') = F(v)$, also $F(v' - v) = 0$ bzw. $v' - v \in U$. Es folgt $v' = v + u$ mit einem $u \in U$ und schließlich $v' \in v + U$. Das zeigt insgesamt die erste Behauptung.

Die zweite folgt daraus unmittelbar, denn für ein surjektives F liegt über jedem $w = F(v)$ genau eine nichtleere Faser, und diese ist nach dem ersten Teil von der Gestalt $v + U$.   ◆

Frage 158 Wie ist die **natürliche Projektion** $\pi_U : V \longrightarrow V/U$ definiert?

Antwort: Für $v \in V$ definiert man

$$\pi_U(v) = v + U.$$

Damit ist π_U ein surjektiver Homomorphismus mit $\ker \pi_U = U$.   ◆

Frage 159 Sei $F : V \longrightarrow W$ linear $w \in \operatorname{im} F$ und $u \in F^{-1}(w)$ beliebig. Können Sie

$$F^{-1}(w) = u + \ker F = \{u + v;\ v \in \ker F\}$$

zeigen?

Antwort: Sei $u' \in F^{-1}(w)$. Dann gilt $F(u') = F(u)$, also $u' - u \in \ker F$ und damit $u' = u + v$ für ein $v \in \ker F$.

Gilt umgekehrt $u' = u + v$ mit $v \in \ker F$, dann ist $F(u' - u) = 0$ und folglich $F(u') = F(u) = w$, also $u' \in F^{-1}(w)$.   ◆

Frage 160 Wie lautet der **Faktorisierungssatz?**

Antwort: Der Satz lautet:
Sei $F : V \longrightarrow W$ surjektiv und linear mit $\ker F = U$. Sei ferner U' ein Komplement von U in V, also ein linearer Unterraum, mit dem $V = U \oplus U'$ gilt. Dann ist die Einschränkung $F|U' : U' \longrightarrow W$ ein Isomorphismus und mit der Projektion

$$\pi : V = U \oplus U' \longrightarrow U', \qquad u + u' \longmapsto u'$$

auf den zweiten Summanden gilt

$$F = F|U' \circ \pi.$$

In Form eines Diagramms hat man

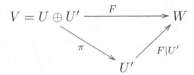

Beweis: Die erste Aussage (ii) ergibt sich daraus, das $F|U'$ erstens U' surjektiv auf W abbildet und zweitens wegen $\ker F|U' = \{0\}$ injektiv ist. Damit folgt die zweite Aussage unmittelbar aufgrund der Konstruktion von π.   ◆

Frage 161 Wie lautet der **Homomorphiesatz** für Vektorräume?

Antwort: Der Satz lautet:
Sei $U \subset V$ ein linearer Unterraum eines K-Vektorraums V und sei $\pi : V \longrightarrow V/U$ der kanonische Epimorphismus oder allgemeiner ein Epimorphismus mit $\ker \pi \subset U$. Dann gibt es zu jeder K-linearen Abbildung $F : V \longrightarrow W$ eine lineare Abbildung $\overline{F} : V/U \longrightarrow W$, so dass das unten stehende Diagramm kombetatiert

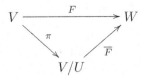

Es ist $\overline{F}$ genau dann injektiv, wenn $U = \ker F$ gilt und genau dann surjektiv, wenn F surjektiv ist.
Beweis: Die Eindeutigkeit ist klar. Um die Existenz zu zeigen beachte man, dass für zwei Vektoren v, v' mit $\pi(v) = \pi(v')$ gilt

$$v' - v \in U \subset \ker F$$

und daher $v' = v + u$ mit einem $u \in \ker F$. Es folgt dann $F(v') = F(v + u) = F(v)$, und daher ist die durch

$$\overline{F} : V/U \longrightarrow W, \qquad \overline{v} \longmapsto F(v)$$

gegebene Abbildung wohldefiniert, wobei mit v jeweils irgendein Urbild von $\overline{v} \in V/U$ unter π gemeint ist. Mit dieser Definition ist die Beziehung $F = \overline{F} \circ \pi$ erfüllt. Weiter muss gezeigt werden, dass $\overline{F}$ K-linear ist. Dazu seien $\overline{v}, \overline{v'} \in \overline{V}$ und v, v' entsprechende Urbilder in V sowie $\alpha \in K$. Dann gilt

$$\overline{F}(\overline{v} + \overline{v'}) = F(v + v') = F(v) + F(v') = \overline{F}(\overline{v}) + \overline{F}(\overline{v})$$
$$\overline{F}(\alpha\overline{v}) = F(\alpha v) = \alpha \cdot F(v) = \alpha \cdot \overline{F}(\overline{v}).$$

Damit ist auch die K-Linearität von $\overline{F}$ nachgewiesen.

Es bleiben noch die beiden Zusatzbehauptungen zu zeigen. Es gilt $\overline{F}(\overline{v}) = F(v) = 0$ genau dann, wenn $v \in \ker F$ gilt. Ist $U = \ker F$, so folgt daraus $\overline{v} = \overline{0}$, also ist $\overline{F}$ injektiv. Ist umgekehrt $\overline{F}$ injektiv, so gilt die Gleichung $\overline{F}(\overline{v}) = 0$ dann und nur dann, wenn v in $\ker F$ liegt. In diesem Fall muss dann $\ker F = U$ gelten.

Dass $\overline{F}$ genau dann surjektiv ist, wenn F dies ist, ergibt sich unmittelbar aus der Konstruktion von $\overline{F}$. ◆

Frage 162

Der Homomorphiesatz besitzt als Spezialfall ein für die Anwendungen wichtiges Korollar, den sogenannten **Isomorphiesatz**. Können Sie diesen noch einmal herleiten?

Antwort: Der Isomorphiesatz lautet:

Sei $F : V \longrightarrow W$ eine K-lineare Abbildung. Dann induziert F in natürlicher Weise einen Isomorphismus $V/\ker F \simeq \operatorname{im} F$, also einen Isomorphismus $V/\ker F \simeq W$, falls F surjektiv ist. In Form eines Diagramms erhält man

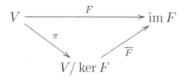

◆

Frage 163 Können Sie zeigen, dass sich jeder affine Unterraum $A = v + U$ von V als Faser einer linearen Abbildung $F : V \longrightarrow W$ realisieren lässt?

Antwort: Ist $A = \emptyset$, so betrachte man etwa die Nullabbildung $o : V \longrightarrow W$ mit $o(v) = 0$ für alle $v \in V$. Dann gilt $A = \emptyset = o^{-1}(1)$.

Ist $A = \emptyset$, dann betrachte man den kanonischen Epimorphismus $\pi : V \longrightarrow V/U$. Es gilt $A = v + U = \pi^{-1}(\pi(v))$, also ist A eine Faser von π.   ◆

Frage 164 Sei A eine Teilmenge eines K-Vektorraums V. Können Sie zeigen, dass A genau dann ein affiner Unterraum von V ist, wenn für jeweils endlich viele Elemente $a_0, \ldots, a_r$ und Koeffizienten $\alpha_1, \ldots, \alpha_r$ mit $\sum_{i=1}^{r} \alpha_i = 1$ stets folgt $\sum_{i=1}^{r} \alpha_i a_i \in A$?

Antwort: Sei A ein affiner Unterraum von V. Nach Frage 163 existiert dann ein Homomorphismus $V \longrightarrow W$ in einen Vektorraum W mit $A = F^{-1}(w)$ für ein Element $w \in W$. Es folgt

$$F\left(\sum_{i=1}^{r} \alpha_i a_i\right) = \sum_{i=0}^{r} \alpha_i F(a_i) = \sum_{i=0}^{r} \alpha_i \cdot w = w.$$

Also gilt

$$\sum_{i=1}^{r} \alpha_i a_i \in F^{-1}(w) = A.$$

Um die Umkehrung zu zeigen, betrachte man zu beliebigem $a_0 \in A$ die Menge $\Delta A := \{a - a_0;\ a \in A\}$. Wir zeigen, dass ΔA ein Untervektorraum von V ist. Zum einen ist jedenfalls $0 \in \Delta A$ und damit $\Delta A \neq \emptyset$. Sind nun $a, b \in \Delta A$, so ist $a = a_1 - a_0$ und $b = a_2 - a_0$ mit $a_1, a_2 \in A$. Es folgt

$$a + b = (a_1 - a_0 + a_2) - a_0 \in \Delta A.$$

Für $\alpha \in K$ gilt aufgrund der Voraussetzung $\alpha a_1 + (1 - \alpha)a_0 \in A$, da die Koeffizienten in dieser Summe sich zu 1 summieren. Also hat man, wiederum aufgrund der Voraussetzung,

$$\alpha a = (\alpha a_1 + (1 - \alpha)a_0) - a_0 \in \Delta A.$$

Folglich ist ΔA ein Untervektorraum und damit $A = a_0 + \Delta A$ ein affiner Unterraum von V.   ◆

3.3 Matrizen

Nach dem zentralen *Basisbildersatz*, der in Frage 139 behandelt wurde, ist eine lineare Abbildung $F : V \longrightarrow W$ durch ihre Werte auf den Vektoren einer Basis von V bereits eindeutig festgelegt. Ist V endlich-dimensional, dann existiert eine endliche Basis $\mathcal{B} = (v_1, \ldots, v_n)$, und F ist ausreichend durch die n Werte

$$F(v_1),\ F(v_2), \ldots, F(v_n)$$

beschrieben. Ist auch W endlich-dimensional, dann lassen sich die n Vektoren $F(v_j) \in W$ bezüglich einer Basis $\mathcal{B}' = (w_1, \ldots, w_m)$ von W als Linearkombination

$$F(v_j) = \alpha_{1j} w_1 + \cdots + \alpha_{mj} w_m$$

darstellen, wobei die Koeffizienten $\alpha_{ij} \in K$ für $i = 1, \ldots, m$ eindeutig bestimmt sind. Aus diesen beiden Eigenschaften zusammen schließt man, dass sämtliche Informationen über die lineare Abbildung F in den $m \cdot n$ Körperelementen

$$\alpha_{ij}, \qquad \text{für } 1 \leq m \leq i, j \leq n$$

bereits eindeutig codiert sind. Diese kann man auch übersichtlich in einem rechteckigen Schema, einer sogenannten $m \times n$-Matrix eintragen. Das sieht dann so aus:

$$\begin{pmatrix} a_{11} & \cdots & a_{1n} \\ \vdots & & \vdots \\ a_{m1} & \cdots & a_{mn} \end{pmatrix}$$

Matrizen beschreiben also lineare Abbildungen. Den Anwendungen linearer Abbildungen entsprechen dann bestimmte kalkülmäßige Operationen an Matrizen die sich auf Additionen und Multiplikationen innerhalb des Gundkörpers K reduzieren. Matrizen repräsentieren daher die eher „rechnerische Seite" der Linearen Algebra, weswegen sie in konkreten Anwendungen eine außerdordentliche Rolle spielen. Wichtig ist aber zu betonen, dass eine Matrix eine lineare Abbildung immer nur im Hinblick auf bestimmte gegebene Vektorraumbasen des Definitions- und Wertebereichs beschreibt.

Frage 165 Wie kann man den Begriff einer $m \times n$-Matrix in einem Körper K formal definieren?

Antwort: Eine $m \times n$-Matrix mit Koeffizienten kann man formal als eine Abbildung

$$A : \{1, 2, \ldots, m\} \times \{1, 2, \ldots, n\} \longrightarrow K, \qquad (i, j) \longmapsto a_{ij}$$

definieren. Man nennt den Index i den Zeilenindex, den Index j den Spaltenindex des Elements a_{ij}.

Die $m \cdot n$ Werte dieser Abbildung, durch die A eindeutig bestimmt ist, lassen sich übersichtlich in einem rechteckigen Schema anordnen

$$A = (a_{ij})_{1 \leq i \leq m 1 \leq j \leq n} = \begin{pmatrix} a_{11} & \cdots & a_{1n} \\ \vdots & & \vdots \\ a_{m1} & \cdots & a_{mn} \end{pmatrix}.$$

Meist spricht man von diesem Schema selbst als einer Matrix und bezieht sich darauf, wenn von Zeilen, Spalten, Diagonalen und dergleichen die Rede ist. In manchen Zusammenhängen schreiben wir eine $m \times n$-Matrix A auch in der Form

$$A = (s_1, \ldots, s_n) = \begin{pmatrix} z_1 \\ \cdots \\ z_m \end{pmatrix},$$

wobei $s_1, \ldots, s_n$ die Spalten (verstanden als Spaltenvektoren in K^m) und $z_1, \ldots, z_m$ die Zeilen (verstanden als Zeilenvektoren in K^n) bezeichnen.

Die Menge der $m \times n$-Matrizen über K bezeichnen wir mit $M(m \times n, K)$ Eine weitere gebräuchliche Bezeichnung ist $K^{m \times n}$. Für die Menge der *quadratischen* $n \times n$ Matrizen über K benutzen wir die Schreibweise $M(n, K)$.

Wir behandeln hier in den meisten Fällen nur Matrizen mit Einträgen aus einem *Körper* K. Es sei nur bemerkt, dass Matrizen sich natürlich auch für kommutative Ringe gemäß der obigen Definition einführen lassen. Die Regeln für die Addition und Multiplikation lassen sich dann genauso übernehmen.   ◆

Frage 166 Wie sind für Matrizen $A, B \in K^{m \times n}$ und $\alpha \in K$ die Summe $A + B$ und das skalare Produkt αA erklärt? Ist $K^{m \times n}$ ein K-Vektorraum?

Antwort: Addition und skalare Multiplikation werden in $K^{m \times n}$ komponentenweise erklärt. Für $A = (a_{ij})$ und $B = (b_{ij})$ ist also

$$(A + B)_{ij} = (a_{ij} + b_{ij})$$

sowie

$$(\alpha A)_{ij} = (\alpha a_{ij}).$$

Damit ist $K^{m \times n}$ eine abelsche Gruppe bezüglich der Addition. Neutrales Element ist die Matrix, deren sämtliche Einträge null sind, und die zu $A = (a_{ij})$ bezüglich der Addition inverse Matrix lautet $-A = (-a_{ij})$.

Zusammen mit der skalaren Multiplikation ist $K^{m \times n}$ damit ein K-Vektorraum. Er besitzt die Dimension $m \cdot n$, denn die Matrizen E_{ij}, deren Einträge in der i-ten Zeile und j-ten Spalte gleich 1 sind, und deren andere Einträge alle verschwinden, bilden offensichtlich eine Basis von $K^{m \times n}$.   ◆

Frage 167 Wie ist für eine Matrix $A = (a_{ij}) \in K^{m \times n}$ und einen Vektor $x = (x_1, \ldots, x_n)^T \in K^n$ das Produkt $A \cdot x$ definiert?

Antwort: Das Produkt $A \cdot x$ ist wie folgt erklärt:

$$A \cdot x = \begin{pmatrix} a_{11} & \cdots & a_{1n} \\ \vdots & \ddots & \vdots \\ a_{m1} & \cdots & a_{mn} \end{pmatrix} \cdot \begin{pmatrix} x_1 \\ \vdots \\ x_n \end{pmatrix} = \begin{pmatrix} \sum_{j=1}^{n} a_{1j} x_j \\ \vdots \\ \sum_{j=1}^{n} a_{mj} x_j \end{pmatrix}$$

Man beachte: Das Produkt $A \cdot x$ ist nur für den Fall definiert, in dem die Anzahl der Spalten von A mit der Anzahl der Komponenten von x übereinstimmt.

Zur Bezeichnung: Bewegt man sich innerhalb des Matrizenkalküls, so ist aus formalen Gründen eine Unterscheidung zwischen *Zeilen-* und *Spaltenvektoren* aus K^n wichtig – eine Unterscheidung, die in anderen Zusammenhängen keine Rolle spielt. Wir fassen Vektoren $x \in K^n$ in Zukunft stets als *Spaltenvektoren* auf. Um denselben Vektor als Zeilenvektor darzustellen, benutzen wir die Schreibweise x^T (mit „T" wie „Transponierte").

Etwas übersichtlicher kann man die Matrizenmultiplikation auch folgendermaßen darstellen: Sind $s_1, \dots, s_n \in K^m$ die Spaltenvektoren von A, dann lässt sich $A \cdot x$ auch in der Form

$$A \cdot x = x_1 s_1 + \dots + x_n s_n$$

schreiben, also z. B.

$$\begin{pmatrix} 1 & 2 & 3 \\ 2 & 3 & 4 \\ 3 & 4 & 5 \end{pmatrix} \cdot \begin{pmatrix} 10 \\ 100 \\ 1000 \end{pmatrix} = 10 \cdot \begin{pmatrix} 1 \\ 2 \\ 3 \end{pmatrix} + 100 \cdot \begin{pmatrix} 2 \\ 3 \\ 4 \end{pmatrix} + 1000 \cdot \begin{pmatrix} 3 \\ 4 \\ 5 \end{pmatrix}.$$

◆

Frage 168 Können Sie

$$\begin{pmatrix} 3 & 2 & 1 & 0 \\ 5 & 3 & 2 & 2 \\ 2 & 5 & 1 & -1 \end{pmatrix} \cdot \begin{pmatrix} 4 \\ 2 \\ -3 \\ -4 \end{pmatrix}$$

ausrechnen?

Antwort: Man erhält als Ergebnis den Vektor

$$\begin{pmatrix} 3 \cdot 4 & + & 2 \cdot 2 & + & 1 \cdot (-3) & + & 0 \cdot (-4) \\ 5 \cdot 4 & + & 3 \cdot 2 & + & 2 \cdot (-3) & + & 2 \cdot (-4) \\ 2 \cdot 4 & + & 5 \cdot 2 & + & 1 \cdot (-3) & + & -1 \cdot (-4) \end{pmatrix} = \begin{pmatrix} 13 \\ 12 \\ 19 \end{pmatrix}.$$

◆

Frage 169 Inwiefern ist durch eine Matrix $A \in K^{m \times n}$ eine Abbildung $F_A : K^n \longrightarrow K^m$ gegeben?

Antwort: Für jedes $x \in K^n$ ist $A \cdot x$ ein Element aus K^m. Durch

$$x \longmapsto A \cdot x$$

ist also eine Abbildung $F_A : K^n - K^m$ gegeben. Diese Abbildung ist linear. Bezeichnen nämlich $s_1, \dots, s_n$ die Spaltenvektoren von A und sind $x = (x_1, \dots, x_n)^T$ und $y = (y_1, \dots, y_n)^T$ zwei Vektoren aus K^n sowie $\alpha, \beta \in K$, dann gilt

$$A \cdot (\alpha x + \beta y) = s_1 \cdot (\alpha x_1 + \beta y_1) + \cdots + s_n \cdot (\alpha x_n + \beta y_n)$$
$$= \alpha(s_1 x_1 + \cdots + s_n x_n) + \beta(s_1 y_1 + \cdots + s_n y_n)$$
$$= \alpha \cdot Ax + \beta \cdot Ay.$$

◆

Frage 170 Können Sie zeigen, dass sich umgekehrt jeder linearen Abbildung $F : K^n \longrightarrow K^m$ eindeutig eine Matrix $A_F \in K^{m \times n}$ so zuordnen lässt, dass $F(x) = A_F \cdot x$ für alle $x \in K^n$ gilt?

Antwort: Sei $e_1, \ldots, e_n$ die Standardbasis des K^n. Man betrachte die Matrix

$$A := (F(e_1), \ldots, F(e_n)) \in K^{m \times n},$$

die als Spalten die Bilder der Basisvektoren des K^n enthält. Nach Frage 169 beschreibt A eine lineare Abbildung $F : K^n \longrightarrow K^m$. Für alle $x = (x_1, \ldots, x_n)^T \in K^n$ gilt

$$F_A(x) = A \cdot x = (F(e_1), \ldots, F(e_n)) \cdot \begin{pmatrix} x_1 \\ \vdots \\ x_n \end{pmatrix}$$

$$= x_1 F(e_1) + \cdots + x_n F(e_n)$$
$$= F(x_1 e_1 + \cdots + x_n e_n) = F(x).$$

Es folgt $F(x) = F_A(x)$. Damit wird F eindeutig durch die Matrix A beschrieben. Die gesuchte Matrix $A_F = A$ ist also diejenige Matrix, deren Spalten aus den Bildern $F(e_j)$ der Basisvektoren e_j besteht. Das beantwortet die Frage.

Als Faustregel kann man sich merken:
Die einer linearen Abbildung $F : K^n \longrightarrow K^m$ zugeordnete Matrix $A \in K^{m \times n}$ ist diejenige Matrix, deren Spalten die Bilder $F(e_j)$ der Einheitsvektoren e_j für $j = 1, \ldots n$ sind.
◆

Frage 171 Gibt es eine Bijektion zwischen $\mathrm{Hom}(K^n, K^m)$ und $K^{m \times n}$?

Antwort: Die Abbildung

$$\mathrm{Hom}(K^n, K^m) \longrightarrow K^{n \times m}, \qquad F \longmapsto (F(e_1), \ldots, F(e_n))$$

ist nach Antwort 170 injektiv und nach Antwort 169 surjektiv, definiert folglich eine Bijektion zwischen der Menge der linearen Abbildungen $K^n \longrightarrow K^m$ und der Menge der Matrizen $A \in K^{m \times n}$.
◆

Frage 172 Können Sie der linearen Abbildung

$$F : \mathbb{R}^2 \longrightarrow \mathbb{R}^2, \qquad (x_2, x_2)^T \longmapsto (x_1 - x_2, 2x_1)^T$$

ihre Matrix bezüglich der Standardbasis zuordnen?

Antwort: Mit $e_1 = (1, 0)^T$ und $e_2 = (0, 1)^T$ gilt

$$F(e_1) = (1, 2)^T, \qquad F(e_2) = (-1, 0)^T.$$

Nach Frage 170 erhält man als gesuchte Matrix

$$A_F = \begin{pmatrix} 1 & -1 \\ 2 & 0 \end{pmatrix}.$$

◆

Frage 173 Sei $F : \mathbb{R}^2 \longrightarrow \mathbb{R}^2$ die lineare Abbildung, die geometrisch eine Drehung im Uhrzeigersinn um den Winkel ϑ beschreibt. Wie lautet die F zugeordnete Matrix A_F?

Antwort: Mit

$$F(e_1) = (\cos \vartheta, \sin \vartheta), \qquad F(e_2) = \left(\cos \left(\vartheta + \frac{\pi}{2} \right), \sin \left(\vartheta + \frac{\pi}{2} \right) \right) = (-\sin \vartheta, \cos \vartheta)$$

erhält man als Darstellungsmatrix

$$A_F = \begin{pmatrix} \cos \vartheta & -\sin \vartheta \\ \sin \vartheta & \cos \vartheta \end{pmatrix}.$$

◆

Frage 174 Unter welchen Voraussetzungen ist das **Produkt** $A \cdot B$ **zweier Matrizen** definiert? Wie lautet gegebenenfalls die Definition?

Antwort: Das Produkt $A \cdot B$ ist für zwei Matrizen A und B genau dann erklärt, wenn die Anzahl der Spalten von A gleich der Anzahl der Zeilen von B ist, wenn also natürliche Zahlen m, n, p existieren mit

$$A \in K^{m \times n} \qquad \text{und} \qquad B \in K^{n \times p}. \tag{$*$}$$

Für zwei Matrizen $A = (a_{ij})$ und $B = (b_{ij})$ wie in $(*)$ ist das Produkt $A \cdot B$ dann eine Matrix in $K^{m \times p}$. Für die Koeffizienten von $A \cdot B$ gilt

$$(A \cdot B)_{k\ell} := \sum_{i=1}^{n} a_{ki} b_{i\ell},$$

oder etwas schematischer

$$\begin{pmatrix} a_{11} & \cdots & a_{1n} \\ \vdots & & \vdots \\ a_{m1} & \cdots & a_{mn} \end{pmatrix} \cdot \begin{pmatrix} b_{11} & \cdots & b_{1p} \\ \vdots & & \vdots \\ b_{n1} & \cdots & b_{np} \end{pmatrix} = \begin{pmatrix} \sum_{i=1}^{n} a_{1i}b_{i1} & \cdots & \sum_{i=1}^{n} a_{1i}b_{ip} \\ \vdots & \ddots & \vdots \\ \sum_{i=1}^{n} a_{mi}b_{i1} & \cdots & \sum_{i=1}^{n} a_{mi}b_{ip} \end{pmatrix}.$$

Man kann sich die Multiplikation auch so einprägen: *Die Spaltenvektoren von AB sind die Bilder der Spaltenvektoren von B unter der Abbildung $x \longmapsto A \cdot x$.* ◆

Frage 175 Wie lautet das Ergebnis der Multiplikation

$$\begin{pmatrix} 3 & 2 & -2 & 8 \\ 5 & 1 & 3 & -3 \\ 3 & 0 & 4 & 0 \end{pmatrix} \cdot \begin{pmatrix} 5 & 2 \\ 3 & -8 \\ 2 & 9 \\ -1 & 1 \end{pmatrix}?$$

Antwort: Man erhält als Ergebnis die 2×2-Matrix

$$\begin{pmatrix} 3 \cdot 5 + 2 \cdot 3 - 2 \cdot 2 - 8 \cdot 1 & 3 \cdot 2 - 2 \cdot 8 - 2 \cdot 9 + 8 \cdot 1 \\ 5 \cdot 5 + 1 \cdot 3 + 3 \cdot 2 + 3 \cdot 1 & 5 \cdot 2 - 1 \cdot 8 + 3 \cdot 9 - 3 \cdot 1 \\ 3 \cdot 5 + 0 \cdot 3 + 4 \cdot 2 - 0 \cdot 1 & 3 \cdot 2 - 0 \cdot 8 + 4 \cdot 9 + 0 \cdot 1 \end{pmatrix} = \begin{pmatrix} 9 & -20 \\ 37 & 26 \\ 23 & 42 \end{pmatrix}.$$

◆

Frage 176 Seien $F : K^n \longrightarrow K^m$ und $G : K^m \longrightarrow K^p$ lineare Abbildungen, die durch die Matrizen $A_F \in K^{m \times n}$ bzw. $A_G \in K^{p \times m}$ beschrieben werden. Wieso gilt dann

$$(A_G \cdot A_F) \cdot x = (G \circ F)(x) \qquad \text{für alle } x \in K^n,$$

d. h., dass auf der Ebene der Matrizen der Verkettung linearer Abbildungen gerade die Multiplikation von Matrizen entspricht?

Antwort: Man betrachte den ℓ-ten Spaltenvektor $s_\ell = (a_{1\ell}, \ldots, a_{m\ell})^T$ der Matrix A_F. Nach Antwort 170 gilt $s_\ell = F(e_\ell)$ mit dem ℓ-ten Standardbasisvektor $e_\ell \in K^n$. Man erhält

$$(G \circ F)(e_\ell) = G(F(e_\ell)) = G((a_{1\ell}, \ldots, a_{m\ell})^T)$$
$$= G(a_{1\ell}\epsilon_1 + \cdots + a_{m\ell}\epsilon_m) = a_{1\ell}G(\epsilon_1) + \cdots + a_{m\ell}G(\epsilon_m),$$

wobei $\epsilon_1, \ldots, \epsilon_m$ die Standardbasisvektoren in K^m bezeichnen. Die Vektoren $G(\epsilon_1), \ldots, G(\epsilon_m)$ sind nach Antwort 170 genau die Spalten von A_G, also ist die rechte Summe identisch mit $A_G \cdot s_\ell = A_G \cdot (A_F e_\ell) = (A_G \cdot A_F) \cdot e_\ell$, also der ℓ-ten Spalte von $A_G \cdot A_F$. Damit gilt

$$A_G \cdot A_F = ((G \circ F)(e_1), \ldots, (G \circ F)(e_n)),$$

und nach Frage 170 ist das die Darstellungsmatrix von $G \circ F$. ◆

Frage 177 Unter welchen Bedingungen sind sowohl $A \cdot B$ als auch $B \cdot A$ definiert?

Antwort: Die Produkte lassen sich nur dann bilden, wenn sowohl A als auch B *quadratische* Matrizen sind, also $A, B \in M(n, K)$ gilt. Auf der Ebene der linearen Abbildungen, die durch Matrizen beschrieben werden, wird diese Bedingung dadurch verständlich, dass die Verkettungen $F \circ G$ und $G \circ F$ nur dann *beide* definiert sind, wenn F und G denselben Definitions- und Zielbereich haben. In dem gegenwärtigen Zusammenhang heißt das speziell, dass es sich bei beiden um Endomorphismen $K^n \longrightarrow K^n$ handeln muss. ◆

Frage 178 Ist die Matrizenmultiplikation im Allgemeinen kommutativ?

Antwort: Nein. Es gilt zum Beispiel

$$\begin{pmatrix} 1 & 0 \\ 0 & 0 \end{pmatrix} \cdot \begin{pmatrix} 0 & 1 \\ 0 & 1 \end{pmatrix} = \begin{pmatrix} 0 & 1 \\ 0 & 0 \end{pmatrix} \quad \text{aber} \quad \begin{pmatrix} 0 & 1 \\ 0 & 1 \end{pmatrix} \cdot \begin{pmatrix} 0 & 1 \\ 0 & 0 \end{pmatrix} = \begin{pmatrix} 0 & 0 \\ 0 & 0 \end{pmatrix}.$$

Das zweite Produkt zeigt obendrein, dass der Matrizenring nicht *nullteilerfrei* ist. ◆

Frage 179 Geben Sie die Darstellungsmatrix der linearen Abbildung $\Phi : \mathbb{R}^3 \longrightarrow \mathbb{R}^3$ an, die eine Drehung um die x_3-Achse um den Winkel ϑ, gefolgt von einer Drehung um die x_1-Achse um den Winkel ϱ beschreibt (beide Drehungen im Uhrzeigersinn). Können Sie zeigen, dass man im Allgemeinen ein anderes Ergebnis erhält, wenn man die Reihenfolge der Drehungen vertauscht?

Antwort: Sei $F : \mathbb{R}^3 \longrightarrow \mathbb{R}^3$ die Drehung um die x_3-Achse um den Winkel ϑ und $G : \mathbb{R}^3 \longrightarrow \mathbb{R}^3$ die Drehung um die x_1-Achse um den Winkel ϱ beschreiben. Für die zugehörigen 3×3-Maleinen A_F und A_G erhält man durch eine einfache Verallgemeinerung der Argumentation aus Frage 173

$$A_F = \begin{pmatrix} \cos\vartheta & -\sin\vartheta & 0 \\ \sin\vartheta & \cos\vartheta & 0 \\ 0 & 0 & 1 \end{pmatrix}, \qquad A_G = \begin{pmatrix} 1 & 0 & 0 \\ 0 & \cos\varrho & -\sin\varrho \\ 0 & \sin\varrho & \cos\varrho. \end{pmatrix}.$$

Es gilt $\Phi = G \circ F$ und folglich

$$A_\Phi = A_G \cdot A_F = \begin{pmatrix} \cos\vartheta & -\sin\vartheta & 0 \\ \cos\varrho\sin\vartheta & \cos\varrho\cos\vartheta & -\sin\varrho \\ \sin\varrho\sin\vartheta & \sin\varrho\cos\vartheta & \cos\varrho \end{pmatrix}.$$

Vertauscht man die Reihenfolge der Drehungen, so erhält man als Darstellungsmatrix der so erhaltenen Abbildung $\Phi' : \mathbb{R}^3 \longrightarrow \mathbb{R}^3$

$$A_{\Phi'} = A_F \cdot A_G = \begin{pmatrix} \cos\vartheta & -\sin\vartheta\cos\varrho & \sin\vartheta\sin\varrho \\ \sin\vartheta & \cos\vartheta\cos\varrho & -\cos\vartheta\sin\varrho \\ 0 & \sin\varrho & \cos\varrho \end{pmatrix} \neq A_\Phi.$$

Daraus folgt $\Phi' \neq \Phi$, die beiden Abbildungen $\mathbb{R}^3 \longrightarrow \mathbb{R}^3$ sind also verschieden. ◆

3.4 Matrizenringe

Da sich quadratische Matrizen addieren und miteinander multiplizieren lassen und diese Operationen zudem die Assoziativ- und Distributivgesetze erfüllen, besitzt die Menge $M(n, K)$ der quadratischen $n \times n$-Matrizen über einem Körper K die Struktur eines Rings (oder spezieller die einer K-Algebra, da $M(n, K)$ zusätzlich ein K-Vektorraum ist). Die Menge aller *invertierbaren* Matrizen aus $M(n, K)$ bilden darüberhinaus eine Gruppe.

Frage 180 Können Sie für $A = (a_{ij}) \in K^{m \times n}$, $B = (b_{ij}) \in K^{n \times p}$, $C = (c_{ij}) \in K^{p \times q}$ verifizieren, dass die Matrizenmultiplikation assoziativ und distributiv ist, dass also $(AB)C = A(BC)$ gilt?

Antwort: Wir benutzen folgende Notation: $M_{k\ell}$ bezeichne den Eintrag in der k-ten Zeile und ℓ-ten Spalte einer Matrix M. Es gilt

$$((AB)C)_{k\ell} = \sum_{i=1}^{p} (AB)_{ki} c_{i\ell} = \sum_{i=1}^{p} \sum_{j=1}^{n} a_{kj} b_{ji} c_{i\ell} = \sum_{j=1}^{n} a_{kj} \sum_{i=1}^{p} b_{ji} c_{i\ell} = (A(BC))_{k\ell}.$$

Das zeigt die Assoziativität der Matrizenmultiplikation. ◆

Frage 181 Was ist eine **K-Algebra**?

Antwort: Sei K ein Körper. Eine *Algebra mit Eins über* K (kurz K-Algebra) ist ein Ring R mit 1, der gleichzeitig ein K-Vektorraum ist, so dass

$$\alpha(AB) = (\alpha A)B = A(\alpha B)$$

für alle $\alpha \in K$ und $A, B \in R$ gilt. ◆

Frage 182 Warum $M(n, K)$ eine K-Algebra?

Antwort: $M(n, K)$ ist mit der Addition und Multiplikation von Matrizen ein Ring mit 1. Das folgt aus den Fragen 178 und 180. Das Distributivgesetz gilt wegen

$$(A(B + C))_{k\ell} = \sum_{i=1}^{n} a_{ki}(b_{i\ell} + c_{i\ell}) = \sum_{i=1}^{n} (a_{ki}b_{i\ell} + a_{ki}c_{i\ell}) = (AB + AC)_{k\ell}$$

In Antwort 166 wurde schon begründet, dass $M(n, K)$ ein Vektorraum ist. Ferner rechnet man ohne Probleme nach, dass $\alpha(AB) = (\alpha A)B = A(\alpha B)$ für alle $\alpha \in K$ und $A, B \in M(n, K)$. Also ist $M(n, K)$ eine K-Algebra.   ◆

Frage 183 Was versteht man unter dem **Spaltenraum** $S(A)$, was unter dem **Zeilenraum** $Z(A)$ einer Matrix $A \in K^{m \times n}$?

Antwort: Als *Spaltenraum* von A definiert man den durch die Spaltenvektoren $s_1, \ldots, s_n \in K^m$ von A aufgespannten Unterraum von K^m. Entsprechend ist der *Zeilenraum* der durch die Zeilenvektoren $z_1, \ldots, z_m \in K^n$ von A aufgespannte Unterraum von K^n, also

$$S(A) := \text{span}(s_1, \ldots, s_n), \qquad Z(A) := \text{span}(z_1, \ldots, z_m).$$

Man kann Zeilenraum und Spaltenraum daher auch charakterisieren durch

$$S(A) := \{Ax; \ x \in K^n\}, \qquad Z(A) := \{x^T A; \ x \in K^m\}.$$

◆

Frage 184 Wie sind **Spaltenrang** und **Zeilenrang** einer Matrix $A \in K^{m \times n}$ definiert?

Antwort: Der *Spaltenrang* rg_s von A ist die Dimension des Spaltenraumes, der *Zeilenrang* rg_z entsprechend die Dimension des Zeilenraumes. Der Spalten- bzw. Zeilenrang entspricht damit der Anzahl linear unabhängiger Spalten bzw. Zeilen in A.   ◆

Frage 185 Welcher Zusammenhang besteht zwischen dem Spaltenrang von $A \in K^{m \times n}$ und dem Rang der linearen Abbildung $F_A : K^n \longrightarrow K^m$ mit $F(x) = A \cdot x$?

Antwort: Die Spaltenvektoren $s_1, \ldots, s_m$ von A bilden ein Erzeugendensystem von im f, da für jedes $w = F(x) \in \text{im} f$ gilt:

$$w = F(x) = A \cdot x = (s_1, \ldots, s_n) \cdot \begin{pmatrix} x_1 \\ \vdots \\ x_n \end{pmatrix} = x_1 s_1 + \cdots + x_n s_n.$$

Somit ist $\mathrm{rg}\,f = \dim \mathrm{im}\,f$ gleich der Dimension des durch die Spaltenvektoren s_i aufgespannten Unterraums von W, also gleich dem Spaltenrang von A.   ◆

Frage 186 Können Sie beweisen, dass für jede Matrix Zeilen- und Spaltenrang übereinstimmen, so dass also allgemein von *dem* Rang einer Matrix gesprochen werden kann?

Antwort: Beim Beweis kann man so vorgehen, dass man zunächst zeigt, dass sich der Zeilenrang von A nicht ändert, wenn man eine Spalte aus A entfernt, die sich aus den übrigen Spalten linear kombinieren lässt (der Spaltenrang ändert sich dadurch offensichtlich nicht).

Ohne Beschränkung der Allgemeinheit kann man dabei davon ausgehen, dass sich die letzte Spalte von A als Linearkombination der ersten $n-1$ Spalten darstellen lässt, so dass also gilt:

$$\begin{pmatrix} a_{11} & \cdots & a_{1(n-1)} & \sum_{i=1}^{n-1} \alpha_i a_{1i} \\ \vdots & \ddots & \vdots & \vdots \\ a_{mn} & \cdots & a_{m(n-1)} & \sum_{i=1}^{n-1} \alpha_i a_{mi} \end{pmatrix}.$$

Sei $A' \in K^{m \times (n-1)}$ diejenige Matrix, die man durch Streichen der letzten Spalte aus A erhält. Sind die Zeilen von A' linear unabhängig, dann natürlich auch die von A. Sind aber die Zeilen von A' linear abhängig, gilt also

$$\sum_{j=1}^{m} \beta_j a_{jk} = 0, \qquad 1 \le k \le n-1,$$

mit bestimmten $\beta_j \in \mathbb{R}$, $1 \le j \le m$, dann folgt daraus für die Elemente der letzten Spalte von A

$$\sum_{j=1}^{m} \beta_j a_{jn} = \sum_{k=1}^{m} \beta_j \sum_{i=1}^{n-1} \alpha_i a_{ji} = \sum_{i=1}^{n-1} \alpha_i \underbrace{\sum_{j=1}^{m} \beta_j a_{ji}}_{=0} = 0.$$

Man sieht also, dass die Zeilen von A genau dann linear abhängig sind, wenn die Zeilen aus A' dies sind. Beim Streichen einer Spalte, die sich aus den anderen linear kombinieren lässt, ändert sich der Zeilenrang nicht. Auf dieselbe Weise zeigt man, dass das Streichen einer linear abhängigen Zeile keinen Einfluss auf den Spaltenrang hat.

Man kann in der Matrix A daher so lange linear abhängige Spalten und Zeilen streichen, bis man zu einer – in aller Regel kleineren – Matrix $\widetilde{A} \in K^{m' \times n'}$ gelangt, deren Spalten- und Zeilenvektoren alle jeweils voneinander linear unabhängig sind, und die denselben Spalten- und Zeilenrang wie A hat. $\widetilde{A}$ muss dann quadratisch sein, denn wäre etwa $n' > m'$, dann könnten die n' Spaltenvektoren von A als Elemente aus $K^{m'}$ nicht linear unabhängig sein.

Insgesamt ist damit $\mathrm{rg}_s(A) = \mathrm{rg}_s(\widetilde{A}) = \mathrm{rg}_z(\widetilde{A}) = \mathrm{rg}_z(A)$ gezeigt.   ◆

Frage 187 Wann heißt eine Matrix $A \in M(n, K)$ **invertierbar**?

Antwort: Eine Matrix $A \in M(n, K)$ heißt *invertierbar*, wenn es eine Matrix $B \in M(n, K)$ gibt, so dass

$$AB = BA = E_n$$

gilt. Dabei bezeichnet E_n die Einheitsmatrix aus $M(n, K)$.
  Die Matrix

$$\begin{pmatrix} 2 & 1 \\ 1 & 1 \end{pmatrix}$$

ist beispielsweise invertierbar. Durch Ausprobieren findet man schnell

$$\begin{pmatrix} 2 & 1 \\ 1 & 1 \end{pmatrix} \cdot \begin{pmatrix} 1 & -1 \\ -1 & 2 \end{pmatrix} = \begin{pmatrix} 1 & 0 \\ 0 & 1 \end{pmatrix}.$$

◆

Frage 188 Wieso ist die inverse Matrix B zu einer invertierbaren Matrix A eindeutig bestimmt?

Antwort: Ist B' eine Matrix mit $AB' = B'A = E_n$, so folgt

$$B' = B'E_n = B'(AB) = (B'A)B = (AB')B = E_nB = B.$$

Man kann daher von *der* Inversen einer Matrix A sprechen. Man bezeichnet sie mit A^{-1}.   ◆

Frage 189 Warum ist eine Matrix $A \in M(n, K)$ genau dann invertierbar, wenn die durch sie beschriebene lineare Abbildung $F_A : K^n \longrightarrow K^n$ ein Isomorphismus Ist?

Antwort: Ist F_A ein Isomorphismus, dann existiert eine Umkehrabbildung F_A^{-1} mit

$$F_A \circ F_A^{-1} = \mathrm{id}.$$

Da die identische Abbildung des K^n durch die Einheitsmatrix E_n beschrieben wird, folgt daraus mit Frage 176

$$A \cdot B = E_n,$$

wobei B die zur Abbildung F_A^{-1} gehörende Matrix ist. Folglich ist A invertierbar, und die Inverse A^{-1} ist gerade die zur Umkehrabbildung von F_A^{-1} gehörende Matrix.   ◆

Frage 190 Lässt sich die Invertierbarkeit einer Matrix $A \in M(n, K)$ auch durch den Rang von A charakterisieren?

Antwort: Aus den Antworten 185 und 189 folgt unmittelbar

$$A \in M(n, K) \text{ invertierbar} \iff \operatorname{rg} A = n.$$

◆

Frage 191 Wie ist die **allgemeine lineare Gruppe** (General Linear Group $\mathrm{GL}(n, K)$ definiert? Können Sie begrunden, weshalb $\mathrm{GL}(n, K)$ bezüglich der Matrizenmultiplikation eine Gruppe ist?

Antwort: $\mathrm{GL}(n, K)$ ist die Gruppe der invertierbaren Matrizen aus $M(n, K)$.

Sind A, B invertierbare Matrizen, so ist wegen $(AB)^{-1} = B^{-1}A^{-1}$ auch AB invertierbar und somit ein Element aus $\mathrm{GL}(n, K)$. Das Assoziativgesetz überträgt sich vom Ring der Matrizen auf $\mathrm{GL}(n, K)$. Mit E_n enthält $\mathrm{GL}(n, K)$ ein neutrales Element, und für jede Matrix $A \in \mathrm{GL}(n, K)$ existiert nach Definition ein inverses Element A^{-1}, und wegen $A = (A^{-1})^{-1}$ ist dieses auch invertierbar, also ein Element aus $\mathrm{GL}(n, K)$. Damit sind alle Gruppenaxiome für die allgemeine lineare Gruppe nachgewiesen.   ◆

Frage 192 Können Sie – auch Hinblick auf spätere Kapitel – eine möglichst große Liste von Eigenschaften einer Matrix $A \in M(n, K)$ angeben, die zur Invertierbarkeit äquivalent sind?

Antwort: Zur Invertierbarkeit von A äquivalente Eigenschaften sind

(a) Es gibt eine Matrix $B \in M(n, K)$ mit $AB = E_n$ („Rechtsinverses").
(b) Es gibt eine Matrix $B \in M(n, K)$ mit $BA = E_n$ („Linksinverses")
(c) Die Gauß-Jordan'sche Normalform ist die Einheitsmatrix.
(d) $\operatorname{rg} A = n$.
(e) $\operatorname{rg}_z A = n$
(f) $\operatorname{rg}_s A = n$
(g) F_A ist ein Isomorphismus.
(h) F_A ist bijektiv.
(i) F_A ist surjektiv.
(j) F_A ist injektiv.
(k) Das homogene LGS $Ax = 0$ hat nur die triviale Lösung.
(l) Das LGS $Ax = b$ ist universell lösbar.
(m) A ist Basiswechselmatrix geeigneter Basen.

◆

Frage 193

Wieso gilt für $A \in K^{m \times n}$, $B \in K^{n \times p}$

$$\mathrm{rg}(AB) \leq \min(\mathrm{rg}\, A, \mathrm{rg}\, B)?$$

Antwort: Sei $F_A : K^n \longrightarrow K^m$ bzw. $F_B : K^p \longrightarrow K^n$ die von A bzw. B vermittelte lineare Abbildung. Wegen $\mathrm{im}(F_A \circ F_B) \subset \mathrm{im}(F_A)$ ist

$$\mathrm{rg}(AB) = \dim \mathrm{im}(F_A \circ F_B) \leq \dim \mathrm{im}(F_A) = \mathrm{rg}\, A.$$

Nach der Dimensionsformel gilt $\dim K^p = \dim \mathrm{im}(F_B) + \dim \ker(F_B)$ sowie $\dim K^p = \dim \mathrm{im}(F_A \circ F_B) + \dim \ker(F_B)$, also insgesamt

$$
\begin{aligned}
\mathrm{rg}(AB) &= \dim \mathrm{im}(F_A \circ F_B) \\
&= \dim \mathrm{im}(F_B) + \dim \ker(F_B) - \dim \ker(F_A \circ F_B) \\
&\leq \dim \mathrm{im}(F_B) = \mathrm{rg}\, B,
\end{aligned}
$$

weil $\ker(F_B) \subseteq \ker(F_A \circ F_B)$.   ◆

Frage 194 Wann heißen zwei Matrizen $A, B \in K^{m \times n}$ **äquivalent**, in Zeichen $A \approx B$?

Antwort: A und B heißen *äquivalent*, wenn es Matrizen $P \in \mathrm{GL}(m, K)$ und $Q \in \mathrm{GL}(n, K)$ gibt, so dass $A = PBQ$ gilt.   ◆

Frage 195 Können Sie zeigen, dass durch „$\approx$" eine Äquivalenzrelation auf $K^{m \times n} \times K^{m \times n}$ definiert wird?

Antwort: Die Relation „$\approx$" ist reflexiv, denn wegen $A = E_m A E_n$ gilt $A \approx A$, sie ist symmetrisch, denn aus $A \approx B$, also $A = PBQ$ folgt $B = P^{-1}AQ^{-1}$, also $B \approx A$. Die Relation ist ferner transitiv, denn wenn $A \approx B$ und $B \approx C$, also $A = PBQ$ und $B = SCT$, gilt, dann ist $A = P(SCT)Q = (PS)C(TQ)$, und damit $A \approx C$.

Die Relation „$\approx$" ist also reflexiv, symmetrisch und transitiv und definiert damit eine Äquivalenzrelation auf $K^{m \times n}$.   ◆

Frage 196 Können Sie den folgenden **Invarianzsatz** zeigen? Für $A \in K^{m \times n}$, $P \in \mathrm{GL}(m, K)$, $Q \in \mathrm{GL}(n, K)$ gilt

$$\mathrm{rg}(PAQ) = \mathrm{rg}(A).$$

Antwort: Durch die Rechtsmultiplikation mit Q werden die Spalten von A auf die Spalten von AQ abgebildet. Da Q einen Isomorphismus beschreibt, ändert sich die Anzahl linear unabhängiger Spalten dadurch nicht. Es ist also $\operatorname{rg}_s(A) = \operatorname{rg}_s(AQ)$ und damit $\operatorname{rg} A = \operatorname{rg} AQ$.

Mit demselben Argument zeigt man, dass PAQ genauso viele unabhängige Zeilen enthält wie AQ. Damit hat man $\operatorname{rg}_z(PAQ) = \operatorname{rg}_z(AQ)$ und $\operatorname{rg}(PAQ) = \operatorname{rg}(AQ)$.

Insgesamt folgt daraus $\operatorname{rg}(A) = \operatorname{rg}(PAQ)$.   ♦

3.5 Koordinatenisomorphismen und Basiswechselformalismus

Hat man in einem Vektorraum V der Dimension $n < \infty$ eine Basis $\mathcal{B} = (v_1, \ldots, v_n)$ bestimmt, so lässt sich jeder Vektor $v \in V$ in der Form

$$v = \alpha_1 v_1 + \cdots + \alpha_n v_n$$

schreiben, wobei die Koeffizienten $\alpha_1, \ldots, \alpha_n$ eindeutig bestimmt sind. Der Vektor $v \in V$ kann daher hinsichtlich der gegebenen Basis eindeutig durch das n-Tupel $(\alpha_1, \ldots, \alpha_n)$ beschrieben, also mit einem Element aus K^n identifiziert werden.

Was hier im Wesentlichen dahintersteckt, ist ein Isomorphismus $V \longrightarrow K^n$, der es in jedem Fall ermöglicht, Strukturen eines endlich-dimensionalen Vektorraums durch Übertragung auf den K^n dort zu untersuchen und damit auch rechnerisch zugänglich zu machen.

In diesem Abschnitt werden alle Vektorräume als *endlich-dimensional* vorausgesetzt.

Frage 197 Sei V ein Vektorraum der Dimension $n < \infty$. Was versteht man unter einem **Koordinatensystem** für V?

Antwort: Ist $\mathcal{B} = (v_1, \ldots, v_n)$ eine Basis von V, so existiert nach Frage 139 genau ein Isomorphismus

$$\kappa_{\mathcal{B}} : K^n \longrightarrow V,$$

welcher die Standardbasis des K^n auf $\mathcal{B}$ abbildet, für den also

$$\kappa_{\mathcal{B}}(e_i) = v_i \qquad \text{für } i = 1, \ldots, n$$

gilt. Den bei gegebener Basis $\mathcal{B}$ eindeutig bestimmten Isomorphismus $\kappa_{\mathcal{B}}$ nennt man das *Koordinatensystem von V bezüglich der Basis $\mathcal{B}$*.

Für jeden nichttrivialen endlich-dimensionalen Vektorraum über einem unendlichen Körper existieren also unendlich viele Koordinatensysteme, nämlich zu jeder Basis genau eines.   ♦

Frage 198 Sei V ein endlich-dimensionaler Vektorraum, $\mathcal{B} = (v_1, \ldots, v_n)$ eine Basis von V und $\kappa_{\mathcal{B}} : K^n \longrightarrow V$ ein Koordinatensystem. Was versteht man unter einem **Koordinatenvektor** $\kappa_{\mathcal{B}}(v)$ eines Elements $v \in V$ bezüglich $\mathcal{B}$?

Antwort: Der Koordinatenvektor von v ist das Urbild von v unter dem Koordinatensystem $\kappa_{\mathcal{B}}$, also der Vektor

$$\kappa_{\mathcal{B}}^{-1}(v) \in K^n.$$

Für die Basisvektoren v_i gilt defintionsgemäß

$$\kappa_{\mathcal{B}}^{-1}(v_i) = e_i \qquad \text{für } i = 1, \ldots, n$$

Wird v durch die Linearkombination

$$v = \alpha_1 v_1 + \cdots + \alpha_n v_n$$

dargestellt, so folgt also

$$\kappa_{\mathcal{B}}^{-1}(v) = (\alpha_1, \ldots, \alpha_n)^T.$$

Um den Koordinatenvektor von v bezüglich zu bezeichnen, benutzen wir in Zukunft auch die abkürzende Schreibweise $v_{\mathcal{B}}$. Es soll also definitionsgemäß $v_{\mathcal{B}} = \kappa_{\mathcal{B}}^{-1}(v)$ gelten. ◆

Frage 199 Wieso ist jeder Vektorraum V der Dimension $n < \infty$ isomorph zu K^n?

Antwort: Die Koordinatenabbildung κ_B ist für jede beliebige Basis $\mathcal{B}$ ein Isomorphismus. Dies folgt unmittelbar aus dem Basisbildersatz (Frage 139). ◆

Frage 200 Seien $\mathcal{B} = (v_1, \ldots, v_n)$ und $\mathcal{C} = (w_1, \ldots, w_m)$ Basen von V bzw. W und $F : V \longrightarrow W$ eine lineare Abbildung. Wie ist die **beschreibende Matrix** $M_{\mathcal{C}}^{\mathcal{B}}(F)$ von F bezüglich der Basen $\mathcal{B}$ und $\mathcal{C}$ definiert?

Antwort: Die Matrix $M_{\mathcal{C}}^{\mathcal{B}}(F)$ ist definiert als diejenige Matrix, deren Spalten die Koordinatenvektoren der Bilder $F(v_1), \ldots, F(v_n)$ bezüglich der Basis $\mathcal{C}$ sind. Gilt also

$$F(v_1) = \beta_{11} w_1 + \beta_{21} w_2 + \cdots + \beta_{m1} w_m$$
$$\vdots \qquad\qquad \vdots$$
$$F(v_n) = \beta_{1n} w_1 + \beta_{2n} w_2 + \cdots + \beta_{mn} w_m,$$

so ist

$$M_{\mathcal{C}}^{\mathcal{B}}(F) := \begin{pmatrix} \beta_{11} & \cdots & \beta_{1n} \\ \vdots & \ddots & \vdots \\ \beta_{m1} & \cdots & \beta_{mn} \end{pmatrix}.$$

Man beachte, dass der obere Index die Basis des Definitionsbereichs, der untere die Basis des Wertebereichs von F bezeichnet. Diese Schreibweise ermöglicht einen sehr suggestiven kalkülmäßgen Umgang mit beschreibenden Matrizen, der an der Kürzung von Brüchen angelehnt ist (vgl. Frage 209). ◆

Frage 201 Sei $F : V \longrightarrow W$ linear. Können Sie

$$(F(v))_{\mathcal{C}} = M_{\mathcal{C}}^{\mathcal{B}}(F) \cdot v_{\mathcal{B}}$$

zeigen?

Antwort: Sei $v_{\mathcal{B}} = (\alpha_1, \ldots, \alpha_n)$ der Koordinatenvektor von v. Dann gilt

$$v = \alpha_1 v_1 + \cdots + \alpha_n v_n$$

und folglich, wenn wir die Bezeichnungen wie in der Antwort 200 wählen,

$$
\begin{aligned}
F(v) &= \alpha_1 F(v_1) + \cdots + \alpha_n F(v_n) \\
&= \alpha_1 (\beta_{11} w_1 + \cdots + \beta_{m1} w_m) + \cdots + \alpha_n (\beta_{1n} w_1 + \cdots + \beta_{mn} w_m) \\
&= (\alpha_1 \beta_{11} + \cdots + \alpha_n \beta_{1n}) w_1 + \cdots + (\alpha_1 \beta_{m1} + \cdots + \alpha_n \beta_{mn}) w_m.
\end{aligned}
$$

Es folgt

$$(F(v))_{\mathcal{C}} = \begin{pmatrix} \alpha_1 \beta_{11} + \cdots + \alpha_n \beta_{1n} \\ \cdots \\ \alpha_1 \beta_{m1} + \cdots + \alpha_n \beta_{mn} \end{pmatrix},$$

und aus dieser Darstellung erkennt man die Gültigkeit der Formel.

Das zugehörige kommutative Diagramm ist

$$
\begin{array}{ccc}
V & \xrightarrow{\ F\ } & W \\
{\scriptstyle \kappa_{\mathcal{B}}^{-1}} \downarrow & & \uparrow {\scriptstyle \kappa_{\mathcal{C}}} \\
K^n & \xrightarrow{\ A\ } & K^m
\end{array}
\qquad \text{dabei ist } A := M_{\mathcal{C}}^{\mathcal{B}}(F).
$$

◆

Frage 202 Können Sie den folgenden, sogenannten **Normalformensatz** zeigen? Sind V und W endlich-dimensional und $F : V \longrightarrow W$ linear, dann gibt es stets Basen $\mathcal{B}$ von V und $\mathcal{C}$ von W, so dass gilt

$$M_{\mathcal{C}}^{\mathcal{B}}(F) = \begin{pmatrix} E_r & 0 \\ 0 & 0 \end{pmatrix}, \qquad \text{mit } r = \operatorname{rg} F.$$

Antwort: Sei $\mathcal{B}_0 = (v_1, \ldots, v_n)$ eine Basis von V. Die Bilder $F(v_1), \ldots, F(v_n)$ bilden ein Erzeugendensystem von $\operatorname{im} F$, und wegen $\dim \operatorname{im} F = \operatorname{rg} F = r$ finden sich darunter genau r linear unabhängige, die man – nach eventueller Neuanordnung – mit $F(v_1'), \ldots, F(v_r')$ bezeichnen kann. Nach der Dimensionsformel besitzt $\ker F$ die Dimension $n - r$, und daher gibt es eine Basis $(v_{r+1}', \ldots, v_n')$ von $\ker F$. Dann ist $\mathcal{B} = (v_1', \ldots, v_r', v_{r+1}', \ldots, v_n')$ eine Basis von V, für die gilt

$$(F(v_1'), \ldots, F(v_r')) \text{ ist Basis von im } F \qquad \text{und} \qquad F(v_{r+1}') = \cdots = F(v_n') = 0.$$

Man ergänze die Vektoren $F(v_1'), \ldots, F(v_r')$ nun zu einer Basis

$$\mathcal{C} = (F(v_1'), \ldots, F(v_r'), w_{r+1}', \ldots, w_m')$$

von W. Man hat dann

$$(F(v_i'))_{\mathcal{C}} = e_i \quad \text{für} \quad 1 \leq i \leq r \quad \text{und} \quad (F(v_j'))_{\mathcal{C}} = 0 \quad \text{für} \quad r + 1 \leq j \leq n$$

und folglich

$$M_{\mathcal{C}}^{\mathcal{B}}(F) = \begin{pmatrix} E_r & 0 \\ 0 & 0 \end{pmatrix}.$$

$\blacklozenge$

Frage 203 Seien $\dim V, W$ Vektorräume mit endlichen Dimensionen $\dim = n$, $\dim W = m$. Mit $\mathcal{B} = (v_1, \ldots, v_n)$ und $\mathcal{C} = (w_1, \ldots, w_m)$ seien zwei Basen von V bzw. W gegeben. Können Sie zeigen, dass dann die **Elementarabbildungen**

$$F_{ij} : V \longrightarrow W, \qquad F_{ij}(v_k) = \delta_{jk} w_i$$

eine Basis von $\mathrm{Hom}(V, W)$ bilden?

Antwort: Sei $G \in \mathrm{Hom}(V, W)$. Für die Bilder der Basisvektoren gelte

$$G(v_k) = \alpha_{k1} w_1 + \cdots + \alpha_{kn} w_m, \qquad 1 \leq k \leq n$$

Für den Basisvektor v_k stimmt dann G mit der Abbildung

$$G_k := \alpha_{k1} F_{1k} + \cdots + \alpha_{kn} F_{nk}$$

überein, es gilt also

$$G_k(v_j) = \begin{cases} G(v_j) & \text{für } j = k \\ 0 & \text{sonst.} \end{cases}$$

Daraus folgt $G = G_1 + \cdots + G_n$, da die Abbildungen auf beiden Seiten dieser Gleichung auf sämtlichen Basisvektoren und folglich überall übereinstimmen. Es ist also

$$G = \sum_{i=1}^{n} \sum_{j=1}^{m} \alpha_{ij} F_{ji},$$

woraus folgt, dass die Funktionen F_{ij} ein Erzeugendensystem von $\mathrm{Hom}(V, W)$ bilden. Es bleibt zu zeigen, dass sie linear unabhängig sind. Sei

$$\sum_{i=1}^{m} \sum_{j=1}^{n} \alpha_{ij} F_{ji} = 0,$$

dann gilt insbesondere für $k = 1, \ldots, n$

$$\sum_{i=1}^{m} \sum_{j=1}^{n} \alpha_{ij} F_{ji}(v_k) = 0, \qquad \text{also} \quad \sum_{i=1}^{m} \sum_{j=1}^{n} \alpha_{ij} \delta_{ik}(v_k) = \sum_{j=1}^{m} \alpha_{ij} w_i = 0.$$

Daraus folgt $\alpha_{ij} = 0$ für alle $i \in \{1, \ldots, m\}$ und alle $j \in \{1, \ldots, m\}$, also die lineare Unabhängigkeit der F_{ij}.   ◆

Frage 204 Können Sie eine Basis von $K^{2 \times 2}$ angeben?

Antwort: Eine Basis ist

$$\left(\begin{pmatrix} 1 & 0 \\ 0 & 0 \end{pmatrix}, \begin{pmatrix} 0 & 1 \\ 0 & 0 \end{pmatrix}, \begin{pmatrix} 0 & 0 \\ 1 & 0 \end{pmatrix}, \begin{pmatrix} 0 & 0 \\ 0 & 1 \end{pmatrix} \right).$$

Dies sind gerade die beschreibenden Matrizen der vier Elementarabbildungen F_{ij} : $K^2 \longrightarrow K^2$.   ◆

Frage 205 Gegeben seien lineare Abbildungen $F : U \longrightarrow V$ und $G : V \longrightarrow W$ sowie Basen $\mathcal{B} = (u_1, \ldots, u_n)$ von U, $\mathcal{C} = (v_1, \ldots, v_m)$ von V und $\mathcal{D} = (w_1, \ldots, w_p)$ von W. Sei

$$A := M_{\mathcal{C}}^{\mathcal{B}}(F) \in K^{m \times n} \qquad \text{und} \qquad B := M_{\mathcal{D}}^{\mathcal{C}}(G) \in K^{p \times m}.$$

Wie kann man dann

$$C := M_{\mathcal{D}}^{\mathcal{B}}(G \circ F) \in K^{p \times n}$$

aus A und B berechnen?

Antwort: Das Diagramm

$$
\begin{array}{ccccc}
U & \xrightarrow{\ F\ } & V & \xrightarrow{\ G\ } & W \\
\downarrow{\scriptstyle \kappa_{\mathcal{B}}^{-1}} & & \downarrow{\scriptstyle \kappa_{\mathcal{C}}^{-1}} & & \downarrow{\scriptstyle \kappa_{\mathcal{D}}^{-1}} \\
K^n & \xrightarrow{\ F_A\ } & K^m & \xrightarrow{\ F_B\ } & K^p
\end{array}
$$

ist kommutativ, da das linke und rechte Teildiagramm dies sind. Folglich gilt

$$C = M_{\mathcal{D}}^{\mathcal{B}}(\kappa_{\mathcal{D}} \circ (F_B \circ F_A) \circ \kappa_{\mathcal{B}}^{-1}).$$

und nach Definition von M_D^B folgt daraus, dass C gerade die zur Abbildung $F_B \circ F_A$ gehörende Matrix ist, also $C = AB$ gilt. $\qquad\qquad\qquad\blacklozenge$

Frage 206 Sei dim $V = n$ und $\mathcal{B}$ eine Basis von V. Können Sie zeigen, dass durch

$$M_{\mathcal{B}}^{\mathcal{B}} : \mathrm{Hom}(V, V) \longrightarrow M(n, K), \qquad F \longmapsto M_{\mathcal{B}}^{\mathcal{B}}(F)$$

ein Isomorphismus von K-Algebren definiert wird?

Antwort: Die Abbildung ist linear und injektiv, da eine lineare Abbildung F durch die Bilder der Basisvektoren, die als Spalten in $M_{\mathcal{B}}^{\mathcal{B}}(F)$ auftreten, eindeutig bestimmt ist. Sie ist ferner surjektiv, da durch jede Festlegung der Bilder der Basisvektoren eine lineare Abbildung definiert wird. $\qquad\qquad\blacklozenge$

Frage 207 Sei V ein endlich-dimensionaler K-Vektorraum mit den Basen $\mathcal{B} = (v_1, \ldots, v_n)$ bzw. $\mathcal{B}' = (v_1', \ldots, v_n')$. In welcher Beziehung stehen die Koordinatenvektoren $v_{\mathcal{C}}$ und $v_{\mathcal{B}}$ ($v \in V$) zueinander? Wie erhält man die **Basiswechselmatrix** für den Übergang von den $\mathcal{B}$-Koordinaten zu den $\mathcal{C}$-Koordinaten?

Antwort: Sei $v_{\mathcal{B}} = (\alpha_1, \ldots, \alpha_n)$ und $v_{\mathcal{C}}(\alpha_1', \ldots, \alpha_n')$, d. h., v besitze bezüglich der Basen $\mathcal{B}$ bzw. $\mathcal{C}$ die eindeutigen Darstellungen

$$v = \alpha_1 v_1 + \cdots + \alpha_n v_n$$
$$v = \alpha_1' v_1' + \cdots + \alpha_n' v_n'.$$

Für $1 \leq i \leq n$ sei ferner $(a_{i1}, \ldots, a_{in})$ der Koordinatenvektor von v_i bezüglich $\mathcal{C}$. d. h., es gilt

$$v_i = a_{i1} v_1' + \cdots + a_{in} v_n', \qquad \text{für } 1 \leq i \leq n.$$

Dann folgt

$$v = \alpha_1 v_1 + \cdots + \alpha_n v_n$$
$$= \alpha_1 (a_{11} v_1' + \cdots + a_{1n} v_n') + \cdots + \alpha_n (a_{n1} v_1' + \cdots + a_{nn} v_n')$$
$$= (a_{11} \alpha_1 + \cdots + a_{n1} \alpha_n) v_1' + \cdots + (a_{1n} \alpha_1 + \cdots + a_{nn} \alpha_n) v_n'.$$

Für $i = 1, \ldots, n$ gilt also

$$\alpha_i' = \alpha_{1i} \alpha_1 + \cdots + a_{ni} \alpha_n.$$

Ist $M_{\mathcal{C}}^{\mathcal{B}}$ die Matrix, die die Koordinatenvektoren von $(v_1', \ldots, v_n')$ als Spalten besitzt, also

$$M_{\mathcal{C}}^{\mathcal{B}} := \begin{pmatrix} a_{11} & \cdots & a_{1n} \\ \vdots & \ddots & \vdots \\ a_{n1} & \cdots & a_{nn} \end{pmatrix},$$

so erhält man damit den Zusammenhang

$$v_\mathcal{C} = M_\mathcal{C}^\mathcal{B} v_\mathcal{B}.$$

Die Matrix $M_\mathcal{C}^\mathcal{B}$ $(= M_\mathcal{C}^\mathcal{B}(\mathrm{id}))$ nennt man *Basiswechselmatrix*.   ◆

Frage 208 Warum sind Basiswechselmatrizen stets invertierbar?

Antwort: Da sowohl id, $\kappa_\mathcal{B}$ und $\kappa_\mathcal{C}$ in dem unten stehenden kommutativen Diagramm Isomorphismen sind, ist auch F_A ein Isomorphismus. Dessen Darstellungsmatrix ist die Basiswechselmatrix $M_\mathcal{C}^\mathcal{B}$, die somit invertierbar ist.

$$
\begin{array}{ccc}
V & \xrightarrow{\;\mathrm{id}\;} & V \\
{\scriptstyle k_\mathcal{B}}\big\uparrow & & \big\uparrow{\scriptstyle k_\mathcal{C}} \\
K^n & \xrightarrow{\;F_A\;} & K^n
\end{array}
\qquad \text{mit } A = M_\mathcal{C}^\mathcal{B}.
$$

◆

Frage 209 Begründen Sie die folgenden Formeln (Basiswechselformalismus): Sind $\mathcal{B}, \mathcal{C}, \mathcal{D}$ Basen eines endlich-dimensionalen Vektorraums, so gilt

$$M_\mathcal{D}^\mathcal{B} = M_\mathcal{D}^\mathcal{C} \cdot M_\mathcal{C}^\mathcal{B} \quad \text{und} \quad M_\mathcal{B}^\mathcal{C} = (M_\mathcal{C}^\mathcal{B})^{-1}.$$

Antwort: Nach Antwort 207 gilt

$$v_\mathcal{D} = M_\mathcal{D}^\mathcal{C} v_\mathcal{C} \quad \text{und} \quad v_\mathcal{C} = M_\mathcal{C}^\mathcal{B} v_\mathcal{B}.$$

Daraus folgt

$$v_\mathcal{D} = M_\mathcal{D}^\mathcal{C} M_\mathcal{C}^\mathcal{B} v_\mathcal{B}$$

und damit die erste Formel. Die zweite folgt aus

$$v_\mathcal{C} = M_\mathcal{C}^\mathcal{B} v_\mathcal{B}$$

durch Linksmultiplikation mit $(M_\mathcal{C}^\mathcal{B})^{-1}$.   ◆

Frage 210 In $V = \mathbb{R}^2$ sei $\mathcal{S} = (e_1, e_2)$ die Standardbasis und $\mathcal{B} = (v_1, v_2)$ mit $v_1 = (3,4)^T$ und $v_2 = (-1,2)^T$ eine weitere Basis. Können Sie $M_\mathcal{B}^\mathcal{S}$ und $M_\mathcal{S}^\mathcal{B}$ bestimmen? Können Sie ferner für

$$v = s_1 e_1 + s_2 e_2 = t_1 v_1 + t_2 v_2$$

dle Koordinaten t_1 und t_2 durch s_1 und s_2 ausdrücken?

Antwort: $M_\mathcal{B}^\mathcal{S}$ ist nach Antwort 207 die Matrix, die die Koordinatenvektoren von (v_1, v_2) bezüglich $\mathcal{S}$ als Spalten besitzt. Also ist

$$M_\mathcal{B}^\mathcal{S} = \begin{pmatrix} 3 & -1 \\ 4 & 2 \end{pmatrix}.$$

Wegen $e_1 = 0.2 \cdot v_1 - 0.4 \cdot v_2$ und $e_2 = 0.1 \cdot v_1 + 0.3 \cdot v_2$ gilt ferner

$$M_\mathcal{S}^\mathcal{B} = \begin{pmatrix} 0.2 & 0.1 \\ -0.4 & 0.3 \end{pmatrix}.$$

Für die Koordinaten gilt

$$\begin{pmatrix} t_1 \\ t_2 \end{pmatrix} = M_\mathcal{B}^\mathcal{S} \begin{pmatrix} s_1 \\ s_2 \end{pmatrix}.$$

$\blacklozenge$

Frage 211 Sei $F : V \longrightarrow W$ linear, $\mathcal{B}$, $\mathcal{B}'$ seien Basen von V und $\mathcal{C}, \mathcal{C}'$ seien Basen von W. Können Sie erläutern, warum das Diagramm

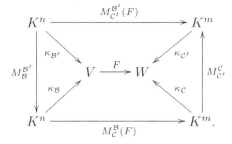

kommutativ ist und warum für die beteiligten Matrizen

$$M_{\mathcal{C}'}^{\mathcal{B}'}(F) = M_{\mathcal{C}'}^\mathcal{C} \cdot M_\mathcal{C}^\mathcal{B}(F) \cdot P_\mathcal{B}^{\mathcal{B}'}$$

gilt?

Antwort: Die beiden trapezförmigen Teildiagramme oben und unten sind nach den Antworten 199 bzw. 201 kommutativ, die beiden dreieckigen Teildiagramme links und rechts nach Antwort 207. Daraus folgt die Kommutativität des gesamten Diagramms, und aus dieser ergibt sich auch unmittelbar die Formel.

$\blacklozenge$

3.6 Das Gauß'sche Eliminationsverfahren

Das Gauß'sche Eliminationsverfahren bietet eine praktikable Methode zur Bestimmung des Rangs einer Matrix sowie zur Lösung linearer Gleichungssysteme. Das dahinter liegende Prinzip ist es, eine Matrix durch eine Reihe von *elementaren Zeilen- und Spaltenumformungen*, die weder den Rang der Matrix noch die Lösungsmenge des Gleichungssystems verändern, auf sogenannte *Zeilenstufenform* zu transformieren, aus der sich die gesuchten Informationen unmittelbar „ablesen" lassen.

Frage 212 Was versteht man unter der **Zeilenstufenform einer Matrix** $A \in K^{m \times n}$? Wie lässt sich der Rang einer Matrix in Zeilenstufenform unmittelbar ablesen?

Antwort: Eine Matrix $A \in K^{m \times n}$ ist in *Zeilenstufenform*, wenn A die folgende Gestalt hat:

$$A = \begin{pmatrix} 0 \cdots 0 & a_1 \cdots * & * \cdots * & \cdots & * \cdots * & * \cdots * \\ 0 \cdots 0 & 0 \cdots 0 & a_2 \cdots * & \cdots & * \cdots * & * \cdots * \\ 0 \cdots 0 & 0 \cdots 0 & 0 \cdots 0 & \cdots & * \cdots * & * \cdots * \\ \cdots & \cdots & \cdots & \cdots & \cdots & \cdots \\ 0 \cdots 0 & 0 \cdots 0 & 0 \cdots 0 & \cdots & 0 \cdots 0 & a_r \cdots * \\ 0 \cdots 0 & 0 \cdots 0 & 0 \cdots 0 & \cdots & 0 \cdots 0 & 0 \cdots 0 \\ \cdots & \cdots & \cdots & \cdots & \cdots & \cdots \\ 0 \cdots 0 & 0 \cdots 0 & 0 \cdots 0 & \cdots & 0 \cdots 0 & 0 \cdots 0 \end{pmatrix}.$$

Aus dieser Zeilenstufenform folgt $\mathrm{rg}(A) = r$, da die ersten r Zeilen von A linear unabhängig sind.   ◆

Frage 213 Welche Arten von Umformungen einer Matrix bezeichnet man als **elementare Zeilenumformungen**?

Antwort: Es gibt drei Typen elementarer Zeilenumformungen.
Typ I: Multiplikation einer Zeile mit einem Skalar $\alpha \in K$

$$\begin{pmatrix} \cdots \\ a_i \\ \cdots \end{pmatrix} \longmapsto \begin{pmatrix} \cdots \\ \alpha a_i \\ \cdots \end{pmatrix}$$

Typ II: Additon des α-fachen der j-ten Zeile zur i-ten Zeile

$$\begin{pmatrix} \cdots \\ a_i \\ \cdots \\ \alpha_j \\ \cdots \end{pmatrix} \longmapsto \begin{pmatrix} \cdots \\ a_i + \alpha a_j \\ \cdots \\ a_j \\ \cdots \end{pmatrix}$$

Typ III: Vertauschung zweier Zeilen

$$\begin{pmatrix} \cdots \\ a_i \\ \cdots \\ a_j \\ \cdots \end{pmatrix} \longmapsto \begin{pmatrix} \cdots \\ a_j \\ \cdots \\ a_i \\ \cdots \end{pmatrix}$$

Analog definiert man elementare *Spaltenumformungen*, indem man in allen drei Definitionen das Wort „Zeile" durch „Spalte" ersetzt. ◆

Frage 214 Wieso ändert sich der Rang einer Matrix bei elementaren Zeilenumformungen nicht?

Antwort: Es ist

$$\mathrm{span}(a_1, \ldots, a_i, \ldots, a_j, \ldots, a_n) = \begin{cases} \mathrm{span}(a_1, \ldots, \alpha a_i, \ldots, a_j, \ldots, a_n) \\ \mathrm{span}(a_1, \ldots, a_i + \alpha a_j, \ldots, a_j, \ldots, a_n) \\ \mathrm{span}(a_1, \ldots, \alpha a_j, \ldots, a_i, \ldots, a_n). \end{cases}$$

Damit ändert sich die Dimension des von den Zeilenvektoren von A aufgespannten Untervektorraums – also $\mathrm{rg}\, A$ – durch elementare Zeilenumformungen nicht. Somit gilt *Erhält man $B \in K^{m \times n}$ aus $A \in K^{m \times n}$ durch eine Reihe elementarer Zeilenumformungen, so gilt stets $\mathrm{rg}\, A = \mathrm{rg}\, B$.* ◆

Frage 215 Was besagt der Satz über das **Gauß'sche Eliminationsverfahren**?

Antwort: Der Satz besagt:
Jede Matrix $A \in K^{m \times n}$ lässt sich durch eine Serie elementarer Zeilenumformungen auf Zeilenstufenform bringen.
Beweis: Ist A nicht die Nullmatrix, dann gibt es einen kleinsten Spaltenindex j_1, so dass $a_{i_1 j_1} \neq 0$ für ein $i_1 \in \{1, \ldots, m\}$ gilt. Man vertausche die i_1-te Zeile mit der ersten (Umformung vom Typ I). Dies führt auf eine Matrix der Gestalt

$$A' = \begin{pmatrix} 0 \cdots 0 & a'_{11} & \cdots & a'_{1r} \\ 0 \cdots 0 & a'_{21} & \cdots & a'_{2r} \\ \vdots & \vdots & & \vdots \\ 0 \cdots 0 & a'_{m1} & \cdots & a_{mr} \end{pmatrix}$$

mit $a'_{11} = a_{i_1 j_1} \neq 0$. Zu denjenigen Zeilen aus A' mit dem Zeilenindex k $(k \neq 1)$, in denen die unter a'_{11} stehende Komponente ungleich null ist, addiere man nun das $-\frac{a'_{11}}{a'_{k1}}$-fache der ersten Zeile (elementare Zeilenumformung vom Typ II). Dies führt auf eine Matrix der Gestalt

$$A'' = \begin{pmatrix} 0 \cdots 0 & a'_{11} & * \\ \hline 0 \cdots 0 & 0 & A^{(1)} \end{pmatrix}$$

Dasselbe Verfahren lässt sich nun auf die kleinere Matrix $A^{(1)}$ anwenden, wobei deren elementare Zeilenumformungen als solche von A'' zu interpretieren sind. Rekursiv gewinnt man auf diese Weise die gewünschte Zeilenstufenform. Das Verfahren bricht nach endlich vielen Schritten ab, und zwar genau dann, wenn nach m Schritten $A^{(m)}$ entweder die leere Matrix oder die Nullmatrix ist.   ◆

Frage 216 Wie lautet die Zeilenstufenform der Matrix

$$A = \begin{pmatrix} 0 & 1 & 0 \\ 1 & 1 & 2 \\ 3 & 3 & 6 \end{pmatrix} ?$$

Antwort: Das Gauß'sche Verfahren liefert

$$\begin{pmatrix} 0 & 1 & 0 \\ 1 & 1 & 2 \\ 3 & 3 & 6 \end{pmatrix} \rightsquigarrow \begin{pmatrix} 1 & 1 & 2 \\ 0 & 1 & 0 \\ 3 & 3 & 6 \end{pmatrix} \rightsquigarrow \begin{pmatrix} 1 & 1 & 2 \\ 0 & 1 & 0 \\ 0 & 0 & 0 \end{pmatrix}.$$
◆

Frage 217 Welche Gestalt besitzt die Zeilenstufenform einer Matrix?

(i) $A \in K^{m \times n}$ mit $\operatorname{rg} A = n \ (m \geq n)$,
(ii) $A \in K^{m \times n}$ mit $\operatorname{rg} A = m \ (n \geq m)$,
(iii) $A \in \operatorname{GL}(n, K)$?

Antwort: Die Zeilenstufenformen der Matrizen sehen folgendermaßen aus:

Frage 218 Welche Typen von **Elementarmatrizen** sind Ihnen bekannt? Wie kann man sie definieren, warum sind sie invertierbar?

Antwort: Es gibt im Wesentlichen drei Arten von Elementarmatrizen

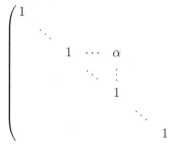

Typ I: ($\alpha \neq 0$): Diese Elementarmatrizen unterscheiden sich von der Einheitsmatrix nur im Diagonalelement a_{kk}. Linksmultiplikation (Rechtsmultiplikation) mit einer solchen Matrix bewirkt eine Multiplikation der k-ten Zeile (Spalte) mit α.

Typ II: Diese Elementarmatrizen unterscheiden sich von der Einheitsmatrix nur im Koeffizienten a_{kl} mit $k \neq l$. Linksmultiplikation (Rechtsmultiplikation) mit einer Matrix dieses Typs bewirkt eine Addition des α-fachen der l-ten Zeile zur k-ten Zeile (der k-ten Spalte zur l-ten Spalte).

Typ III: Diese Elementarmatrizen unterscheiden sich von der Einheitsmatrix in den vier Koeffizienten a_{kk}, a_{ll}, a_{kl}, a_{lk}. Linksmultiplikation (Rechtsmultiplikation) mit einer Matrix dieses Typs bewirkt eine Vertauschung der l-ten und k-ten Zeile (Spalte).

Elementarmatrizen sind invertierbar, weil sie Zeilen- bzw. Spaltenumformungen beschreiben, die umkehrbar sind.

Bemerkung: Linksmultiplikation bewirkt immer eine Zeilenumformung, Rechtsmultiplikation eine Spaltenumformung. Jede Elementarmatrix bewirkt die Umformung, durch die sie aus der Einheitsmatrix entstanden ist. ◆

Frage 219 Begründen Sie: Die Matrix $B \in K^{m \times n}$ entstehe aus der Matrix $A \in K^{m \times n}$, indem man auf A eine endliche Abfolge elementarer Zeilenumformungen anwendet. Wendet man diese Zeilenumformungen in derselben Weise auf die Einheitsmatrix E_m an, so erhält man eine Matrix $P \in \mathrm{GL}(m, K)$ mit $PA = B$.

Antwort: Gilt $\Lambda_r \cdots \Lambda_1 \cdot A = B$ mit Elementarmatrizen $\Lambda_1, \ldots, \Lambda_r \in K^{m \times m}$, so folgt wegen $E_m A = A$

$$PA = (\Lambda_r \cdots \Lambda_1 \cdot E_m)A = \Lambda_r \cdots \Lambda_1 \cdot A = B.$$

Da Elementarmatrizen genauso wie die Einheitsmatrix stets invertierbar sind, ist P ein Produkt invertierbarer Matrizen, und damit gilt $P \in GL(n, K)$.   ♦

Frage 220 Wie lässt sich mit dem Zusammenhang aus Frage 219 eine Methode zur ur Inversenbestimmung einer Matrix $A \in GL(n, K)$ formulieren?

Antwort: Die Matrix A lässt sich durch eine Reihe elementarer Zeilenumformungen auf die Einheitsmatrix E_n transformieren. Es gibt also Elementarmatrizen $\Lambda_1, \ldots, \Lambda_r \in K^{n \times n}$, so dass gilt

$$E_n = \Lambda_r \cdots \Lambda_1 A = (\Lambda_r \cdots \Lambda_1 E_n)A.$$

Daraus folgt

$$\Lambda_r \cdots \Lambda_1 E_n = A^{-1}.$$

Man erhält damit die Regel
Erhält man E_n aus einer Reihe elementarer Zeilenumformungen aus A, so verwandeln dieselben Zeilumformungen die Matrix E_n in A^{-1}.   ♦

Frage 221 Erläutern Sie den Algorithmus zur Inversenbestimmung an der Matrix

$$A := \begin{pmatrix} 0 & 1 & -4 \\ 1 & 2 & -2 \\ 1 & 1 & 2 \end{pmatrix}$$

Antwort: Um die Methode aus Antwort 220 praktisch anzuwenden, schreibe man die Matrizen A und E_3 nebeneinander

$$\begin{pmatrix} 0 & 1 & -4 \\ 1 & 2 & -2 \\ 1 & 1 & 2 \end{pmatrix}, \begin{pmatrix} 1 & 0 & 0 \\ 0 & 1 & 0 \\ 0 & 0 & 1 \end{pmatrix}$$

und transformiere A mittels elementarer Zeilenumformungen in die Einheitsmatrix. In jedem Schritt wird dieselbe Zeilenumformung auf die rechts stehende Matrix angewendet. Steht dann nach endlich vielen Schritten auf der linken Seite die Einheitsmatrix E_3, so steht rechts die zu A inverse Matrix A^{-1}. Dies liefert also

$$\rightsquigarrow \begin{pmatrix} 1 & 2 & -1 \\ 0 & 1 & -4 \\ 1 & 1 & 2 \end{pmatrix}, \begin{pmatrix} 0 & 1 & 0 \\ 1 & 0 & 0 \\ 0 & 0 & 1 \end{pmatrix}$$

$$\rightsquigarrow \begin{pmatrix} 1 & 2 & -1 \\ 0 & 1 & -4 \\ 0 & -1 & 3 \end{pmatrix}, \begin{pmatrix} 0 & 1 & 0 \\ 1 & 0 & 0 \\ 0 & -1 & 1 \end{pmatrix}$$

$$\rightsquigarrow \begin{pmatrix} 1 & 2 & -1 \\ 0 & 1 & -4 \\ 0 & 0 & -1 \end{pmatrix}, \begin{pmatrix} 0 & 1 & 0 \\ 1 & 0 & 0 \\ 1 & -1 & 1 \end{pmatrix}$$

$$\rightsquigarrow \begin{pmatrix} 1 & 2 & 0 \\ 0 & 1 & 0 \\ 0 & 0 & -1 \end{pmatrix}, \begin{pmatrix} -1 & 2 & -1 \\ -3 & 4 & -4 \\ 1 & -1 & 1 \end{pmatrix}$$

$$\rightsquigarrow \begin{pmatrix} 1 & 0 & 0 \\ 0 & 1 & 0 \\ 0 & 0 & 1 \end{pmatrix}, \begin{pmatrix} 5 & -6 & 7 \\ -3 & 4 & -4 \\ -1 & 1 & -1 \end{pmatrix}.$$

Also ist

$$A^{-1} = \begin{pmatrix} 5 & -6 & 7 \\ -3 & 4 & -4 \\ -1 & 1 & -1 \end{pmatrix}.$$

◆

3.7 Lineare Gleichungssysteme Teil 1

Die Theorie linearer Gleichungssysteme steht in engem Zusammenhang mit der linearer Abbildungen. Wie lineare Abbildungen $K^n \longrightarrow K^m$ durch eine Matrix aus $K^{m \times n}$ eindeutig bestimmt sind, lassen sich auch Gleichungssysteme mit m Gleichungen in n Unbekannten in der Form $A \cdot x = b$ schreiben, bei der A eine $m \times n$-Matrix ist und b ein Vektor aus K^m. Das Problem, die Lösungen des Gleichungssystems $A \cdot x = b$ zu bestimmen, ist damit in geometrischer Hinsicht äquivalent zu der Aufgabe, die „Niveaumenge" der durch $x \longmapsto A \cdot x$ definierten linearen Abbildung $F_A : K^n \longrightarrow K^m$ zum Wert b zu ermitteln.

Frage 222 Was versteht man unter einem **linearen Gleichungssystem** (LGS) mit Koeffizienten in K? Wann heißt ein Gleichungssystem **homogen**, wann **inhomogen**?

Antwort: Unter einem *Gleichungssystem* in K mit m Gleichungen und n Unbekannten versteht man ein System von Gleichungen der Art

$$a_{11}x_1 + \cdots + a_{1n}x_n = b_1$$
$$a_{21}x_1 + \cdots + a_{2n}x_n = b_2$$
$$\cdots \qquad\qquad (*)$$
$$a_{m1}x_1 + \cdots + a_{mn}x_m = b_n.$$

Die Koeffizienten a_{ij} und die b_i sind hier Elemente des Grundkörpers K. Das Gleichungssystem heißt *homogen*, falls $b_i = 0$ für $i = 1, \ldots, m$ gilt, andernfalls *inhomogen*. Eine *Lösung* des Gleichungssystems ist ein n-Tupel $(x_1, \ldots, x_n)$ mit Elementen aus K, für welche alle m Gleichungen zutreffen.

Mit der $m \times n$-Matrix $A = (a_{ij})$, dem Vektor $b = (b_1, \ldots, b_m) \in K^m$ und dem „unbekannten" Vektor $x = (x_1, \ldots, x_n)^T \in K^n$ lässt sich $(*)$ auch schreiben in der Form

$$A \cdot x = b.$$

Daher ist das Problem, sämtliche Lösungen von $(*)$ zu finden, äquivalent zu dem Problem, alle Vektoren $x \in K^n$ zu bestimmen, welche die Gleichung $A \cdot x = b$ erfüllen.
◆

Frage 223 Was versteht man unter dem **Lösungsraum** $L(A, b)$ eines linearen Gleichungssystems $A \cdot x = b$ mit $A \in K^{m \times n}$ und $b \in K^m$? Wie erhält man aus der Definition sofort eine einfache Charakterisierung des Lösungsraums?

Antwort: Der Lösungsraum ist die Menge aller Lösungen des Gleichungssystems $A \cdot x = b$, also

$$L(A, b) = \{x \in K^n;\ A \cdot x = b\}.$$

Für die lineare Abbildung $F : K^n \longrightarrow K^m$, $x \longrightarrow A \cdot x$ gilt

$$L(A, b) = F^{-1}(b).$$

Nach Frage 157 handelt es sich bei $L(A, b)$ also um einen affinen Unterraum von K^n.
◆

Frage 224 Sei A eine $m \times n$-Matrix. Welche Struktur besitzt der Lösungsraum $L(A, 0)$ des homogenen linearen Gleichungssystems $A \cdot x = 0$? Was ist die Dimension von $L(A, 0)$?

Antwort: Es gilt:
Der Lösungsraum $L(A, 0)$ des homogenen linearen Gleichungssystems $A \cdot x = 0$ ist ein linearer Unterraum von K^n der Dimension $n - \mathrm{rg}\,A$.
Beweis: Wegen $A \cdot 0 = 0$ ist $0 \in L(A, 0)$. Ferner gilt mit $x, y \in L(A, 0)$ und $\alpha, \beta \in K$

$$A \cdot (\alpha x + \beta y) = \alpha \cdot A \cdot x + \beta \cdot A \cdot y = \alpha \cdot 0 + \beta \cdot 0 = 0,$$

also $\alpha x + \beta y \in L(A, 0)$. Der Lösungsraum ist damit ein linearer Unterraum von K^n.

Für die lineare Abbildung $F : K^n \longrightarrow K^m$, $x \longmapsto A \cdot x$ gilt $L(A, 0) = \ker F$. Mit der Dimensionsformel folgt daher $\dim \ker F = \dim K^n - \operatorname{rg} F$, also $\dim L(A, b) = n - \operatorname{rg} A$. ◆

Frage 225 Sei das LGS $A \cdot x = b$ mit $A \in K^{m \times n}$ und $b \in K^m$ lösbar und es sei $\operatorname{rg} A = n$. Warum besteht die Lösungsmenge dann nur aus einem Element?

Antwort: Sei F_A die durch A gegebene Abbildung. Aus der Dimensionsformel folgt

$$\dim \ker F_A = \dim V - \operatorname{rg} F_A = n - \operatorname{rg} A = 0,$$

also $\ker F_A = \{0\}$. Damit ist F_A injektiv, und es gibt höchstens ein $x \in V$ mit $F_A(x) = A \cdot x = b$. Zusammen mit der Voraussetzung, dass das LGS lösbar ist, folgt daraus, dass es genau eine Lösung gibt. ◆

Frage 226 Können Sie ein Verfahren schildern, mit dem sich der Lösungsraum eines homogenen linearen Gleichungssystem $A \cdot x = 0$ effektiv berechnen lasst?

Antwort: Eine sinnvolle Methode zur Berechnung des Lösungsraums liefert das Gauß-'sche Eliminationsverfahren, mit dessen Hilfe sich eine Basis von $L(A, 0)$ konstruieren lässt. Grundlage für die Anwendbarkeit des Verfahrens ist die Tatsache, dass sich der Lösungsraum eines homogenen linearen Gleichungssystems $A \cdot x = 0$ nicht ändert, wenn man an A elementare Zeilenumformungen durchführt. Nach Frage 218 entsprechen elementare Zeilenumformungen an A der Linksmultiplikation von A mit einer Matrix $S \in \mathrm{GL}(m, K)$. Nun gilt

$$(S \cdot A) \cdot x = 0 \Leftrightarrow A \cdot x = 0,$$

was man durch Multiplikation mit S bzw. S^{-1} der Gleichung auf der entsprechenden Seite dieser Äquivalenz unmittelbar erkennt.

Man kann also zur Lösung des Gleichungssystems $A \cdot x = 0$ die Matrix A mittels des Gauß'schen Verfahrens auf eine Matrix A' in Zeilenstufenform transformieren und das Gleichungssystem $A' \cdot x = 0$ lösen. Da der Lösungsraum invariant gegenüber elementaren Zeilenumformungen ist, gilt $L(A, 0) = L(A', 0)$. Dieses Vorgehen besitzt den Vorteil, dass sich die Struktur des Lösungsraumes an A' bereits unmittelbar „ablesen" lässt, wie wir im Folgenden darlegen wollen.

Um die dazugehörige Überlegungen zu vereinfachen, wollen wir annehmen, dass A' die spezielle Zeilenstufenform

$$
\begin{pmatrix}
a_{11} & & & & & a_{1n} \\
& a_{22} & & & & a_{2n} \\
& & \cdots & & & \\
& & & \cdots & & \\
& & & & a_{rr} & a_{rn} \\
& 0 & & & 0 & \cdots & 0 \\
& & & & & \cdots \\
& & & & 0 & \cdots & 0
\end{pmatrix}
$$

besitzt, bei der also die besetzten Zeilen jeweils mit einem Eintrag auf der Hauptdiagonalen beginnen. Diese Form lässt sich immer durch Vertauschen der Spalten realisieren, was im Hinblick auf das Gleichungssystem einer Umnummerierung der Unbekannten $x_1, \ldots, x_n$ entspricht. Die Voraussetzung an die Zeilenstufenform von A' bedeutet daher keine wirkliche Einschränkung, macht die allgemeine Darstellung aber wesentlich übersichtlicher. Durch weitere Zeilenumformungen kann man A' weiter auf die Form

$$
\begin{pmatrix}
1 & 0 & & & 0 & a_{1,r+1} & \cdots & a_{1n} \\
& 1 & 0 & & 0 & a_{1,r+1} & \cdots & a_{2n} \\
& & \cdots & & & & & \\
& & & \cdots & & & & \\
& & & & 1 & a_{r,r+1} & \cdots & a_{rn} \\
& 0 & & & 0 & \cdots & \cdots & 0 \\
& & & & & \cdots & \cdots & \\
& & & & 0 & \cdots & \cdots & 0
\end{pmatrix}
$$

bringen. Die i-te Gleichung des zu lösenden linearen Gleichungssystems lautet damit

$$
x_i + \sum_{j=r+1}^{n} a_{ij} x_j = 0, \qquad i = 1, \ldots, r.
$$

Also gilt

$$
x_i = - \sum_{j=r+1}^{n} a_{ij} x_j, \qquad i = 1, \ldots, r.
$$

Mit dieser Darstellung lassen sich beliebige Lösungen nun unmittelbar angeben, da die Werte für die Unbekannten $x_{r+1}, \ldots, x_n$ nicht durch interne Abhängigkeiten zwischen den Gleichungen festgelegt sind, mit anderen Worten frei gewählt werden können. Für jede Wahl der Werte $x_{r+1}, \ldots, x_n$ ist also der Vektor

$$
x = \begin{pmatrix}
- \sum_{j=r+1}^{n} a_{1j} x_j \\
\vdots \\
- \sum_{j=r+1}^{n} a_{rj} x_j \\
x_{r+1} \\
\vdots \\
x_n
\end{pmatrix}
$$

eine Lösung des Gleichungssystems $A' \cdot x = b$. Umgekehrt besitzt jede Lösung dieses Gleichungssystems die Form $(*)$. Insbesondere erkennt man an dieser Darstellung noch einmal $\dim L(A', 0) = n - r$, und durch die Wahl einer Basis von K^{n-r} ist eine Basis von $L(A', 0)$ festgelegt. Bezüglich der Einheitsbasis etwa erhält man

$$\begin{pmatrix} -a_{1,r+1} \\ \cdots \\ -a_{r,r+1} \\ 1 \\ 0 \\ \cdots \\ 0 \end{pmatrix}, \begin{pmatrix} -\alpha_{1,r+2} \\ \cdots \\ -a_{r,r+2} \\ 0 \\ 1 \\ \cdots \\ 0 \end{pmatrix}, \ldots, \begin{pmatrix} -a_{1,n} \\ \cdots \\ -a_{r,n} \\ 0 \\ 0 \\ \cdots \\ 1 \end{pmatrix}$$

als Basis von $L(A', 0)$. Durch eine entsprechende Anordnung der Zeilen, die die Umnummerierung der Unbekannten $x_1, \ldots, x_n$ rückgängig macht, erhält man daraus eine Basis von $L(A, 0)$. ◆

Frage 227 Sei $A \in K^{m \times n}$ und $b \in K^m$. Mit $(A|b)$ sei diejenige Matrix aus $K^{m \times (n+1)}$ bezeichnet, die man aus A durch Hinzufügen der Spalte b erhält. Es gilt dann

$$A \cdot x = b \text{ lösbar} \iff \operatorname{rg}(A|b) = \operatorname{rg} A.$$

Können Sie diesen Zusammenhang zeigen?

Antwort: Sei $A \cdot x = b$ lösbar. Da der Rang von A durch Hinzufügen einer Spalte natürlich nicht kleiner werden kann, gilt stets $\operatorname{rg}(A|b) \geq \operatorname{rg} A$. Angenommen, es gilt $\operatorname{rg}(A|b) > \operatorname{rg} A$. Dann gilt $b \notin \operatorname{span}(a_1, \ldots, a_n)$, wobei $a_1, \ldots, a_n$ die Spaltenvektoren aus A bezeichnen. In diesem Fall kann aber $A \cdot x = b$ nicht lösbar sein, da für eine Lösung $x = (x_1, \ldots, x_n)$ gelten muss

$$a_1 x_1 + \cdots + a_n x_n = b,$$

also $b \in \operatorname{span}(a_1, \ldots, a_n)$. Aus diesem Widerspruch folgt $\operatorname{rg}(A|b) = \operatorname{rg} A$.

Gilt umgekehrt $\operatorname{rg}(A|b) = \operatorname{rg} A$, dann folgt $b \in \operatorname{span}(a_1, \ldots, a_n)$, also existiert eine Linearkombination

$$x_1 a_1 + \cdots x_n a_n = b.$$

Dies ist genau die Gleichung $A \cdot x = b$. Der Vektor $(x_1, \ldots, x_n)^T$ ist in diesem Fall eine Lösung von $A \cdot x = b$. ◆

Frage 228 Können Sie zeigen, dass für $A \in K^{m \times n}$ das Gleichungssystem $Ax = b$ genau dann für jedes $b \in K^m$ lösbar ist, wenn $\operatorname{rg} A = m$ gilt?

Antwort: Gilt $\operatorname{rg} A = m$, dann bilden die Spalten von A bereits ein Erzeugendensystem von K^m und durch Hinzufügen eines Spaltenvektors $b \in K^m$ lässt sich $\operatorname{rg} A$ nicht mehr vergrößern. Es gilt also $\operatorname{rg} A = \operatorname{rg}(A|b)$ für jedes $b \in K^m$, und damit ist $Ax = b$ nach Frage 227 lösbar.

Ist umgekehrt $Ax = b$ für jedes $b \in K^m$ lösbar, so gilt $\operatorname{rg} A = \operatorname{rg}(A|b)$ für jedes $b \in K^m$. Das bedeutet, dass die Spaltenvektoren von A bereits ein Erzeugenden-system von K^m bilden und daher $\operatorname{rg} A = m$ gelten muss. ◆

Frage 229

Können Sie zeigen, dass für $A \in M(n, K)$ die folgenden Aussagen äquivalent sind?

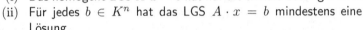

(i)   Das homogene LGS $A \cdot x = 0$ hat nur die triviale Lösung $x = 0$.
(ii) Für jedes $b \in K^n$ hat das LGS $A \cdot x = b$ mindestens eine Lösung.
(iii) Für jedes $b \in K^n$ hat das LGS $A \cdot x = b$ genau eine Lösung.
(iv) $\operatorname{rg} A = n$.

Antwort: (i) $\Longrightarrow$ (iv): Sei F_A die zu A assoziierte Abbildung. Hat das LGS $A \cdot x = 0$ nur die triviale Lösung, dann ist $\ker F_A = \{0\}$, und aus der Dimensionsformel folgt $\operatorname{rg} A = \operatorname{rg} F_A = \dim K^n = n$.

(iv) $\Longrightarrow$ (ii): Aus $\operatorname{rg} A = n$ folgt $\operatorname{rg} A = \operatorname{rg}(A|b)$ für jeden Vektor $b \in K^n$, und damit ist das LGS $A \cdot x = b$ lösbar für jeden Vektor $b \in K^n$.

(ii) $\Longrightarrow$ (iii): Die Gleichung $A \cdot x = b$ besagt, dass sich der Vektor b als Linear-kombination der Spaltenvektoren $a_1, \ldots, a_n$ von A schreiben lässt:

$$x_1 a_1 + \cdots + x_n a_n = b.$$

Diese Darstellung ist eindeutig, sofern die Spalten von A linear unabhängig sind. Gäbe es daher für ein $b \in K^n$ mehrere Lösungen des Gleichungssystems $A \cdot x = b$, so wären die Spalten von A linear abhängig und folglich kein Erzeugendensystem von K^n. Damit gäbe es einen von den Spalten von A linear unabhängigen Vektor $b' \in K^n$, und für diesen besäße das LGS $A \cdot x = b'$ keine Lösung.

(iii) $\Longrightarrow$ (i): Man setze $b = 0$. ◆

Frage 230 Wie erhält man sämtliche Lösungen eines inhomogenen linearen Glei-chungssystems $A \cdot x = b$?

Antwort: Es gilt:
Ist x_{inh} eine spezielle Lösung des inhomogenen Systems $A \cdot x = b$, so besitzt jede weitere Lösung x_0 die Form $x_0 = x_{inh} + x_{hom}$, wobei x_{hom} eine Lösung des homogenen Systems $A \cdot x = 0$ ist. Es gilt also $L(A, b) = x_{inh} + L(A, 0)$.
Beweis: Für einen beliebigen Vektor $x_{\text{hom}} \in L(A, 0)$ gilt

$$A \cdot x_0 = A \cdot (x_{\text{inh}} + x_{\text{hom}}) = A \cdot x_{\text{inh}} + A \cdot x_{\text{hom}} = b + 0 = b.$$

Es folgt $x_{\text{inh}} + L(A, 0) \subset L(A, b)$. Umgekehrt gilt für $x_0 \in L(A, b)$

$$A \cdot (x_0 - x_{\text{inh}}) = A \cdot x_0 - A \cdot x_{\text{inh}} = b - b = 0.$$

also $x_0 - x_{\text{inh}} \in L(A, 0)$ bzw. $x_0 \in x_{\text{inh}} + L(A, 0)$. Das zeigt die andere Inklusion. ◆

Zusatzfrage: Raumschiffaufgabe[1]   Die Weltraumschiffe α, β, γ und δ fliegen schon seit einer gefühlten Ewigkeit unbeschleunigt (Gravitation wird vernachlässigt) durch den interstellaren Raum. Plötzlich überschlagen sich die Ereignisse (E1),...,(E5). Dem Kommander von α wird gemeldet:

(E1) Soeben wären wir fast mit γ zusammengestoßen. Kurze Zeit später:
(E2) Eben wären wir fast mit δ zusammengestoßen. Über Funk erfährt der Kommander von α, dass es β ähnlich ergangen sei: nacheinander Beinahekollisionen mit γ (E3) und mit δ (E4). Dann kommt die Meldung:
(E5) γ und δ sind zusammengestoßen.

Da zur gleichen Zeit Raumnebel aufkommt, befiehlt der Kommander von α ein sofortiges Abbremsen seines Raumschiffes. Ist er abergläubisch?

Antwort: Die Position eines Raumschiffes zum Zeitpunkt t wird durch den Vektor

$$(x, y, z, t) \in \mathbb{R}^3 \times \mathbb{R} = \mathbb{R}^4$$

beschrieben (ein physikalisches Ereignis in der Raumzeit, also im Minkowski-Raum). Wir beginnen mit γ und δ.
Die Bahnen dieser beiden Raumschiffe definieren eine Ebene E im $\mathbb{R}^4$, da sie sich schneiden (Kollision).
Anmerkung: Im $\mathbb{R}^3$ legen zwei sich schneidende Geraden eindeutig eine Ebene fest, allgemein gilt dies im $\mathbb{R}^n$.
Die Ereignisse E_1 und E_2 liegen in $E \implies$ Bahn von α liegt in E.
Analog: E_3 und E_4 in $E \implies$ Bahn von β liegt in E.
Wir wählen das (vierdimensionale) Koordinatensystem so, dass die Ebene E in der $x - t$-Ebene liegt, also durch $y = 0$ und $z = 0$ beschrieben wird.

Dann sieht die Situation aus, wie in der folgenden Abbildung (auch die Abbildung beginnt man zweckmäßig mit dem Einzeichnen der Bahnen von γ und δ):

---

[1] Die Raumschiffaufgabe ist dem erstgenannten Autor aus seinem Grundstudium bekannt. Leider konnte nicht mehr recherchiert werden, wo sie genau herkommt. Zahlreiche ähnliche Aufgaben kursieren im Internet. Die elegante Lösung wurde von Kai Müller (kai.mueller@uni-heidelberg.de) und Thomas Rösch (thomas.roesch@gmx.de) zur Verfügung gestellt, denen hiermit ausdrücklich gedankt sei. Die Lösung wurde in einem Lokal in der Umgebung um Heidelberg entwickelt.

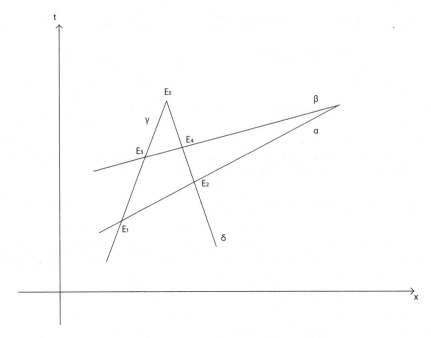

Wir sehen in der Abbildung die Skizze der Bahnen. Je kleiner die Steigung, desto größer die Geschwindigkeit.

Die Raumschiffe α und β fliegen genau dann parallel, wenn sie die gleiche Geschwindigkeit haben. Also schneiden sich die Geraden für α und β genau dann, wenn die Geschwindigkeiten verschieden sind. Wenn die zu α gehörende Gerade eine kleinere Steigung als die β-Gerade hat, kommt es zeitlich nach E_5 nicht zur Kollision. Der Kommander von α befiehlt das Abbremsen, da ihm die „50%-Chance einer Kollision" zu groß ist. Genaugenommen ist es etwas weniger, da die Raumschiffe parallel fliegen könnten.
Er ist also nicht abergläubisch.

Letzten Endes beruht die Aufgabe unter anderem auf der Tatsache, dass sich im $\mathbb{R}^2$ (euklidische Geometrie vorausgesetzt) zwei verschiedene Geraden genau dann schneiden, wenn sie nicht parallel sind.

Anmerkung 1: Aus der Aufgabe geht nicht eindeutig hervor, wie t_1 und t_3 sich zueinander verhalten, ebenso t_2 und t_4.
Wenn $t_1 < t_3$ und $t_2 < t_4$ und α langsamer als β, also die Situation wie in der Abbildung, dann steht eine Kollision bevor. Unter der Annahme, dass β seine Geschwindigkeit beibehält, verhindert ein Abbremsen von α den Zusammenstoß, ein Beschleunigen aber ebenso. Der Kommander wäre nicht abergläubisch. Fliegt unter sonst gleichen Voraussetzungen α schneller als β und wüsste er das, wäre er es.
Analoges gilt für den Fall, dass $t_1 > t_3$ und $t_2 > t_4$ und α schneller ist als β: Dann droht ebenfalls eine Kollision. Auch hier gilt, dass eine Kollision wirksam durch ein

Abbremsen (oder Beschleunigen) von α verhindert wird, wenn β seine Geschwindigkeit beibehält.

Falls $t_1 = t_3$, also falls α, β und γ bereits am selben Raumpunkt gewesen waren, wäre eine Reaktion unnötig und der Kommander auf jeden Fall abergläubisch, sein Aberglaube sozusagen geschwindigkeitsverhältnisunabhängig.

Anmerkung 2: Andere, analoge Aufgabenstellung:
3Raumschiffe fliegen auf einer Geraden. Wenn zwei Raumschiffe α und β unterschiedliche Geschwindigkeiten mit gleichem Vorzeichen haben, kollidieren sie: der klassische „Auffahrunfall ", hier eher Auffliegunfall. Auch für unterschiedliche Vorzeichen kann es zur Kollision kommen, einem Frontalzusammenstoß, es sei denn, sie fliegen bei Reisebeginn auseinander.
Übrigens bewegen sich in dem in der Lösung gewählten Koordinatensystem alle Raumschiffe auf einer Geraden, denn $\forall t \in \mathbb{R}, i = \alpha, ..., \delta$ gilt $y_i(t) = z_i(t) = 0$.

Anmerkung 3: Der Schnittpunkt der Bahnen von α und β kann auch zeitlich vor Reisebeginn liegen oder zu einem Zeitpunkt t mit $t < t_5$: in diesem Fall ist die Beinahe-Kollision bereits geschehen, wenn der Kommander das Abbremsen erwägt.

3.8 Der Dualraum

Ist F eine lineare Abbildung $K^n \longrightarrow K$, dann gilt für jeden Vektor $x = (x_1, \ldots, x_n)^T$

$$F(x) = \sum_{i=1}^{n} \alpha_i x_i$$

mit bestimmten $\alpha_i \in K$. Der Vektor $v := (\alpha_1, \ldots, \alpha_n)^T$ gibt also Anlass zu einer linearen Abbildung $K^n \longrightarrow K$. Umgekehrt lässt sich jede lineare Abbildung $K^n \longrightarrow K$ durch genau einen Vektor $v \in K^n$ beschreiben. Unter Berücksichtigung der für endlich-dimensionale Vektorräume V gültigen Isomorphie $V \simeq K^n$ erkennt man, dass die Struktur jedes endlich-dimensionalen Vektorraums V sich in derjenigen des Raums der linearen Abbildungen $V \longrightarrow K$ in isomorpher Weise widerspiegelt, was eine Untersuchung des *Dualraums* $V^* = \mathrm{Hom}_K(V, K)$ motiviert.

Eine Theorie dualer Räume lässt sich auch für unendlich-dimensionale Vektorräume entwickeln, allerdings lassen sich die meisten der hier behandelten Sätze nicht ohne Weiteres auf den unendlich-dimensionalen Fall übertragen.

Frage 231 Was versteht man unter einer **Linearform** auf einem K-Vektorraum V, was unter dem zu V **dualen Vektorraum** V^*?

Antwort: Eine *Linearform* ist eine lineare Abbildung $V \longrightarrow K$. Beispielsweise ist durch $(x_1, \ldots, x_n) \longmapsto \sum_{i=1}^n x_i$ eine Linearform auf K^n gegeben. Spezielles Interesse in der Analysis haben die Abbildungen

$$f \longmapsto \int_a^b f(x)\,\mathrm{d}x \qquad \text{und} \qquad f \longmapsto \left.\frac{\mathrm{d}f}{\mathrm{d}x}\right|_{x_0}.$$

Diese sind ebenfalls Linearformen auf den entsprechenden Räumen der integrierbaren bzw. differenzierbaren Funktionen.

Der zu V **duale Vektorraum** V^* ist die Menge aller Linearformen auf V, also $V^* = \mathrm{Hom}_K(V, K)$. ◆

Frage 232 Sei V endlich-dimensional, $\mathcal{B} = (v_1, \ldots, v_n)$ eine Basis von V. Wie erhält man daraus die zu $\mathcal{B}$ **duale Basis** $\mathcal{B}^*$ von V^*?

Antwort: Setzt man

$$v_i^*(v_j) = \delta_{ij} = \begin{cases} 1 & \text{für } i = j, \\ 0 & \text{sonst,} \end{cases}$$

so ist $\mathcal{B}^* = (v_1^*, \ldots, v_n^*)$ eine Basis von V^*.

Beweis: $\mathcal{B}^*$ ist ein Erzeugendensystem für V^*. Ist nämlich ξ eine Linearform auf V, die auf den Basisvektoren die Werte $\xi(v_i) = \alpha_i \in K$ annimmt, dann gilt $\xi = \sum \alpha_i v_i^*$.

Die Vektoren in $\mathcal{B}^*$ sind ferner linear unabhängig. Aus der Gleichung $\sum_{i=1}^n \alpha_i v_i^* = 0$ folgt nämlich, indem man v_j einsetzt, $\alpha_j = 0$ für alle $j = 1, \ldots, n$. ◆

Frage 233 Wieso sind die Räume V und V^* isomorph?

Antwort: Bei gegebener Basis $\mathcal{B} = (v_1, \ldots, v_n)$ von V ist die durch

$$\Psi_{\mathcal{B}}(v_i) = v_i^*$$

gegebene lineare Abbildung nach Frage 232 ein Isomorphismus $V - V^*$. ◆

Frage 234 Warum lässt sich das Verfahren aus Frage 232 zur Konstruktion einer dualen Basis nicht auch auf nendlich-dimensionale Vektorräume verallgemeinern?

Antwort: Ist $(v_1, v_2, \ldots)$ ein unendliches Erzeugendensystem, dann enthält die Menge

$$\mathrm{span}(v_1^*, v_2^*, \ldots) = \left\{ \sum_{i \in \mathbb{N}} \alpha_i v_i^*; \; \alpha_i = 0 \text{ für fast alle } i \right\}$$

nur diejenigen Linearformen ξ, für die $\xi(v_i) = 0$ für fast alle $i \in \mathbb{N}$ gilt. Andererseits lässt sich auch für einen unendlich-dimensionalen Vektorraum eine Linearform $V \longrightarrow K$ konstruieren, indem man die Bilder der Basisvektoren beliebig vorgibt. Insbesondere existieren Linearformen $V \longrightarrow K$, die auf unendlich vielen Basisvektoren Werte $\neq 0$ annehmen.

Daraus folgt span $(v_1^*, v_2^*, \ldots) \neq V^*$, die Linearformen $v_1^*, v_2^*, \ldots$ bilden also kein Erzeugendensystem für V^*.   ◆

Frage 235 Man betrachte die Basis (v_1, v_2) des $\mathbb{R}^2$ mit $v_1 = e_1 = (1,0)^T$ und $v_2 = (1,1)^T$. Wie lautet die dazu duale Basis (v_1^*, v_2^*) von $\mathbb{R}^{2^*}$?

Antwort: Die Gleichungen $v_1^*(v_1) = v_2^*(v_2) = 1$, $v_1^*(v_2) = v_2^*(v_1) = 0$ liefern $v_1^* = (1, -1)$ und $v_2^* = (0, 1)$.

Frage 236 Sei $U \subset V$ Untervektorraum eines K-Vektorraums V. Wie ist der *Annulator* U^0 von U definiert?

Antwort: Unter dem *Annulator* versteht man die Menge

$$U^0 = \{\xi \in V^*;\ \xi(u) = 0 \quad \text{für alle } u \in U\}.$$

                                              ◆

Frage 237 Wieso gilt

$$\dim U^0 = \dim V - \dim U,$$

falls V endlich-dimensional ist?

Antwort: Man betrachte eine Basis $(u_1, \ldots, u_\ell)$ von U und ergänze diese zu einer Basis $(u_1, \ldots, u_\ell, v_1, \ldots, v_r)$ von V. Es genügt dann zu zeigen, dass $(v_1^*, \ldots, v_r^*)$ eine Basis von U^0 ist. Die lineare Unabhängigkeit ist klar, da $v_1, \ldots, v_r$ linear unabhängig sind. Es bleibt also

$$U^0 = \operatorname{span}(v_1^*, \ldots, v_r^*)$$

zu zeigen, wobei die Inklusion „$\supset$" wiederum trivial ist, da nach Konstruktion der dualen Basis $v_i^*(u_j) = 0$ für alle $i = 1, \ldots, r$ und alle $j = 1, \ldots, \ell$ gilt. Um „$\subset$" zu zeigen, sei $\xi \in U^0$ und

$$\xi = \alpha_1 u_1^* + \cdots + \alpha_\ell u_\ell^* + \beta_1 v_1^* + \cdots + \beta_r v_r^*.$$

Einsetzen von u_i liefert dann $\alpha_i = 0$ für $i = 1, \ldots, \ell$, also $\xi \in \operatorname{span}(v_1^*, \ldots, v_r^*)$.   ◆

Frage 238 Was versteht man unter der zu einer linearen Abbildung $F : V \longrightarrow W$ zwischen K-Vektorräumen V und W **dualen Abbildung** F^*? Wieso ist F^* linear?

Antwort: Die zu $F : V \longrightarrow W$ *duale Abbildung* ist definiert durch

$$F^* : W^* \longrightarrow V^*, \qquad \xi \longmapsto \xi \circ F.$$

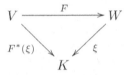

Für jede auf W definierte Linearform ξ ist damit $F^*(\xi)$ eine Linearform auf V. Die Wirkung der dualen Abbildung besteht also darin, auf W definierte Linearformen auf V „zurückzuholen". Das wird in dem nebenstehenden Diagramm beschrieben. Seien $\xi, \chi \in V^*$ und $\alpha \in K$. Die Linearität von F^* folgt aus

$$F^*(\xi + \chi) = (\xi + \chi) \circ F = \xi \circ F + \chi \circ F = F^*(\xi) + F^*(\chi)$$
$$F^*(\alpha\xi) = (\alpha\xi) \circ F = \alpha(\xi \circ F) = \alpha F^*(\xi).$$

$\blacklozenge$

Frage 239 Wieso gilt $(F \circ G)^* = G^* \circ F^*$ für zwei K-lineare Abbildungen $F, G \in \mathrm{Hom}_K(V, W)$?

Antwort: Für jede Linearform $\xi \in W^*$ hat man

$$(F \circ G)^*(\xi) = \xi \circ (F \circ G) = (\xi \circ F) \circ G = (F^*(\xi)) \circ G = G^*(F^*(\xi)) = (G^* \circ F^*)(\xi).$$

Daraus folgt $(F \circ G)^* = G^* \circ F^*$ wie gewünscht.

$\blacklozenge$

Frage 240 Sein V und W endlich-dimensionale Vektorräume mit Basen $\mathcal{B}$ und $\mathcal{C}$ und $F : V \longrightarrow W$ eine lineare Abbildung. Können Sie beweisen, dass für die Darstellungsmatrizen der folgende Zusammenhang gilt:

$$M_{\mathcal{B}^*}^{\mathcal{C}^*}(F^*) = (M_{\mathcal{C}}^{\mathcal{B}}(F))^T,$$

mit anderen Worten, dass die duale Matrix bezüglich der dualen Basen durch die transponierte Matrix beschrieben wird?

Antwort: Sei $\mathcal{B} = (v_1, \ldots, v_n)$ und $\mathcal{C} = (w_1, \ldots, w_m)$. Mit $M_{\mathcal{C}}^{\mathcal{B}}(F) = (a_{ij})$ gilt $F(v_j) = \sum_{i=1}^m a_{ij} w_i$, und durch Anwendung von w_i^* auf beide Seiten der Gleichung erhält man

$$w_i^*(F(v_j)) = a_{ij}, \quad \text{also} \quad F^*(w_i^*)(v_j) = a_{ij}. \tag{$*$}$$

Umgekehrt: Ist $M_{\mathcal{B}^*}^{\mathcal{C}^*}(F^*) = (b_{ji})$, so hat man $F^*(w_i^*) = \sum_{j=1}^n b_{ji} v_j^*$, und Einsetzen von v_j liefert

$$F^*(w_i)(v_j) = b_{ji},$$

Zusammen mit $(*)$ folgt $b_{ji} = a_{ij}$, also die Behauptung.

$\blacklozenge$

Frage 241

Können Sie zeigen:

  (i) Ist F injektiv, so ist F^* surjektiv.
  (ii) Ist F surjektiv, so ist F^* injektiv.

Antwort: (i) Sei F injektiv. Es gilt zu zeigen, dass zu jeder Linearform $\chi \in V^*$ eine Linearform $\xi \in W^*$ mit $F^*(\xi) = \xi \circ F = \chi$ existiert. Dazu zerlegen wir F in die beiden Abbildungen $F_1 : V \longrightarrow \operatorname{im} F$ und $F_2 : \operatorname{im} F \hookrightarrow W$. Wegen der Injektivität von F ist F_1 bijektiv, und daher kann man durch $\chi' := \chi \circ F_1^{-1}$ eine Linearform $\chi' : \operatorname{im} F \longrightarrow K$ definieren, für die $\chi = \chi' \circ F_1$ gilt. Um χ' auf ganz W fortzusetzen, wähle man ein Komplement U zu $\operatorname{im} F$ in W, so dass also $W = \operatorname{im} F \oplus U$ gilt, und für $w + u \in \operatorname{im} F \oplus U$ definiere man die Linearform $\xi : W \longrightarrow K$ durch $\xi(w + u) = \chi'(w)$. Für jedes $v \in V$ gilt dann $\xi(F(v)) = \chi'(F(v)) = \chi'(F_1(v)) = \chi(v)$, also $\xi \circ F = \chi$ wie gewünscht.

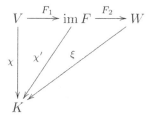

(ii) Sei $F : V \longrightarrow W$ surjektiv. Dann gibt es zu jedem $w \in W$ ein $v \in V$ mit $F(v) = w$, und aus $F^*(\xi) = F^*(\xi')$ folgt dann

$$\xi(w) = \xi(F(v)) = F^*(\xi)(v) = F^*(\xi')(v) = \xi'(F(v)) = \xi'(w).$$

Da diese Gleichung für alle $w \in W$ gilt, folgt $\xi = \xi'$, also die Injektivität von F^*. ◆

Frage 242 Können Sie zeigen, dass für eine lineare Abbildung $F : V \longrightarrow W$ zwischen endlich-dimensionalen Vektorraumen stets $\operatorname{rg} F = \operatorname{rg} F^*$ gilt?

Antwort: Man betrachte die folgende Aufspaltung von F

$$F : V \xrightarrow{F_1} \operatorname{im} F \xrightarrow{F_2} W,$$

in eine surjektive Abbildung F_1 und eine injektive Abbildung F_2. Nach Frage 239 induziert dies die duale Sequenz

$$F^* : W^* \xrightarrow{F_2^*} (\operatorname{im} F)^* \xrightarrow{F_1^*} V^*,$$

bei der nun nach Frage 241 F_2^* surjektiv und F_1^* injektiv ist. Das bedeutet, dass $(\operatorname{im} F)^*$ durch F_1^* bijektiv auf $\operatorname{im} F^*$ abgebildet wird, und daraus folgt

$$\operatorname{rg} F^* = \dim \operatorname{im} F^* = \dim(\operatorname{im} F)^* = \dim(\operatorname{im} F) = \operatorname{rg} F.$$

◆

Frage 243 Können Sie mit den Mitteln der Dualraumtheorie noch einmal einen Beweis dafür liefern, dass für jede Matrix $A \in K^{m \times n}$ Spalten- und Zeilenrang übereinstimmen?

Antwort: Sei F_A die durch A beschriebene Matrix. Mit den Antworten 240 und 242 erhält man

$$\operatorname{rg}_s A = \operatorname{rg} F_A = \operatorname{rg} F_A^* = \operatorname{rg}_s A^T = \operatorname{rg}_z A.$$

◆

Frage 244

Können Sie zeigen, dass V und V^{**} kanonisch isomorph sind?

Antwort: Für $v \in V$ definiere man die Abbildung $v^{**} : V^* \longrightarrow K$ durch $v^{**}(\xi) = \xi(v)$ für alle $\xi \in V^*$. Dann ist die Abbildung

$$\Phi : V \longrightarrow V^{**}, \qquad v \longmapsto v^{**}$$

ein Isomorphismus von Vektorräumen.

Beweis: Φ ist ein Homomorphismus, denn für alle $v, w \in V$, alle $\alpha \in K$ und alle $\xi \in V^*$ gilt

$$\Phi(v + w)(\xi) = (v + w)^{**}(\xi) = \xi(v + w) = \xi(v) + \xi(w) = v^{**}(\xi) + w^{**}(\xi)$$
$$= \Phi(v)(\xi) + \Phi(w)(\xi),$$
$$\Phi(\alpha v)(\xi) = (\alpha v)^{**}(\xi) = \xi(\alpha v) = \alpha \xi(v) = \alpha v^{**}(\xi) = \alpha \Phi(v)(\xi).$$

Daraus folgt $\Phi(v + w) = \Phi(v) + \Phi(w)$ und $\Phi(\alpha v) = \alpha \Phi(v)$, also die Linearität von Φ.

Ist $\mathcal{B} = (v_1, \ldots, v_n)$ eine Basis von V und $\mathcal{B}^* = (v_1^*, \ldots, v_n^*)$ die hierzu duale Basis, dann gilt

$$v_i^{**}(v_j^*) = v_j^*(v_i) = \delta_{ji}.$$

Also ist $\mathcal{B}^{**} = (v_1^{**}, \ldots, v_n^{**})$ die duale Basis zu $\mathcal{B}^*$. Das heißt, dass Φ Basen von V auf Basen von V^{**} abbildet und damit notwendigerweise ein Isomorphismus ist. ◆

4 Determinanten

Die Determinante ordnet jeder linearen Abbildung zwischen endlich-dimensionalen K-Vektorräumen der gleichen Dimension einen Wert aus dem Grundkörper K zu. Sie ist eine wichtige Kenngröße linearer Abbildungen. So liefert die Determinante z.B. ein *Invertierbarkeitskriterium* für quadratische Matrizen und eine Lösungsformel für lineare Gleichungssysteme (Cramer'sche Regel).

Die Determinantenabbildung besitzt für reelle Vektorräume eine anschauliche geometrische Interpretation. Sind $v_1, \ldots, v_n$ Vektoren im $\mathbb{R}^n$, so gibt $|\det(v_1, \ldots, v_n)|$ gerade das Volumen des durch diese n Vektoren aufgespannten Parallelotops im $\mathbb{R}^n$ an.

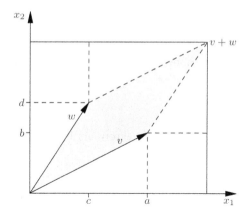

Für zwei Vektoren $v = (a, b)^T$ und $w = (c, d)^T$ bestätigt man dies etwa, indem man die von v und w eingeschlossene Fläche A elementargeometrisch berechnet. Man erhält

$$A = (a + c) \cdot (b + d) - ab - cd - 2 \cdot bc = ad - bc = \det(v_1, v_2).$$

Der Flächeninhalt beträgt genau dann null, wenn die Vektoren linear abhängig sind.

Als geometrische Kenngröße tritt die Determinante auch in der mehrdimensionalen Analysis in Erscheinung, insbesondere als *Funktionaldeterminante*, die als Maß für die infinitesimale Volumenverzerrung einer Funktion interpretiert werden kann. Damit hängt auch die Rolle der Determinante bei der *Integraltransformati-*

© Springer-Verlag GmbH Deutschland, ein Teil von Springer Nature 2019
R. Busam et al., *Prüfungstrainer Lineare Algebra*,
https://doi.org/10.1007/978-3-662-59404-9_4

onsformel zusammen. Abschließend sei auch noch die Rolle der Determinante bei der *Bestimmung der Eigenwerte einer linearen Abbildung* (s. Kapitel 5.1) erwähnt.

4.1 Alternierende Multilinearformen

Wir führen die Determinante auf $M(n,k)$ im Anschluss an Weierstraß als spezielle alternierende Multilinearform $V^n \longrightarrow K$ ein, die durch die Eigenschaft der Normiertheit eindeutig bestimmt ist.

Frage 245 Sei V ein n-dimensionaler K-Vektorraum. Was versteht man unter einer **alternierenden k-Form** (alternierende Multilinearform vom Grad k) auf V? Was ist eine **Determinantenform** auf V?

Antwort: Eine *alternierende k-Form* auf V ist eine Abbildung

$$g \colon V^k \longrightarrow K, \qquad (v_1, \ldots, v_k) \longmapsto d(v_1, \ldots, v_k),$$

die

(a) *multilinear*, d. h. linear in jeder Komponente ist, so dass also für jedes $\alpha, \alpha' \in K$ gilt

$$g(\ldots, \alpha v_i + \alpha' v_i', \ldots) = \alpha g(\ldots, v_i, \ldots) + \alpha' g(\ldots, v_i', \ldots)$$

(b) *alternierend* ist in dem Sinne, dass g verschwindet, falls zwei der k Argumente identisch sind

$$g(\ldots, v, \ldots, v, \ldots) = 0 \qquad \text{für jedes } v \in V$$

Eine n-Form auf einem n-dimensionalen Vektorraum heißt *Determinantenform*. ◆

Frage 246 Wann heißt eine k-Form auf V **schiefsymmetrisch (antisymmetrisch)**?

Antwort: Eine k-Form heißt *antisymmetrisch*, wenn die Form bei Vertauschung von zwei der k Variablen $v_1, \ldots, v_k$ ihr Vorzeichen wechselt. ◆

Frage 247 Warum sind alternierende k-Formen stets schiefsymmetrisch?

Antwort: Für eine alternierende k-Form g gilt

$$g(\ldots, v_i, \ldots, v_j, \ldots) + g(\ldots, v_j, \ldots, v_i, \ldots)$$
$$= g(\ldots, v_i + v_j, \ldots, v_i + v_j, \ldots) = 0,$$

also

$$g(\ldots, v_i, \ldots, v_j, \ldots) = -g(\ldots, v_j, \ldots, v_j, \ldots).$$

◆

Frage 248 Sei g eine alternierende k-Form und π eine Permutation aus S_k. Können Sie $g(v_{\pi(1)}, \ldots, v_{\pi(k)})$ durch $g(v_1, \ldots, v_k)$ ausdrücken?

Antwort: Es ist

$$g(v_{\pi|(1)}, \ldots, v_{\pi(k)}) = \text{sign}\,\pi \cdot g(v_1, \ldots, v_k).$$

Das folgt aus der Schiefsymmetrie von g, wenn man π als Produkt von Transpositionen (vgl. Frage 49) schreibt.

◆

Frage 249 Ist $\text{char}(K) \neq 2$, wieso ist dann jede schiefsymmetrische k-Form auch alternierend?

Antwort: Jede schiefsymmtrische k-Form ist für char $(K) \neq 2$ wegen

$$\begin{aligned}
g(\ldots, v, \ldots, v, \ldots) &= g(\ldots, \frac{1}{2}v, \ldots, v, \ldots) + g(\ldots, \frac{1}{2}v, \ldots, v, \ldots) \\
&= g(\ldots, \frac{1}{2}v, \ldots, v, \ldots) + \frac{1}{2}d(\ldots, v, \ldots, v, \ldots) \\
&= g(\ldots, \frac{1}{2}v, \ldots, v, \ldots) + g(\ldots, v, \ldots, \frac{1}{2}v, \ldots) = 0
\end{aligned}$$

auch alternierend (man beachte, dass die Division durch 2 nur für $\text{char}(K) \neq 2$ erlaubt ist).

◆

Frage 250 Können sie den folgenden Zusammenhang zeigen? Ist $f : V^k \longrightarrow K$ eine alternierende k-Form, dann ist $g(v_1, \ldots, v_k) = 0$ für jedes linear abhängige k-Tupel $(v_1, \ldots, v_k)$.

Antwort: Lässt sich v_j aus den übrigen $k-1$ Vektoren linear kombinieren, so folgt

$$g(\ldots, v_j, \ldots) = g(\ldots, \sum_{i=1, i \neq j}^{k} \alpha_i v_i, \ldots) = \sum_{i=1, i \neq j}^{k} \alpha_i g(\ldots, v_i, \ldots).$$

In jedem der $k-1$ Summanden $\alpha_i g(\ldots, v_i, \ldots)$ kommt der Vektor v_i genau zweimal als Argument von g vor. Daher verschwindet jeder Summand und somit auch $g(v_1, \ldots, v_k)$.

◆

Frage 251 Warum ist im Fall $k > n = \dim V$ jede alternierende k-Form die Nullform?

Antwort: Für $k > \dim V$ sind die k Argumente der alternierenden k-Form in jedem Fall linear abhängig. Der Zusammenhang folgt daher aus Frage 250.   ◆

Frage 252 Können Sie zeigen, dass die alternierenden k-Formen auf V einen Vektorraum $\mathrm{Alt}^k(V)$ bilden?

Antwort: Setzt man für zwei k-Formen g und f

$$(f + g)(v_1, \ldots, v_k) = f(v_1, \ldots, v_k) + g(v_1, \ldots, v_k) \qquad (*)$$
$$(\alpha f)(v_1, \ldots, v_k) = \alpha \cdot f(v_1, \ldots, v_k) \qquad (**)$$

so überprüft man leicht, dass $f + g$ und αf ebenfalls alternierende k-Formen sind. Zusammen mit den in $(*)$ und $(**)$ definierten Verknüpfungen wird die Menge der alternierenden k-Formen auf V damit zu einem Vektorraum $\mathrm{Alt}^k(V)$.   ◆

Frage 253 Welche Dimension hat $\mathrm{Alt}^k(V)$?

Antwort: Da jedes $g \in \mathrm{Alt}^k(V)$ multilinear und alternierend ist, ist g bereits eindeutig durch die $\binom{n}{k}$ Werte

$$g(e_{i_1}, e_{i_2}, \ldots, e_{i_k}) \qquad \text{mit } i_1 < i_2 < \cdots i_k,$$

festgelegt, wobei die e_{i_k} Basisvektoren aus V sind.

Aufgrund dieser Eigenschaft ist es naheliegend, eine Basis von $\mathrm{Alt}^k(V)$ zu konstruieren, indem man die Werte der Basisformen auf den n-Tupeln $(e_{i_1}, \ldots, e_{i_k})$ explizit so festlegt, dass diese linear unabhängig sind.

Das funktioniert folgendermaßen: Für jedes geordnete k-Tupel $(i_1, \ldots, i_k)$ mit $1 \leq i_j \leq n$ und $i_1 < \ldots < i_k$ definiere man die Multilinearform $d^{i_1, \ldots, i_k}$ durch

$$d^{i_1, \ldots, i_k}(e_{j_1}, \ldots, e_{j_k}) = \begin{cases} \mathrm{sign}\,\tau & \text{falls } j_1, \ldots, j_k \text{ aus einer Permutation } \tau \\ & \text{von } i_1, \ldots, i_k \text{ hervorgeht} \\ 0 & \text{sonst.} \end{cases} \qquad (*)$$

Man sieht dann leicht, dass die Multilinearformen $d^{i_1, \ldots, i_k}$ alternierend sind, durch die Vorschrift $(*)$ bereits eindeutig festgelegt sind und daher Elemente aus $\mathrm{Alt}^k(V)$ sind. Ferner sind die alternierenden k-Formen $d^{i_1, \ldots, i_k}$ linear unabhängig, denn aus

$$g = \sum_{i_1 < \cdots < i_k} a_{i_1, \ldots, i_k} d^{i_1, \ldots, i_k} = 0 \qquad (*)$$

folgt insbesondere, dass g für jedes System aus k Basisvektoren gleich null ist und daher die Koeffizienten $a_{i_1,\ldots,i_k}$ alle verschwinden.

Ferner besitzt jede alternierende k-Form g eine Darstellung der Form $(*)$. Die rechte Seite in $(*)$ hat nämlich für alle k-Tupel $(e_{j_1} \ldots, e_{j_k})$ mit $j_1 < \ldots < j_k$ dieselben Werte wie g und stimmt daher aus Linearitätsgründen für alle k-Tupel $(v_1, \ldots, v_k)$ beliebiger Vektoren aus V mit g überein.

Damit ist gezeigt, dass die $\binom{n}{k}$ alternierenden k-Formen $d^{i_1,\ldots,i_k}$ mit $i_1 < \ldots < i_k$ eine Basis von $\mathrm{Alt}^k(V)$ bilden. Es ist also

$$\dim \mathrm{Alt}^k(V) = \binom{n}{k}.$$

◆

Frage 254 Sei $(v_1, \ldots, v_n)$ eine Basis von V. Wieso gilt dann für $f, g \in \mathrm{Alt}^n(V)$

$$f(v_1, \ldots, v_n) = g(v_1, \ldots, v_n) \Longleftrightarrow f = g?$$

Antwort: Wegen $\dim \mathrm{Alt}^n(V) = 1$ ist g ein skalares Vielfaches von f, $g = \alpha f$. Aus $f(v_1, \ldots, v_n) = a$ mit $a \neq 0$ folgt also $g(v_1, \ldots, v_n) = \alpha a$. Stimmen f und g auf den Basisvektoren überein, dann ist also $\alpha = 1$ und damit $f = g$. Im Fall $a = 0$ ist f die Nullform und aus $g(v_1, \ldots, v_n) = 0$ folgt dann auch $g = 0$.

Die Umkehrung des Zusammenhangs ist trivial.   ◆

4.2 Determinanten von Matrizen und Endomorphismen

Als spezielle Multilinearform auf K^n lässt sich die Determinante zunächst für Matrizen aus $M(n, K)$ definieren, indem man $\det(A) = \det(a_1, \ldots, a_n)$ setzt, wobei $a_1, \ldots, a_n$ die Spaltenvektoren von A bezeichnen. Dies erlaubt auch unmittelbar, die Determinante für lineare Abbildungen $F \colon K^n \longrightarrow K^n$ einzuführen, etwa durch $\det(F) = (F(e_1), \ldots, F(e_n))$. Dabei ist allerdings nicht *a priori* klar, dass man dasselbe Ergebnis erhält, wenn man statt der Standardbasis eine beliebige Basis des K^n wählt. Dass dies aber tatsächlich der Fall ist, hängt damit zusammen, dass ähnliche Matrizen dieselbe Determinante besitzen.

Frage 255 Was versteht man unter der **Determinante** auf $M(n, K) \simeq (K^n)^n$?

Antwort: Die Determinante ist die (eindeutig bestimmte) alternierende *normierte* Multilinearform auf $(K^n)^n$. Dabei bedeutet die Normiertheit, dass die Determinante der Standardbasis den Wert 1 hat.

Aufgrund des Isomorphismus $M(n, K) \simeq (K^n)^n$ können wir die Determinante gleichermaßen auf Matrizen aus $M(n, K)$ anwenden wie auf k-Tupel von Vektoren aus K^n. Für $A \in K^{n \times n}$ definiere man einfach

$$\det(A) = \det(a_1, \ldots, a_n),$$

wobei $a_1, \ldots, a_n$ die Spaltenvektoren von A sind. ◆

Frage 256 Wieso ist die Determinante durch die Normiertheitsforderung eindeutig bestimmt?

Antwort: Aus Linearitätsgründen ist die Determinante durch ihre Wirkung auf die Basisvektoren bereits eindeutig festgelegt.

Oder anders: Wegen $\dim \mathrm{Alt}^k(V) = 1$ und weil $\det$ nicht die Nullform ist, ist jedes Element aus $g \in \mathrm{Alt}^k(V)$ ein Vielfaches von $\det$, also $g = \alpha \det$. Aus $g(e_1, \ldots, e_n) = 1 = \det(e_1, \ldots, e_n)$ folgt dann bereits $\alpha = 1$, also $g = \det$. ◆

Frage 257 Erläutern Sie die Existenz der Determinante im Fall $n = 1$ und $n = 2$.

Antwort: Im Fall $n = 1$ ist die Determinante gerade die identische Abbildung

$$\det(a) = a \qquad \text{für jedes } a \in K = K^{1 \times 1}.$$

Für $n = 2$ ist die Determinante durch die Abbildung

$$\Delta \colon \mathbb{R}^2 \times \mathbb{R}^2 \longrightarrow \mathbb{R}, \qquad ((a, b)^T, (c, d)^t) \longmapsto ad - bc$$

gegeben. ◆

Frage 258 Können Sie begründen, warum für eine Diagonalmatrix

$$D = \mathrm{Diag}(\alpha_1, \ldots, \alpha_n) = \begin{pmatrix} \alpha_1 & & 0 \\ & \ddots & \\ 0 & & \alpha_n \end{pmatrix}$$

gilt

$$\det(D) = \alpha_1 \cdots \alpha_n?$$

Antwort: Es ist

$$\det(D) = \det(\alpha_1 e_1, \alpha_2 e_2, \ldots, \alpha_n e_n) = \alpha_1 \cdots \alpha_n \det(e_1, \ldots, e_n) = \alpha_1 \cdots \alpha_n.$$

◆

Frage 259 Seien $A, B \in M(n, K)$. Können Sie folgende Zusammenhänge begründen?

(a) Geht B aus A durch Multiplikation einer Spalte mit einem Skalar $r \in K$ hervor, so gilt
$$\det B = r \cdot \det A.$$

(b) Entsteht B aus A durch Vertauschen von zwei Spalten, so gilt
$$\det B = -\det A.$$

(c) Entsteht B aus A durch Addition des α-fachen einer Spalte von A zu einer anderen Spalte von $A(\alpha \in K)$, so gilt
$$\det B = \det A.$$

Antwort: Mit $a_1, \ldots, a_n$ seien die Spalten von A und entsprechend mit $b_1, \ldots, b_n$ die Spalten von B bezeichnet. Man erhält

(a) $\det(B) = \det(a_1, \ldots, ra_i, \ldots, a_n) = r \cdot \det(a_1, \ldots, a_i, \ldots, a_n) = r \cdot \det(A)$.
(b) Folgt unmittelbar aus der Schiefsymmetrie von det (vgl. Frage 247).
(c) $\det(B) = \det(\ldots, a_i + \alpha a_j, \ldots, a_j, \ldots)$
$= \det(\ldots, a_i, \ldots, a_j, \ldots) + \alpha \det(\ldots, a_j, \ldots, a_j, \ldots) = \det A + 0$.

Aus diesen Formeln folgt insbesondere im Zusammenhang mit Antwort 258 für Elementarmatrizen $\Lambda \in K^{n \times n}$ die Multiplikationsformel

$$\det(\Lambda A) = \det(\Lambda) \det(A).$$

◆

Frage 260 Wieso gilt für eine obere Dreiecksmatrix

$$A := \begin{pmatrix} a_{11} & & * \\ & \ddots & \\ 0 & & a_{nn} \end{pmatrix}$$

stets

$$\det(A) = a_{11} \cdots a_{nn}?$$

Antwort: Durch wiederholte Addition eines Vielfachen einer Spalte zu einer anderen lässt sich A auf Diagonalform

$$A' = \mathrm{Diag}(a_{11}, \ldots, a_{nn})$$

bringen. Nach Antwort 259 (c) und 258 gilt

$$\det(A) = \det(A') = a_{11} \cdots a_{nn}.$$

$\blacklozenge$

Frage 261 Wieso gilt für $A \in K^{n \times n}$

$$\mathrm{rg}(A) = n \quad \text{d.h., } A \text{ ist invertierbar} \iff \det A \neq 0?$$

Antwort: Wenn $\mathrm{rg}\, A < n$ ist, dann kann man durch elementare Spaltenumformungen, die $\det A$ nicht ändern, eine Nullspalte erzeugen. Also ist in diesem Fall $\det A = 0$. Ist dagegen $\mathrm{rg}\, A = n$. dann kann man nur durch Spaltenumformungen eine obere Dreiecksmatrix erzeugen, deren Diagonalelemente von null verschieden sind. Nach Frage 258 gilt dann $\det A \neq 0$.

$\blacklozenge$

Frage 262 Was besagt die Cramer'sche Regel für ein LGS $Ax = b$ mit $A \in K^{n \times n}$, $b \in K^n$ und $\det A \neq 0$?

Antwort: Die Cramer'sche Regel lautet:
Ist $\det A \neq 0$, so berechnet sich die i-te Komponente der eindeutig bestimmten Lösung des LGS $Ax = b$ nach der Formel

$$\boxed{x_i = \frac{\det(a_1, \ldots, a_{i-1}, b, a_{i+1}, \ldots, a_n)}{\det A}.}$$

Dabei bezeichnen $a_1, \ldots, a_n$ die Spalten von A.
Zur Herleitung der Cramer'schen Regel schreibe man das lineare Gleichungssystem $Ax = b$ in der Form

$$a_1 x_1 + \cdots + a_n x_n = b.$$

Subtraktion des Vektors b führt dann auf $a_1 x_1 + \cdots + a_n x_n - b = 0$ oder, was dasselbe ist, auf

$$a_1 x_1 + \cdots + (x_i a_i - b) + \cdots + a_n x_n = 0, \tag{$*$}$$

wobei $i \in \{1, \ldots, n\}$ beliebig gewählt werden kann. Nach Voraussetzung besitzt das Gleichungssystem $(*)$ eine nichttriviale Lösung, was bedeutet, dass die Vektoren $a_1, \ldots, x_i a_i - b, \ldots, a_n$ linear abhängig sind und daher

$$\det(a_1, \ldots, x_i a_i - b, \ldots, a_n) = 0$$

gilt. Aufgrund der Linearität der Determinante in der i-ten Komponente folgt

$$x_i \det(a_1, \ldots, a_i, \ldots, a_n) = \det(a_1, \ldots, a_{i-1}, b, a_{i+1}, \ldots, a_n). \qquad (**)$$

Nach Voraussetzung ist $\det(A) = \det(a_1, \ldots, a_n) \neq 0$, also darf in Gleichung $(**)$ durch $\det(A)$ dividiert werden, und man erhält

$$x_i = \frac{\det(a_1, \ldots, a_{i-1}, b, a_{i+1}, \ldots, a_n)}{\det A},$$

was genau die Cramer'sche Regel ist. ◆

Frage 263 Warum ist die Cramer'sche Regel im Allgemeinen nicht für die praktische Berechnung der Lösung eines LGS $Ax = b$ mit $\det A \neq 0$ geeignet? Wieso hat sie dennoch theoretische Bedeutung?

Antwort: Man muss für jede Lösungskomponente eine neue Determinante ausrechnen. Das ist wesentlich rechenaufwendiger als die Lösung mit dem Gauß-Algorithmus.

Man kann der Cramer'schen Regel allerdings entnehmen, dass die Lösungen eines LGS *stetig* von den Koeffizienten des LGS abhängen. Auf diese Weise kann man Abschätzungen für die einzelnen Lösungskomponenten gewinnen. ◆

Frage 264 Welches neue Invertierbarkeitskriterium liefert die Determinante?

Antwort: Eine Matrix $A \in K^{n \times n}$ ist genau dann invertierbar, wenn ihre Determinante $\neq 0$ ist. ◆

Frage 265 Wie lautet der **Determinantenmultiplikationssatz**? Können Sie eine Beweisskizze geben?

Antwort: *Für zwei Matrizen $A, B \in K^{n \times n}$ gilt:*

$$\det(AB) = \det A \cdot \det B.$$

Beweis: Ist $\mathrm{rg}\, A < n$ oder $\mathrm{rg}\, B < n$, so ist auch $\mathrm{rg}(AB) < n$. Der Satz gilt daher im Fall $\det(A) = 0$ oder $\det(B) = 0$.

Sei daher $A, B \in GL(n, K)$. Jede Matrix aus $GL(n, K)$ lässt sich als endliches Produkt von Elementarmatrizen schreiben. Daher genügt es sogar, den Beweis für den Fall zu führen, dass $A \in GL(n, K)$ und B eine Elementarmatrix ist. Das wurde bereits in Antwort 259 erledigt. ◆

Frage 266 Können Sie zeigen: Ist $A \in K^{n \times n}$ invertierbar, dann gilt $\det(A^{-1}) = \det(A)^{-1}$?

Antwort: Wegen $\det(A^{-1}A) = \det(E_n) = 1$ ergibt sich das unmittelbar aus dem Multiplikationssatz aus Frage 265.

$\blacklozenge$

Frage 267 Wieso haben ähnliche Matrizen die gleiche Determinante?

Antwort: Sind $A, B \in K^n$ ähnlich, so gibt es eine Matrix $S \in \mathrm{GL}(n, K)$ mit $A = S^{-1}BS$. Der Determinantenmultiplikationssatz liefert dann

$$\det(A) = \det(S)^{-1} \det(B) \det(S) = \frac{\det(S)}{\det(S)} \det(B) = \det(B).$$

$\blacklozenge$

Frage 268 Wie ist allgemein die Determinante eines Endomorphismus $f \colon V \longrightarrow V$ definiert? Wieso ist diese Definition eindeutig?

Antwort: Wird F bezüglich irgendeiner Basis F von V durch die Matrix A beschrieben, so definiert man

$$\det(F) := \det(A). \tag{$*$}$$

Hier muss natürlich noch der Nachweis erbracht werden, dass $\det(f)$ durch $(*)$ tatsächlich wohldefiniert, also unabhängig von der Wahl der speziellen Basis F ist. Sei daher F' eine weitere Basis von V, so dass f bezüglich dieser Basis durch die Matrix B beschrieben wird. Dann gilt $A = S^{-1}AS$ mit einer Matrix $S \in \mathrm{GL}(n, K)$ (d. h., A und B sind ähnlich). Wegen Frage 267 ist also $\det(A) = \det(B)$, und somit ist $\det(f)$ durch $(*)$ tatsächlich wohldefiniert.

$\blacklozenge$

Frage 269 Wie ist die Gruppe $\mathrm{SL}(n, K)$ (spezielle lineare Gruppe) definiert?

Antwort: $SL(n, K)$ ist die Gruppe der Matrizen aus $K^{n \times n}$, die die Determinante 1 haben.

Offensichtlich ist $\mathrm{SL}(n, K) \subset \mathrm{GL}(n, K)$, und der Determinantenmultiplikationssatz stellt sicher, dass es sich bei $\mathrm{SL}(n, K)$ tatsächlich um eine hinsichtlich Matrizenmultiplikation abgeschlossene Gruppe handelt.

$\blacklozenge$

Frage 270 Versuchen Sie zu begründen, warum für $A \in K^{n \times n}$ stets $\det A = \det A^T$ gilt (Transpositionsinvarianz der Determinante).

Antwort: Da Zeilen- und Spaltenrang einer Matrix stets identisch sind, gilt $\operatorname{rg} A = \operatorname{rg} A^T$. Aus $\det A = 0$ folgt daher $\det A^T = 0$ und umgekehrt. Ist aber $\det A \neq 0$, dann lässt sich A als ein Produkt von Elementarmatrizen schreiben. Da für Elementarmatrizen Δ der Zusammenhang $\det \Delta = \det \Delta^T$ gilt, wie sich leicht verifizieren lässt, folgt die Behauptung daraus mithilfe des Determinantenmultiplikationssatzes. ◆

Frage 271 Wie lautet die Leibniz'sche Formel zur Berechnung der Determinanten einer Matrix

$$A = \begin{pmatrix} a_{11} & \cdots & a_{1n} \\ \vdots & \ddots & \vdots \\ a_{n1} & \cdots & a_{nn} \end{pmatrix},$$

und wie folgt sie aus der Definition der Determinantenabbildung?

Antwort: Die Leibniz'sche Formel lautet

$$\det(A) = \sum_{\sigma \in S_n} \operatorname{sign}(\pi) a_{\pi(1),1} \cdots a_{\pi(n),n}.$$

Dabei bezeichnet sign die Signum-Abbildung, die in Abschnitt 1.3 behandelt wurde. Zum Beweis der Formel: Zunächst gilt aufgrund der Multilinearität der Determinante

$$\det(A) = \det \left(\sum_{i_1=1}^{n} a_{i_1 1} e_{i_n}, \ldots, \sum_{i_n=1}^{n} a_{i_n n} e_{i_n} \right)$$

$$= \sum_{i_1,\ldots i_n=1}^{n} a_{i_1 1} \cdots a_{i_n n} \det(e_{i_1}, \ldots, e_{i_n}).$$

Nun sind die Terme $\det(e_{i_1}, \ldots, e_{i_n})$ genau dann null, wenn zwei der Basisvektoren gleich sind, wenn also $e_{i_l} = e_{i_k}$ für bestimmte $k, l \in \{1, \ldots, n\}$ gilt. Dies ist genau dann *nicht* der Fall, wenn die Menge der Indizes $\{i_1, \ldots, i_n\}$ aus einer Permutation von $\{1, \ldots, n\}$ hervorgeht. Somit folgt

$$\det(A) = \sum_{\pi \in S_n} a_{\pi(1),1} \cdots a_{\pi(n),n} \det(e_{\pi(1)}, \ldots, e_{\pi(n)}). \qquad (*)$$

Mit Antwort 248 ergibt sich ferner

$$\det(e_{\pi(1)}, \ldots, e_{\pi(n)}) = \operatorname{sign}(\pi) \det(e_1, \ldots, e_n) = \operatorname{sign} \pi. \qquad (4.1)$$

Zusammen mit $(*)$ folgt daraus die Leibniz'sche Formel. ◆

Frage 272 Können Sie begründen, warum für $A \in M(n, K)$ gilt

$$\det(A^T) = \det(A)? \qquad (*)$$

Antwort: Die Gleichung lässt sich etwa mithilfe der Leibniz'schen Formel herleiten.

Es gilt

$$
\det(A) = \sum_{\pi \in S_n} \operatorname{sign} \pi \cdot a_{\pi(1),1} \cdots a_{\pi(n),n}
$$

$$
= \sum_{\pi \in S_n} \operatorname{sign} \pi \cdot a_{\pi(1),\pi^{-1}\circ\pi(1)} \cdots a_{\pi(n),\pi^{-1}\circ\pi(n)}
$$

$$
= \sum_{\pi \in S_n} \operatorname{sign} \pi \cdot a_{1,\pi^{-1}(1)} \cdots a_{n,\pi^{-1}(n)}
$$

$$
= \sum_{\pi \in S_n} \operatorname{sign} \pi^{-1} \cdot a_{1,\pi^{-1}(1)} \cdots a_{n,\pi^{-1}(n)}
$$

$$
= \sum_{\pi \in S_n} \operatorname{sign} \pi \cdot a_{1,\pi(1)} \cdots a_{n,\pi(n)}
$$

$$
= \det(A^T).
$$

Aus $(*)$ folgt insbesondere, dass die Determinante nicht nur linear in den Spalten von A, sondern ebenso in den Zeilen von A ist. ◆

Frage 273 Sei $A \in M(m+n, K)$ eine Blockmatrix der Gestalt

$$
A = \left(\begin{array}{c|c} B & M \\ \hline 0 & C \end{array} \right), \quad \text{mit} \quad B \in M(m, K), C \in M(n, K), M \in K^{m \times n}.
$$

Können Sie zeigen, dass $\det(A) = \det(B) \cdot \det(C)$ gilt?

Antwort: Wir können annehmen, dass B und C maximalen Rang haben. Andernfalls hat nämlich auch A keinen maximalen Rang, und die Formel gilt wegen $\det(A) = 0$ trivialerweise.

Die Formel erhält man, indem man ausnutzt, dass $\det(A)$ einerseits linear in den Spalten von B und andererseits linear in den Zeilen von C ist. Genauer: Sind $b_1, \ldots, b_m$ die Spaltenvektoren von B mit

$$
b_j = \sum_{i=1}^{m} b_{ij} e_i,
$$

so führt die lineare Entwicklung nach den Spalten von B auf

$$
\det(A) = \sum_{i_1 \ldots, i_m=1}^{m} b_{i_1,1} \cdots b_{i_m,m} \det \begin{pmatrix} E_m & M \\ 0 & C \end{pmatrix}
$$

$$
= \sum_{\pi \in S_m} \operatorname{sign} \pi \cdot b_{\pi(1),1} \cdots b_{\pi(m),m} = \det(B) \cdot \det \begin{pmatrix} E_m & M \\ 0 & C \end{pmatrix}.
$$

Entsprechend erhält man nun durch lineare Entwicklung nach den Zeilen von C die Formel

$$\begin{pmatrix} E_m & M \\ 0 & C \end{pmatrix} = \sum_{\pi \in S_n} \operatorname{sign} \pi \cdot c_{1,\pi(1)} \cdots c_{1,\pi(m)} = \det(C) \cdot \det \begin{pmatrix} E_m & M \\ 0 & E_n \end{pmatrix}$$

Da nach Frage 260 die Matrix

$$\begin{pmatrix} E_m & M \\ 0 & E_n \end{pmatrix}$$

die Determinante 1 besitzt, folgt die Behauptung. ◆

Frage 274 Für $A \in K^{n \times n}$ sei

$$A_{ij} = \begin{pmatrix} a_{11} & \cdots & a_{1,j-1} & 0 & a_{1,j+1} & \cdots & a_{1n} \\ \vdots & & \vdots & \vdots & \vdots & & \vdots \\ a_{i-1,1} & \cdots & a_{i-1,j-1} & 0 & a_{i-1,j+1} & \cdots & a_{i-1,n} \\ 0 & \cdots & 0 & 1 & 0 & \cdots & 0 \\ a_{i+1,1} & \cdots & a_{i+1,j-1} & 0 & a_{i+1,j+1} & \cdots & a_{i+1,n} \\ \vdots & & \vdots & \vdots & \vdots & & \vdots \\ a_{n1} & \cdots & a_{n,j-1} & 0 & a_{n,j+1} & \cdots & a_{n,n} \end{pmatrix}.$$

D. h., A_{ij} ist diejenige Matrix, die man aus A erhält, indem man $a_{ij} = 1$ setzt und ansonsten alle Komponenten in der i-ten Zeile und j-ten Spalte gleich null. Können Sie zeigen, dass

$$\det(A_{ij}) = (-1)^{i+j} \det(A'_{ij}) \tag{†}$$

gilt, wobie $A'_{ij} \in K^{(n-1) \times (n-1)}$ die Matrix ist, die man aus A durch Streichen der i-ten Zeile und j-ten Spalte erhält

$$A'_{ij} = \begin{pmatrix} a_{11} & \cdots & a_{1j} & \cdots & a_{1n} \\ \vdots & & \vdots & & \vdots \\ a_{i1} & \cdots & a_{ij} & \cdots & a_{in} \\ \vdots & & \vdots & & \vdots \\ a_{n1} & \cdots & a_{nj} & \cdots & a_{nn} \end{pmatrix} ?$$

Antwort: Durch $(i-1)$ Zeilen und $(j-1)$ Spaltenvertauschungen lässl sich A_{ij} auf die Form

$$\begin{pmatrix} 1 & 0 \\ 0 & A'_{ij} \end{pmatrix}$$

bringen. Wegen $(-1)^{(i-1)+(j-1)} = (-1)^{i+j}$ und Frage 273 gilt daher

$$\det(A_{ij}) = (-1)^{i+j} \det(A'_{ij}).$$

◆

Frage 275 Wie lautet der **Laplace'sche Entwicklungssatz**? Können Sie einen Beweis skizzieren?

Antwort: Der Satz lautet:
Ist $n \geq 2$ und $A \in K^{n \times n}$, so gilt für jedes $i = \{1, \dots, n\}$

$$\det(A) = \sum_{j=1}^{n} (-1)^{i+j} \cdot a_{ij} \cdot \det(A'_{ij}) \qquad (*)$$

und entsprechend für jedes $j = \{1, \dots, n\}$

$$\det(A) = \sum_{i=1}^{n} (-1)^{i+j} \cdot a_{ij} \cdot \det(A'_{ij}). \qquad (**)$$

Dabei bezeichnet A'_{ij} die in Frage 274 definierte Matrix. Die Darstellung $(*)$ bezeichnet man als Entwicklung nach der i-ten Zeile, die Darstellung $(**)$ als Entuicklung nach der j-ten Spalte.
Beweis: Sei $(a_1, \dots, a_{j-1}, e_i, a_{j+1}, \dots, a_n)$ diejenige Matrix, die man aus A erhält, indem man den i-ten Spaltenvektor durch e_i ersetzt. Obwohl dabei im Gegensatz zu A_{ij} die restlichen Spaltenvektoren unverändert bleiben, gilt trotzdem stets

$$\det(A_{ij}) = \det(a_1, \dots, a_{j-1}, e_i, a_{j+1}, \dots, a_n),$$

da sich $(a_1, \dots, a_{j-1}, e_i, a_{j+1}, \dots, a_n)$ durch Addition von Vielfachen der j-ten Spalte zu den anderen Spalten in A_{ij} umwandeln lässt. Nach Antwort 259 (c) bleibt die Determinante dabei unverändert.
   Die Gleichung $(**)$ folgt nun in Kombination mit Formel (†) aus Frage 274, indem man die j-te Spalte linear entwickelt

$$\det(A) = \sum_{i=1}^{n} a_{ij} \det(a_1, \dots, a_{j-1}, e_i, a_{j+1}, \dots, a_n) = \sum_{i=1}^{n} a_{ij} \det(A_{ij})$$

$$= \sum_{i=1}^{n} (-1)^{i+j} \cdot a_{ij} \cdot \det(A'_{ij})$$

Analog zeigt man $(*)$, indem man die i-te Zeile von A linear entwickelt.   ◆

Frage 276 Wie ist die zu $A \in K^{n \times n}$ **adjungierte Matrix** (Adjunkte) A^{ad} definiert?

Antwort: A^{ad} ist die $(n \times n)$-Matrix, deren Komponente a^{ad}_{ij} gleich der Determinante der Matrix A_{ji} aus Frage 274 ist

$$A^{\mathrm{ad}} := \left(a^{\mathrm{ad}}_{ij}\right) \begin{pmatrix} \det(A_{11}) & \ldots & \det(A_{n1}) \\ \vdots & \ddots & \vdots \\ \det(A_{1n}) & \ldots & \det(A_{nn}) \end{pmatrix} \in K^{n \times n}.$$

Man beachte die Vertauschung von Zeilen und Spalten. ◆

Frage 277 Wieso gilt

$$A^{\mathrm{ad}} \cdot A = A \cdot A^{\mathrm{ad}} = \det(A) \cdot E_n \qquad (*)$$

für jede Matrix $A \in K^{n \times n}$?

Antwort: Für die Komponente (c_{ik}) von $A^{\mathrm{ad}} \cdot A$ gilt

$$
\begin{aligned}
c_{ik} &= \sum_{j=1}^{n} a^{\mathrm{ad}}_{ij} a_{jk} = \sum_{j=1}^{n} \det(A_{ji}) a_{jk} \\
&= \sum_{j=1}^{n} a_{jk} \cdot \det(a_1, \ldots, a_{i-1}, e_j, a_{i+1}, \ldots, a_n) \qquad \text{(wie in Antwort 275)} \\
&= \det(a_1, \ldots, a_{i-1}, \sum_{j=1}^{n} a_{jk} e_j, a_{j+1}, \ldots, a_n) \\
&= \det(a_1, \ldots, a_{i-1}, a_k, a_{j+1}, \ldots, a_n) \\
&= \delta_{ik} \det(A).
\end{aligned}
$$

◆

Frage 278 Wofür ist die Gleichung $(*)$ aus Frage 277 unter anderem nützlich?

Antwort: Für $A \in \mathrm{GL}(n, K)$ folgt aus der Formel sofort eine explizite Darstellung für die inverse Matrix:

$$A^{-1} = \frac{1}{\det(A)} A^{\mathrm{ad}}$$

◆

Frage 279 Können Sie mit dem Ergebnis aus Frage 278 nochmals die Cramer'sche Formel herleiten?

Antwort: Für eine nicht-singuläre Matrix A lässt sich die eindeutig bestimmte Lösung des LGS $Ax = b$ in der Form $x = A^{-1} \cdot b$ darstellen. Nach der Antwort der vorigen Frage hat A^{-1} in der i-ten Spalte und j-ten Zeile die Komponente

$$\frac{\det(A_{ji})}{\det(A)} = \frac{\det(a_1, \ldots, a_{i-1}, e_j, a_{i+1}, \ldots, a_n)}{\det(A)}.$$

Folglich erhält man für die i-te Komponente des Lösungsvektors x

$$x_i = \sum_{j=1}^{n} b_j \frac{\det(A_{ji})}{\det(A)} = \frac{\det(a_1, \ldots, a_{i-1}, b, a_{i+1}, \ldots, a_n)}{\det(A)}.$$

Das ist die Cramer'sche Formel.   ◆

5 Normalformentheorie

Dieses Kapitel beschäftigt sich damit, die (geometrischen) Abbildungseigenschaften von Endomorphismen $F\colon V \to V$ genauer zu analysieren. Das Vorgehen besteht dabei darin, geeignete Unterräume von V aufzufinden, auf denen F eine besonders übersichtliche, einfache und klassifizierbare Struktur aufweist. Der Satz über die Jordan'sche Normalform, der am Ende dieses Kapitels behandelt wird, ist in dieser Hinsicht das allgemeinste Ergebnis. Er besagt, dass sich V stets derart in eine direkte Summe $V = \bigoplus U_i$ von sogenannten F-invarianten Unterräumen U_i (das sind Unterräume, für die $F(U_i) \subset U_i$) zerlegen lässl, dass $F|_{U_i}$ einem Abbildungstyp entspricht, der durch eine Reihe von Invarianten eindeutig charakterisiert ist.

In matrizentheoretischer Hinsicht zielt die Fragestellung auf die *Klassifikation von $n \times n$-Matrizen*. In Frage 202 wurde gezeigt, dass jede $n \times n$-Matrix A mit $\operatorname{rg} A = r$ äquivalent zu einer Matrix der Form $M_r := \begin{pmatrix} E_r & 0 \\ 0 & 0 \end{pmatrix}$ ist. Es gibt also stets Matrizen $Q, P \in \mathrm{GL}(n, K)$ mit $QAP = M_r$, woraus folgt, dass zwei $n \times n$-Matrizen genau dann äquivalent sind, wenn sie denselben Rang haben. In diesem Kapitel steht dagegen die *Ähnlichkeit* von Matrizen im Mittelpunkt. Zwei Matrizen A und B sind *ähnlich*, wenn eine Matrix $P \in \mathrm{GL}(n, K)$ mit $B = P^{-1}AP$ existiert. Die Ähnlichkeit ist eine Äquivalenzrelation, und es stellt sich die Frage, zu jeder Ähnlichkeitsklasse einen besonders einfachen und typischen Repräsentanten anzugeben. Anders formuliert: Zu einem Endomorphismus $F\colon V \longrightarrow V$ finde man eine Basis $\mathcal{B}$, so dass $M_{\mathcal{B}}^{\mathcal{B}}(f)$ einer bestimmten Normalform entspricht.

5.1 Eigenwerte und Eigenvektoren

Die kleinstmöglichen nicht-trivialen Unterräume $U \subset V$, die durch einen Endomorphismus $F\colon V \longrightarrow V$ auf sich selbst abgebildet werden, besitzen die Dimension 1. für diese gilt also $U = Kv$ mit einem Vektor $v \in V$. Auf diesen Unterräumen sind die Abbildungseigenschaften von F besonders übersichtlich, da jeder Vektor aus U durch F auf ein konstantes Vielfaches α seiner selbst abgebildet wird. Den Wert α nennt man in diesem Fall *Eigenwert* von F, den Unterraum U *Eigenraum* und jeden Vektor $v \in U$ einen *Eigenvektor zum Eigenwert α*. Besitzt V eine Zerlegung in eine direkte Summe von Eigenräumen von F, dann heißt F *diagonalisierbar*.

© Springer-Verlag GmbH Deutschland, ein Teil von Springer Nature 2019
R. Busam et al., *Prüfungstrainer Lineare Algebra*,
https://doi.org/10.1007/978-3-662-59404-9_5

Frage 280 Was versteht man unter (a) einem **Eigenvektor** (b) einem **Eigenwert**, (c) einem **Eigenraum** eines Endomorphismus $F\colon V \longrightarrow V$?

Antwort: (a) Ein Vektor $v \in V$ heißt *Eigenvektor* von F, wenn $v \neq 0$ ist und ein $\lambda \in K$ existiert, so dass gilt

$$F(v) = \lambda v.$$

Ein Eigenvektor wird durch F also auf ein skalares Vielfaches seiner selbst abgebildet. Man beachte, dass der Nullvektor nach Definition kein Eigenvektor ist.

(b) In der Situation unter (a) heißt λ *Eigenwert* von F. Man spricht dann auch als v von einem Eigenvektor zum Eigenwert λ.

(c) Ist λ Eigenwert von F, so heißt

$$\mathrm{Eig}(F, \lambda) := \{v \in V; F(v) = \lambda v\}$$

der *Eigenraum* zum Eigenwert λ. Hierbei handelt es sich tatsächlich um einen Unterraum von V, denn aus $v, w \in \mathrm{Eig}(F, \lambda)$ und $\alpha \in K$ folgt $F(v + w) = \lambda(v + w) = \lambda v + \lambda w$ sowie $F(\alpha v) = \alpha F(v) = \alpha \cdot \lambda v = \lambda(\alpha v)$, also $v + w \in \mathrm{Eig}(F, \lambda)$ und $\alpha v \in \mathrm{Eig}(F, \lambda)$. $\blacklozenge$

Frage 281 Welche Eigenwerte und Eigenvektoren besitzt die Abbildung $F\colon \mathbb{R}^2 \longrightarrow \mathbb{R}^2$ mit $(x_1, x_2) \longmapsto (x_1, -x_2)$ (Spiegelung an der x_1-Achse). Was sind die Eigenräume?

Antwort: Durch eine anschaulich-geometrische Überlegung macht man sich klar, dass jeder Vektor des Typs $(x_1, 0)$ ein Eigenvektor zum Eigenwert 1, jeder Vektor des Typs $(0, x_2)$ ein Eigenvektor zum Eigenwert -1 ist. Darüber hinaus gibt es keine weiteren Eigenvektoren. Weiter gilt $\mathrm{Eig}(F, 1) = \mathbb{R}e_1$ und $\mathrm{Eig}(F, -1) = \mathbb{R}e_2$. $\blacklozenge$

Frage 282 Wieso gilt $\mathrm{Eig}(F, 0) = \ker F$ für einen Endomorphismus $F\colon V \longrightarrow V$?

Antwort: Es ist $\mathrm{Eig}(F, 0) = \{x \in V; F(x) = 0 \cdot x\} = \{x \in V; F(x) = 0\} = \ker f$. $\blacklozenge$

Frage 283 Sei $F\colon V \longrightarrow V$ ein Endomorphismus und $A = M_{\mathcal{B}}^{\mathcal{B}}(F)$ für eine Basis $\mathcal{B}$ von V. Dann gilt: v ist ein Eigenwert von F zum Eigenwert λ genau dann, wenn der Koordinatenvektor $\kappa_{\mathcal{B}}(v) \in K^n$ ein Eigenvektor von A zum Eigenwert λ ist. Können Sie diesen Zusammenhang begründen?

Antwort: Es gilt

$$A \cdot \kappa_{\mathcal{B}}(v) = \kappa_{\mathcal{B}}(F(v)).$$

Da $\kappa_{\mathcal{B}}$ ein Homomorphismus ist, folgt daraus $A \cdot \kappa_{\mathcal{B}}(v) = \lambda \kappa_{\mathcal{B}}(v) \Longleftrightarrow F(v) = \lambda v$. Die Koordinatenabbildung ist ferner sogar ein Isomorphismus, so dass $v \neq 0$ genau dann gilt, wenn $\kappa_{\mathcal{B}}(v) \neq 0$ ist.

Eigenvektoren werden damit durch $\kappa_{\mathcal{B}}$ auf Eigenvektoren abgebildet. ◆

Frage 284 Wie sind die Eigenwerte einer Matrix $A \in K^{n \times n}$ erklärt?

Antwort: Die Eigenwerte einer Matrix $A \in K^{n \times n}$ sind die Eigenwerte der durch A beschriebenen Abbildung $F_A \colon K^n \longrightarrow K^n$ mit $F_A(x) = A \cdot x$. ◆

Frage 285 Sei $F \colon V \longrightarrow V$ ein Endomorphismus eines K-Vektorraums V sowie $\mathcal{B}$ und $\mathcal{C}$ zwei Basen von V. Wieso besitzen dann $M_{\mathcal{B}}^{\mathcal{B}}(F)$ und $M_{\mathcal{C}}^{\mathcal{C}}(F)$ dieselben Eigenwerte?

Antwort: Nach den Fragen 283 und 284 ist λ ein Eigenwert von F genau dann, wenn λ ein Eigenwert von $M_{\mathcal{B}}^{\mathcal{B}}(F)$ ist und genau dann, wenn λ ein Eigenwert von $M_{\mathcal{C}}^{\mathcal{C}}(F)$ ist. Daraus folgt die Behauptung. ◆

Frage 286 Wann heißen zwei $n \times n$-Matrizen A und B **ähnlich**? Wieso ist die Ähnlichkeit von Matrizen eine Äquivalenzrelation?

Antwort: Zwei Matrizen $A, B \in K^{n \times n}$ heißen *ähnlich*, wenn eine Matrix $P \in \mathrm{GL}(n, K)$ existiert, so dass $A = P^{-1}BP$ gilt.

Um zu zeigen, dass es sich bei der Ähnlichkeit um eine Äquivalenzrelation handelt, müssen die Eigenschaften der Reflexivität, Symmetrie und Transitivität verifiziert werden. Dazu schreiben wir $A \sim B$, um die Relation „A ist ähnlich zu B" zu bezeichnen. Zunächst gilt $A = E_n^{-1}AE_n$, also $A \sim A$, d. h., „$\sim$" ist reflexiv. Gilt $A = P^{-1}BP$, so folgt $B = Q^{-1}AQ$ mit $Q = P^{-1}$. Aus $A \sim B$ folgt also $B \sim A$. Damit ist „$\sim$" reflexiv. Sei schließlich $A \sim B$ und $B \sim C$. Dann existieren Matrizen $P, Q \in M(n, K)$ mit $A = P^{-1}BP$ und $B = Q^{-1}CQ$. Hieraus folgt $A = (PQ)^{-1}CQP = S^{-1}CS$ mit $S = QP$. Somit gilt $A \sim C$, und es folgt die Transitivität von $\sim$. Insgesamt ist damit gezeigt, dass die Ähnlichkeit von Matrizen eine Äquivalenzrelation auf der Menge der $n \times n$-Matrizen ist. ◆

Frage 287 Wieso besitzen ähnliche Matrizen dieselben Eigenwerte?

Antwort: Seien A und B ähnlich. so dass $A = P^{-1}BP$ mit einer Matrix $P \in \mathrm{GL}(n, K)$ gilt. Man betrachte die durch $F(x) = A \cdot x$ definierte Abbildung $F \colon K^n \longrightarrow K^n$. Bezüglich der Standardbasis $\mathcal{E}$ von K^n gilt dann $A = M_{\mathcal{E}}^{\mathcal{E}}(F)$. Fasst man nun P als Basiswechselmatrix auf, die $\mathcal{E}$ in eine weitere Basis $\mathcal{B}$ des K^n überführt, so gilt $B = M_{\mathcal{B}}^{\mathcal{B}}(F)$. Nach Frage 285 besitzen $M_{\mathcal{E}}^{\mathcal{E}}(F)$ und $M_{\mathcal{B}}^{\mathcal{B}}(F)$ und damit A und B dieselben Eigenwerte. ◆

Frage 288 Können Sie zeigen, dass jede $n \times n$-Matrix $A = (a_{ij})$, in der alle Zeilensummen den Wert λ haben, den Eigenwert λ und den Eigenvektor $x = (1, 1, \ldots, 1)^T$ besitzt?

Antwort: Es gilt

$$
A \cdot x = \begin{pmatrix} a_{11} + \cdots + a_{1n} \\ \cdots \\ a_{n1} + \cdots + a_{nn} \end{pmatrix} = \begin{pmatrix} \lambda \\ \vdots \\ \lambda \end{pmatrix} = \lambda \cdot x.
$$

Damit ist x ein Eigenvektor von A zum Eigenwert λ. ◆

Frage 289

Wieso ist ein System $(v_1, \ldots, v_r)$ von Eigenvektoren von F zu verschiedenen Eigenwerten $\lambda_1, \ldots, \lambda_r \in K$ stets linear unabhängig?

Antwort: Angenommen, die Eigenvektoren $v_1, \ldots, v_r$ sind linear abhängig, so dass also gilt

$$
\sum_{i=1}^{r} \alpha_x v_i = 0 \qquad \text{mit } \alpha_i \in K, \text{nicht alle } \alpha_i = 0. \tag{$*$}
$$

Man zeigt nun, dass dies bereits die lineare Abhängigkeit von $v_2, \ldots, v_r$ impliziert, woraus man induktiv $v_r = 0$ folgert, was im Widerspruch zur Voraussetzung steht, dass v_r ein Eigenvektor ist.

Man betrachte also $(*)$. Wegen $v_i \neq 0$ für alle $i = 1, \ldots, r$ gilt sogar, dass mindestens zwei der Skalare α_i in dieser Gleichung nicht verschwinden, also

$$
\alpha_j \neq 0 \qquad \text{für mindestens ein } j \in \{2, \ldots, r\}. \tag{$**$}
$$

Nun erhält man aus $(*)$ einerseits $\sum_{i=1}^{r} \lambda_1 \alpha_i v_i = 0$, andererseits

$$
\sum_{i=1}^{r} \lambda_i \alpha_i v_i = \sum_{i=1}^{r} F(\alpha_i v_i) = F\left(\sum_{i=1}^{r} \alpha_i v_i\right) = F(0) = 0.
$$

Subtraktion dieser beiden Gleichungen liefert daher

$$
\sum_{i=1}^{r} (\lambda_i - \lambda_1) \alpha_i v_i = \sum_{i=2}^{r} (\lambda_i - \lambda_1) \alpha_i v_i = 0.
$$

Da die Eigenwerte paarweise verschieden sind, ist $(\lambda_i - \lambda_1) \neq 0$ für $i = 2, \ldots, r$.

Wegen $(**)$ verschwinden damit nicht alle Koeffizienten in der rechten Summe, d. h., $v_2, \dots, v_r$ sind linear abhängig, was zu zeigen war. ◆

Frage 290 Wie viele paarweise verschiedene Eigenwerte kann ein Endomorphismus $F \colon V \longrightarrow V$ höchstens besitzen?

Antwort: Es existieren höchstens $n = \dim V$ paarweise verschiedene Eigenwerte, da die zugehörigen Eigenvektoren nach Antwort 289 linear unabhängig sind. ◆

Frage 291 Wie ist die **geometrische Vielfachheit** eines Eigenwerts erklärt?

Antwort: Die geometrische Vielfachheit eines Eigenwerts ist die Dimension des von den zugehörigen Eigenvektoren aufgespannten Unterraums.

Z. B. besitzt die identische Abbildung id: $V \longrightarrow V$ den einzigen Eigenwert $\lambda = 1$, und jedes $v \in V$ ist ein zugehöriger Eigenvektor. Die geometrische Vielfachheit des Eigenwerts 1 zur identischen Abbldung ist also gleich $n = \dim V$. ◆

Frage 292 Warum ist die Summe der Eigenräume zu verschiedenen Eigenwerten eines Endomorphismus $F \colon V \longrightarrow V$ stets direkt?

Antwort: Da Eigenvektoren zu paarweise verschiedenen Eigenvektoren stets linear unabhängig sind, kann eine Summe $\sum_{i=1}^{r} v_i$ mit $v_i \in \mathrm{Eig}(F, \lambda_i)$ auch nur dann verschwinden, wenn alle v_i gleich null sind. Das heißt nichts anderes, als dass die Summe $V' = \sum_{i=1}^{r} \mathrm{Eig}(F, \lambda_i)$ direkt ist:

$$V' = \bigoplus_{i=1}^{r} \mathrm{Eig}(F, \lambda_i).$$

◆

Frage 293 Wann heißt ein Endomorphismus $F \colon V \longrightarrow V$ eines endlichdimensionalen K-Vektorraums **diagonalisierbar**?

Antwort: F heißt *diagonalisierbar*, wenn eine Basis $\mathcal{B}$ von V existiert, so dass die beschreibende Matrix $M_{\mathcal{B}}^{\mathcal{B}}(F)$ *Diagonalform* besitzt, also wie folgt aussieht

$$M_{\mathcal{B}}^{\mathcal{B}}(F) = \begin{pmatrix} \lambda_1 & & & 0 \\ & \lambda_2 & & \\ & & \ddots & \\ 0 & & & \lambda_n \end{pmatrix}.$$

◆

Frage 294 Wie lässt sich die Diagonalisierbarkeit eines Endomorphismus $F\colon V \longrightarrow V$ im Hinblick auf seine Eigenwerte charakterisieren?

Antwort: Es gilt:
Ein Endomorphismus $F\colon V \longrightarrow V$ ist diagonalisierbar genau dann, wenn V eine Basis aus Eigenvektoren von F besitzt.
Beweis: Ist F diagonalisierbar, dann gibt es eine Basis $\mathcal{B} = (v_1, \ldots, v_n)$, so dass gilt:

$$M_{\mathcal{B}}^{\mathcal{B}}(F) = \begin{pmatrix} \lambda_1 & & & 0 \\ & \lambda_2 & & \\ & & \ddots & \\ 0 & & & \lambda_n \end{pmatrix}. \qquad (*)$$

Wegen $\kappa_{\mathcal{B}}(v_i) = e_i$ gilt dann

$$\kappa_{\mathcal{B}}(F(v_i)) = M_{\mathcal{B}}^{\mathcal{B}}(F) \cdot \kappa_{\mathcal{B}}(v_i) = \lambda_i \cdot \kappa_{\mathcal{B}}(v_i) = \kappa_{\mathcal{B}}(\lambda_i v_i).$$

Daraus folgt $F(v_i) = \lambda_i v_i$. Also ist v_i für $i = 1, \ldots, n$ ein Eigenvektor zum Eigenwert λ_i.

Ist umgekehrt $\mathcal{B} = (v_1, \ldots, v_n)$ eine Basis aus Eigenvektoren zu F mit den zugehörigen Eigenwerten $\lambda_1, \ldots, \lambda_n$. dann gilt

$$\kappa_{\mathcal{B}}(F(v_i)) = \kappa_{\mathcal{B}}(\lambda_i v_i) = \lambda_i \cdot \kappa_{\mathcal{B}}(v_i),$$

und damit besitzt $M_{\mathcal{B}}^{\mathcal{B}}(F)$ notwendigerweise die Gestalt $(*)$.   ◆

Frage 295 Der Endomorphismus $F\colon V \longrightarrow V$ besitze $n = \dim V$ paarweise verschiedene Eigenwerte. Wieso ist F dann diagonalisierbar? Gilt hiervon auch die Umkehrung?

Antwort: Existieren n paarweise verschiedene Eigenwerte, so besitzt V nach Antwort 289 eine Basis aus Eigenvektoren und ist daher nach Frage 294 diagonalisierbar.

Die Umkehrung gilt natürlich nicht. Als Gegenbeispiel betrachte man die identische Abbildung.

Diese ist diagonalisierbar (mit E_n als beschreibender Matrix), besitzt aber offensichtlich nur den einzigen Eigenwert $\lambda = 1$. ◆

Frage 296

Seien $\dim V = n < \infty$ und $\lambda_1, \ldots, \lambda_r$ die verschiedenen Eigenwerte eines Endomorphismus $F\colon V \longrightarrow V$ und $m(\lambda_j) = \dim \mathrm{Eig}(F, \lambda_j)$ die geometrische Vielfachheit eines Eigenwerts λ_j. Können Sie zeigen:

$$F \text{ diagonalisierbar} \iff n = \sum_{j=1}^{r} m(\lambda_j).$$

Antwort: Sei F diagonalisierbar. Dann existiert eine Basis aus Eigenvektoren, von denen jeder in genau einem Eigenraum $\mathrm{Eig}(F, \lambda_i)$ mit $i = 1, \ldots, r$ liegt. Da die Summe der Eigenräume direkt ist, gilt folglich

$$V = \bigoplus_{i=1}^{r} \mathrm{Eig}(F, \lambda_i),$$

und damit

$$n = \dim V = \dim \bigoplus_{i=1}^{r} \mathrm{Eig}(F, \lambda_i) = \sum_{i=1}^{r} \dim \mathrm{Eig}(F, \lambda_i) = \sum_{i=1}^{r} m(\lambda_i).$$

Umgekehrt folgt aufgrund der Direktheit der Summe der Eigenräume eben auch

$$\dim \bigoplus_{i=1}^{r} \mathrm{Eig}(F, \lambda_i) = \sum_{i=1}^{r} \dim \mathrm{Eig}(F, \lambda_i) = \sum_{i=1}^{r} m(\lambda_i) = n,$$

also

$$\bigoplus_{i=1}^{r} \mathrm{Eig}(F, \lambda_i) = V.$$

Da die Eigenräume $\mathrm{Eig}(F, \lambda_i)$ von Eigenvektoren von F aufgespannt werden, gilt dies damit auch für V. D. h., V besitzt eine Basis aus Eigenvektoren und ist daher diagonalisierbar (nach Frage 294). ◆

5.2 Das charakteristische Polynom

Nachdem im vorigen Abschnitt die Eigenschaften der Eigenwerte von Endomorphismen untersucht wurden, wird nun eine Methode behandelt, die Eigenwerte eines

Endomorphismus $F\colon V \longrightarrow V$ explizit zu bestimmen. Die Grundlage dafür bildet die Tatsache, dass λ genau dann ein Eigenwert von $F \in \text{End}(V)$ ist, wenn $F - \lambda\text{id}$ einen nichttrivialen Kern hat bzw. wenn $\det(F - \lambda\text{id}) = 0$ gilt. Durch Bestimmung derjenigen Werte $x \in K$, für die $\det(F - x\text{id}) = 0$ gilt, erhält man also sämtliche Eigenwerte von F.

Frage 297 Sei $F\colon V \longrightarrow V$ ein Endomorphismus. Können Sie der Äquivalenz der folgenden Aussagen beweisen?

  (i) λ ist Eigenwert zu F
  (ii) $\ker(\lambda\text{id} - F) \neq \{0\}$
  (iii) $\lambda\text{id} - F$ ist nicht invertierbar
  (iv) $\det(\lambda\text{id} - F) = 0$.

Antwort: Die Äquivalenz von (ii), (iii) und (iv) gehört zur Theorie linearer Abbildungen und ihrer Determinanten und wurde in den entsprechenden Kapiteln schon gezeigt.

Ist v ein Eigenvektor zum Eigenwert λ, so gilt außerdem

$$F(v) = \lambda v \Longleftrightarrow \lambda v - F(v) = \text{id}(\lambda v) - F(v) = \lambda\text{id}(v) - F(v) = (\lambda\text{id} - F)(v) = 0.$$

Daraus folgt $v \in \ker(\lambda\text{id} - F)$. Wegen $v \neq 0$ beweist das (i) $\Longleftrightarrow$ (ii).   ◆

Frage 298 Wie ist das **charakteristische Polynom** χ_F einer Matrix $A \in K^{n \times n}$ erklärt?

Antwort: Zur Berechnung von Eigenwerten ist Punkt (iv) aus Frage 297 aufschlussreich. Ist F die durch die Matrix $A = (a_{ij})$ beschriebene Abbildung $K^n \longrightarrow K^n$, so ist λ genau dann ein Eigenwert von F, wenn $\det(\lambda\text{id} - F)$ verschwindet. In diesem Fall gilt also

$$\det(\lambda E_n - A) = \sum_{\pi \in S_n} \text{sign}\,\pi \prod_{i=1}^{n} (\lambda \delta_{\pi(i),i} - a_{\pi(i),i}) = 0$$

genau dann, wenn λ ein Eigenwert zu A ist bzw. genau dann, wenn λ eine Nullstelle des Polynoms

$$\chi_A := \sum_{\pi \in S_n} \text{sign}\pi \prod_{i=1}^{n} (X \delta_{\pi(i),i} - a_{\pi(i),i}) \in K[X].$$

ist. χ_A heißt das *charakteristische Polynom* zur Matrix A.
Die Eigenwerte von F sind also genau die Nullstellen des charakteristischen Polynoms χ_A, wobei $A \in K^{n \times n}$ eine Darstellungsmalrix von F bezüglich einer Basis von V ist.

    Formal wäre es komfortabler, das charakteristische Polynom einfach durch $\det(X E_n - A)$ zu definieren. Dabei entsteht allerdings der formale Missklang, dass die Einlräge in der Matrix $X E_n - A$ keine Elemente des Körpers K, sondern des Polynomrings $K[X]$ sind, und eine Determinantentheorie für Matrizen mit Einträgen aus einem beliebigen

Ring steht uns nicht zur Verfügung. Ein leichter Ausweg aus dieser Situation besteht darin, die Elemente X nicht als Elemente des Polynom *rings* $K[X]$, sondern des zugehörigen Quotienten *körpers* $K(X)$ aufzufassen. Für diesen greift unsere Determinantentheorie, und mit dieser formalen Vereinbarung kann man $\chi_A = \det(XE - A)$ unzweideutig definieren. ◆

Frage 299 Wie ist das charakteristische Polynom χ_F eines Endomorphismus $F\colon V \longrightarrow V$ erklärt? Warum ist diese Definition basisunabhängig?

Antwort: Wird F bezüglich einer Basis von V durch die Matrix A beschrieben, dann setzt man

$$\chi_F := \chi_A.$$

Ist nun eine weitere Basis von V gegeben, bezüglich der F durch die $B \in K^{n \times n}$ beschrieben wird, so gilt $B = S^{-1}AS$ mit einer Matrix $S \in \mathrm{GL}(n, K)$. Wegen $XE = S^{-1} \cdot XE \cdot S$ folgt

$$\det(XE - B) = \det(XE - S^{-1}AS) = \det(S^{-1}(XE - A)S)$$
$$= \det S^{-1} \cdot \det(XE - A) \cdot \det S = \det(XE - A).$$

Daraus folgt, dass χ_F basisunabhängig ist. Eine äquivalente Formulierung dieses Ergebnisses lautet, dass ähnliche Matrizen dasselbe charakteristische Polynom haben. ◆

Frage 300 Was versteht man unter der **Spur** einer Matrix $A \in K^{n \times n}$?

Antwort: Die **Spur von** A ist die Summe der Diagonalelemente der Matrix A

$$\mathrm{Spur}(A) = \sum_{i=1}^{n} a_{ii}.$$

◆

Frage 301 Warum besitzen ähnliche Matrizen diselbe Spur?

Antwort: Man betrachte die Darstellung des charakteristischen Polynoms aus Antwort 298 mittels der Leibniz'schen Formel. Diese lässt sich schreiben als Summe

$$\chi_A = \prod_{i=1}^{n}(X - a_{ii}) + \sum_{\substack{\pi \in S_n \\ \pi \neq \mathrm{id}}} \prod_{i=1}^{n}(X\delta_{\pi(i),i} - \alpha_{\pi(i),i})$$

$$= X^n - \underbrace{(a_{11} + \cdots + a_{nn})}_{=\mathrm{spur}(A)}X^{n-1} + c_2 X^{n-2} + \cdots + \sum_{\substack{\pi \in S_n \\ \pi \neq \mathrm{id}}} \prod_{i=1}^{n}(X\delta_{\pi(i),i} - a_{\pi(i),i}).$$

Die rechte Summe stellt ein Polynom vom Grad $\leq n - 2$ dar, da für $\pi \neq \text{id}$ mindestens zwei Komponenten $T\delta_{\pi(i),i}$ verschwinden. Da ähnliche Matrizen nach Frage 299 dasselbe charakteristische Polynom besitzen, folgt durch Koeffizientenvergleich, dass sie auch dieselbe Spur haben. ◆

Frage 302 Sei $\dim V = 2$ und $F \in \text{End}(V)$. Wieso gilt

$$\chi_F(X) = X^2 - \text{Spur}(F) \cdot X + \det(F)?$$

Antwort: Sei $A = \begin{pmatrix} a & b \\ c & d \end{pmatrix}$ eine Darstellungsmatrix von F. Dann gilt

$$\chi_F = \det \begin{pmatrix} X - a & b \\ c & X - d \end{pmatrix} = (X - a)(X - d) - bc$$
$$= X^2 - (a + d)X + ab - bc = X^2 - \text{Spur}(F) + \det(F).$$

◆

Frage 303 Warum tritt jedes normierte Polynom als charakteristisches Polynom eines geeigneten Endomorphismus auf?

Antwort: Zu $p(X) := X^n + c_{n-1}X^{n-1} + \cdots + c_1 X + c_0$ betrachte man die Matrix (die sogenannte *Begleitmatrix*)

$$A = \begin{pmatrix} 0 & & & \cdots & -c_0 \\ 1 & 0 & & \cdots & -c_1 \\ 0 & 1 & 0 & \cdots & -c_2 \\ \vdots & & \ddots & \ddots & \vdots \\ 0 & & & 1 & -c_{n-1} \end{pmatrix}.$$

Wir zeigen, dass dann $\chi_A = p$ gilt, was die Frage beantwortet.
Der Beweis erfolgt über Induktion nach $n = \deg(p)$. Für $n = 1$ ist der Zusammenhang klar. Sei sie für Polynome vom Grad $n-1$ also bereits gezeigt. Dann liefert Entwicklung nach der ersten Zeile

$$\det(XE_n - A) = \begin{pmatrix} X & & & & c_0 \\ -1 & X & & & c_1 \\ & -1 & X & & c_2 \\ & & \ddots & \ddots & \vdots \\ & & & -1 & X + c_{n-1} \end{pmatrix}$$

$$= X \cdot \det \begin{pmatrix} X & & & c_1 \\ -1 & X & & c_2 \\ & \ddots & \ddots & \vdots \\ & & -1 & X + c_{n-1} \end{pmatrix} + (-1)^{n-1} c_0 \cdot \det \begin{pmatrix} -1 & X & & \\ & -1 & X & \\ & & \ddots & \ddots \\ & & & -1 \end{pmatrix}$$

Der erste Summand ist gleich $X \cdot (X^{n-1} + c_{n-1}X^{n-2} + \cdots + c_1)$ gemäß der Induktionsvoraussetzung, und für den letzten ergibt sich $(-1)^{n-1} \cdot c_0 \cdot (-1)^{n-1} = c_0$, also hat man insgesamt

$$\chi_A = \det(XE - A) = X^n + c_{n-1}X^{n-1} + \cdots + c_0 = p(X),$$

was zu zeigen war. ◆

Frage 304 Wie ist die **algebraische Vielfachheit** eines Eigenwerts definiert?

Antwort: Ist λ ein Eigenwert des Endomorphismus F, so ist die *algebraische Vielfachheit* $\mu_F(\lambda)$ von λ gleich der Vielfachheit von λ als Nullstelle des charakteristischen Polynoms χ_F.

Es ist $\mu(\lambda) = r$ also genau dann, wenn χ_F eine Darstellung

$$\chi_F = (X - \lambda)^r \cdot p(X)$$

mit einem Polynom $p(X)$ besitzt, welches keine Nullstelle für $X = \lambda$ hat. ◆

Frage 305 Wieso ist die geometrische Vielfachheit eines Eigenwerts stets kleiner oder gleich seiner algebraischen Vielfachheit?

Antwort: Sei λ ein Eigenwert zu F und sei $s := m(\lambda) = \dim \mathrm{Eig}(F, \lambda)$. Man wähle eine Basis $(v_1, \ldots, v_s)$ von $\mathrm{Eig}(F, \lambda)$ und ergänze diese zu einer Basis $\mathcal{B} = (v_1, \ldots, v_s, v_{s+1}, \ldots, v_n)$ von V. Es gilt dann

$$M_{\mathcal{B}}^{\mathcal{B}}(F) = \left(\begin{array}{ccc|c} \lambda & & & \\ & \ddots & & * \\ & & \lambda & \\ \hline & 0 & & A' \end{array} \right) \begin{array}{l} \left.\rule{0pt}{24pt}\right\} s \\ \left.\rule{0pt}{24pt}\right\} n-s \end{array} .$$

Folglich gilt $\chi_F = (X - \lambda)^s \cdot p(X)$ mit einem Polynom p vom Grad $n - s$. Die Vielfachheit von λ als Nullstelle von χ_F ist damit mindestens gleich s bzw. es gilt also $\mu(\lambda) \geq m(\lambda)$, was zu zeigen war.

Dass hier im Allgemeinen kein Gleichheitszeichen steht, zeigt das Beispiel

$$A = \begin{pmatrix} 1 & 1 \\ -1 & 3 \end{pmatrix}.$$

Das charakteristische Polynom

$$\chi_A(X) = (X - 1)(X - 3) + 1 = (X - 2)^2$$

besitzt eine zweifache Nullstelle bei 2, aber das Gleichungssystem

$$a + b = 2a$$
$$-a + 3b = 2b$$

besitzt nur den eindimensionalen Lösungsraum $\lambda(1, 1)^T$.   ◆

Frage 306 Sei $A = \begin{pmatrix} 1 & 1 \\ 0 & 1 \end{pmatrix}$. Wie lautet χ_A? Was ist die geometrische, was die algebraische Vielfachheit des Eigenwerts 1? Ist A diagonalisierbar?

Antwort: Es ist $\chi_A(X) = (X - 1)^2$ und somit $\mu(1) = 2$. Da aber das Gleichungssystem

$$a + b = a$$
$$b = b$$

nur den eindimensionalen Lösungsraum $K \cdot (1, 0)^T$ besitzt, gilt für die algebraische Vielfachheit $m(1) = 1$. Damit ist A auch nicht diagonalisierbar, da ja andernfalls eine Basis aus Eigenvektoren (zum einzigen Eigenwert 1) existieren müsste.   ◆

Frage 307 Sei V ein n-dimensionaler K-Vektorraum und $F \in \text{End}(V)$. Wieso ist F genau dann diagonalisierbar, wenn

$$\chi_F(X) = \prod_{i=1}^{k}(X - \lambda_i)^{e_i}$$

mit $\lambda_j \in K$ sowie

$$e_i = m(\lambda_i) = \mu(\lambda_i)$$

gilt?

Antwort: Unter den gegebenen Bedingungen gilt

$$\sum_{x=1}^{s} m(\lambda_i) = \sum_{i=1}^{s} \mu(\lambda_i) = n,$$

und damit ist F diagonalisierbar nach Antwort 296. $\qquad\qquad$ ◆

Frage 308 Wann heißt ein Endomorphismus $F\colon V \longrightarrow V$ eines K-Vektorraums V **trigonalisierbar**?

Antwort: F heißt *trigonalisierbar*, wenn eine Basis von $\mathcal{B}$ von V existiert, so dass $M_{\mathcal{B}}^{\mathcal{B}}$ eine obere Dreiecksmatrix ist, also folgende Gestalt besitzt:

$$M_{\mathcal{B}}^{\mathcal{B}} = \begin{pmatrix} a_{11} & & & * \\ & a_{22} & & \\ & & \ddots & \\ 0 & & & a_{nn} \end{pmatrix}.$$

$\qquad\qquad$ ◆

Frage 309 Warum ist $F\colon V \longrightarrow V$ genau dann trigonalisierbar, wenn χ_F über K In Linearfaktoren zerfällt?

Antwort: Ist F trigonalisierbar, existiert also eine Basis $\mathcal{B}$, so dass $M_{\mathcal{B}}^{\mathcal{B}} =: A = (a_{ij})$ eine obere Dreiecksmatrix ist, so gilt $\chi_F = \chi_A = \prod_{i=1}^{n}(X - a_{ii})$, also zerfällt χ_F vollsländig in Linearfaktoren.

Die andere Richtung zeigt man mit vollständiger Induktion über $n = \dim V$. Für $n = 1$ ist nichts zu zeigen. Sei also die Behauptung für Vektorräume der Dimension $n - 1$ schon gezeigt. Für das charakteristische Polynom von $F\colon V \longrightarrow V$ gelte

$$\chi_F = \prod_{i=1}^{n}(X - \lambda_i)$$

für $\lambda_i \in K$. Man wähle einen Eigenvektor v_1 zu λ_1 und ergänze diesen zu einer Basis $\mathcal{B} = (v_1, w_2, \dots, w_n)$ von V. Dann gilt

$$M_{\mathcal{B}}^{\mathcal{B}}(F) = \begin{pmatrix} \lambda_1 & a_{11} & \cdots & a_{1n} \\ 0 & & & \\ \vdots & & B & \\ 0 & & & \end{pmatrix}.$$

Die Matrix B ist nun eine Darstellungsmatrix eines Endomorphismus $V' \longrightarrow V'$ mil $\dim V' = n - 1$. Nach der Induktionsvoraussetzung existiert eine Basis $\mathcal{B}' = (w_1', \dots, w_{n-1}')$ von V', bezüglich der B trigonalisierbar ist. Die Vekoren w_i' betten wir nun mit der Abbildung $F\colon V' \longrightarrow V$ in V ein, die sich wie in dem unten stehenden Diagramm zusammensetzt

$$
\begin{array}{ccc}
V' & \xrightarrow{\ F\ } & V \\
{\scriptstyle \kappa_{\mathcal{B}'}}\downarrow & & \downarrow{\scriptstyle \kappa_{B}} \\
K^{n-1} & \xrightarrow[\ G\ ]{} & K^{n},
\end{array}
$$

bei dem G die kanonische Einbettung ist, die einen Vektor $(x_1,\ldots,x_n)^T \in K^{n-1}$ auf $(0, x_1,\ldots,x_n)^T$ abbildet. Damit ist dann $(v_1, F(w_1'),\ldots,F(w_n'))$ ebenfalls eine Basis von V, und bezüglich dieser wird F durch eine Diagonalmatrix beschrieben.   ◆

Frage 310 Wann heißt ein Endomophismus $F\colon V \longrightarrow V$ **nilpotent**? Nennen Sie weitere zu dieser Definition äqulvalente Bedingungen.

Antwort: Man nennt einen Endomorphismus $F\colon V \longrightarrow V$ *nilpotent*, wenn $F^k = 0$ für ein $k \in \mathbb{N}$ gilt.
Für $F \in \mathrm{End}(V)$ und $n = \dim V$ sind die folgenden Aussagen äquivalent

 (i)   *F ist nilpotent*
 (ii) *$F^\ell = 0$ für ein ℓ mit $1 \le \ell \le n$*
 (iii) *$\chi_F = \pm X^n$*
 (iv) *Es gibt eine Basis $\mathcal{B}$ von V, so dass*

$$
M_{\mathcal{B}}^{\mathcal{B}}(F) = \begin{pmatrix} 0 & & * \\ & \ddots & \\ 0 & & 0 \end{pmatrix}
$$

Beweis: (i) $\Longrightarrow$ (ii) Aus $F^k = 0$ und $F^{k-1} \neq 0$ folgt

$$
\{0\} = \mathrm{im}F^k \subsetneqq \mathrm{im}\ F^{k-1} \subsetneqq \ldots \subsetneqq \mathrm{im}\ F \subsetneqq V. \tag{$*$}
$$

Denn andernfalls würde $\mathrm{im}\ F^j = F(\mathrm{im}\ F^{j-1}) = \mathrm{im}F^{j-1}$ für ein $j < k$ gelten, und daraus folgte dann

$$
\mathrm{im}\ F^{j+1} = F(\mathrm{im}\ F^j) = F(\mathrm{im}\ F^{j-1}) = \mathrm{im}\ F^{j-1}
$$

und schließlich $\mathrm{im}\ F^m = \mathrm{im}\ F^{j-1} \neq 0$ für alle $m \ge j-1$, im Widerspruch zur Voraussetzung. Die Kette in $(*)$ besteht (ausschließlich V) also aus höchstens $n = \dim V$ Gliedern.

 (ii) $\Longrightarrow$ (iii) $F^\ell = 0$ impliziert, dass 0 der einzige Eigenwert ist. Wäre $\lambda \neq 0$ ein anderer Eigenwert und v ein zugehöriger Eigenvektor, dann würde ja $F^\ell(v) = \lambda^\ell v \neq 0$ gelten. Es folgt, dass das charakteristische Polynom die Form $\chi_F = \pm X^n$ haben muss.

 (iii) $\Longrightarrow$ (iv) Nach Antwort 309 ist F trigonalisierbar. Die entsprechende Dreiecksmatrix muss dann die spezielle Gestalt haben.

 (iv) $\Longrightarrow$ (i) In der Matrix $A = (a_{ij})$ gilt $a_{ij} = 0$ für alle Paare (i,j) mit $j \le i$. Für die Einträge c_{ij} der Matrix A^2 gilt daher

$$c_{ij} = \sum_{\ell=1} a_{i\ell}a_{\ell j} = \sum_{i<\ell<j} a_{i\ell}a_{\ell j}.$$

d. h., es ist $c_{ij} = 0$ für alle Paare von Indizes (i, j) mit $j \leq i + 1$. Induktiv ergibt sich mit diesem Argument, dass für die Einträge d_{ij} der Matrix A^n gelten muss: $d_{ij} = 0$ für alle Paare (i, j) mit $j \leq i + n - 1$, woraus wegen $1 \leq i, j \leq n$ dann folgt, dass alle Einträge in A^n verschwinden. ◆

5.3 Einsetzen von Matrizen und Endomorphismen in Polynome

Um das Abbildungsverhalten eines Endomorphismus $F \colon V \longrightarrow V$ zu analysieren, müssen systematisch die Potenzen F^i untersucht werden. Das spielt vor allem dann eine Rolle, wenn es um das Auffinden F-invarianter Unterräume von V geht.

Frage 311 Wie sind für $F \in \mathrm{End}(V)$ bzw. $A \in M(n, K)$ die **Einsetzungshomomorphismen**

$$\Phi_F \colon K[X] \longrightarrow \mathrm{End}(V) \quad \text{bzw.} \quad \Phi_A \colon K[X] \longrightarrow M(n, K)$$

definiert?

Antwort: Für ein Polyom $p(X) = \sum_{i=0}^{r} \alpha_i X^i$ aus $K[X]$ ist $\Phi_F(p)$ derjenige Endomorphismus $V \longrightarrow V$, den man durch formales Einsetzen von F für X in p erhält, analog für $\Phi_A(p)$. Es gilt also

$$\Phi_F(p) = p(F) = \sum_{x=0}^{r} \alpha_i F^i \quad \text{bzw.} \quad \Phi_A(p) = p(A) = \sum_{i=0}^{r} \alpha_i A^i.$$

Dabei sind die Potenzen F^i und A^i wie üblich rekursiv definiert durch

$$F^0 = \mathrm{id}, F^{i+1} = F \circ F^i, \quad A^0 = E_n, A^{i+1} = A \cdot A^i.$$

◆

Frage 312 Können Sie zeigen, dass es sich bei dem Einsetzungshomomorphismus Φ_F um einen Homomorphismus von Ringen handelt?

Antwort: Seien $p, q \in K[X]$ mit $p(X) = \sum_{i \in \mathbb{N}} \alpha_x X^i$ und $q(X) = \sum_{i \in \mathbb{N}} \beta_i X^i$ wobei nur endlich viele der Koeffizienten α_i, β_i nicht verschwinden. Dann gilt

$$(p+q)(F) = \sum_{i \in \mathbb{N}} (\alpha_i + \beta_i) F^i = \sum_{i \in \mathbb{N}} \alpha_i F^i + \sum_{i \in \mathbb{N}} \beta_i F^i = p(F) + q(F)$$

$$(\lambda p)(F) = \sum_{i \in \mathbb{N}} \lambda \alpha_i F^i = \lambda \sum_{i \in \mathbb{N}} \alpha_i F^i = \lambda \cdot p(F).$$

Es folgt $\Phi_F(p+q) = \Phi_F(p) + \Phi_F(q)$ und $\Phi_F(\lambda p) = \lambda \Phi_F(p)$. Damit respektiert Φ_F die Vektorraumstrukturen von $K[X]$ und $\mathrm{End}(V)$. Da für Endomorphismen F, G der Zusammenhang $\alpha F \circ \beta G = \alpha\beta \cdot F \circ G$ gilt, folgt außerdem

$$p(F) \circ q(F) = p(F) \circ \sum_{j \in \mathbb{N}} \beta_j F^j = \sum_{j \in \mathbb{N}} \beta_j \cdot p(F) \circ F^j$$

$$= \sum_{j \in \mathbb{N}} \beta_j \sum_{i \in \mathbb{N}} \alpha_i \cdot F^i \circ F^j = \sum_{i \in \mathbb{N}} \sum_{j \in \mathbb{N}} \alpha_i \beta_j F^{i+j} = (p \cdot q)(F).$$

Es gilt also $\Phi_F(p \cdot q) = \Phi_F(p) \circ \Phi_F(q)$. Die Abbildung Φ_F respektiert damit auch die Strukturen von $K[X]$ und $\mathrm{End}(V)$ als Halbgruppen bezüglich der Multiplikation von Polynomen bzw. der Verkettung von Endomorphismen. Φ_F ist also in der Tat ein Homomorphismus von Ringen.   ◆

Frage 313   Wieso gilt $\Phi_F(p) \circ \Phi_F(q) = \Phi_F(q) \circ \Phi_F(p)$?

Antwort: Da die Multiplikation von Polynomen in $K[X]$ kommutativ ist, folgt aus dem zweiten Teil von Frage 312

$$\Phi_F(p) \circ \Phi_F(q) = \Phi_F(p \cdot q) = \Phi_F(q \cdot p) = \Phi_F(q) \circ \Phi_F(p).$$

◆

Frage 314   Können Sie $M_{\mathcal{B}}^{\mathcal{B}}(p(F)) = p(M_{\mathcal{B}}^{\mathcal{B}}(F))$ zeigen?

Antwort: Nach Frage 176 gilt für $F, G \in \mathrm{End}(V)$ der Zusammenhang $M_{\mathcal{B}}^{\mathcal{B}}(F \circ G) = M_{\mathcal{B}}^{\mathcal{B}}(F) \cdot M_{\mathcal{B}}^{\mathcal{B}}(G)$, und daraus folgt $M_{\mathcal{B}}^{\mathcal{B}}(F^i) = (M_{\mathcal{B}}^{\mathcal{B}}(F))^i$. Mit $p = \sum_{i=1}^{r} \alpha_i X^i$ gilt also

$$p(M_{\mathcal{B}}^{\mathcal{B}}(F)) = \sum_{i=1}^{r} \alpha_i (M_{\mathcal{B}}^{\mathcal{B}}(F))^i = \sum_{i=1}^{r} \alpha_i M_{\mathcal{B}}^{\mathcal{B}}(F^i)$$

$$= \sum_{i=1}^{r} M_{\mathcal{B}}^{\mathcal{B}}(a_i F^i) = M_{\mathcal{B}}^{\mathcal{B}} \left(\sum_{i=1}^{r} \alpha_i F^i \right) = M_{\mathcal{B}}^{\mathcal{B}}(p(F)).$$

◆

Frage 315 Wieso gibt es zu jedem Endomorphismus $F\colon V \longrightarrow V$ eines K-Vektorraums V der Dimension $n < \infty$ ein Polynom $p \neq 0$ mit $\Phi_F = p(F) = 0$?

Antwort: Der Raum $\mathrm{End}(V)$ besitzt als K-Vektorraum die Dimension n^2. Da $K[X]$ unendliche Dimension besitzt, muss der Vektorraumhomomorphismus $\Phi_F\colon K[X] \longrightarrow \mathrm{End}(V)$ einen nichttrivialen Kern haben. Konkreter und ausführlicher kann man auch wie folgt argumentieren. Sei $m = n^2 = \dim \mathrm{End}(V)$. Dann sind die $m + 1$ Endomorphismen $\mathrm{id} = F^0, F, \ldots, F^m$ linear abhängig, für geeignete $\alpha_i \in K$ gilt alos

$$\alpha_m F^m + \cdots + \alpha_1 F + \alpha_0 \mathrm{id} = 0.$$

Mit $p(X) = \sum_{i=0}^{m} \alpha_i X^i$ folgt dann $\Phi_F(p) = p(F) = 0$. Das beantwortet die Frage. ♦

Frage 316 Können Sie zeigen, dass es zu jeder 2×2-Matrix A ein Polynom p vom Grad 2 gibt, für das $p(A) = 0$ gilt?

Antwort: Sei $A = \begin{pmatrix} a & b \\ b & c \end{pmatrix}$. Man erhält $A^2 = \begin{pmatrix} a^2 + bc & ab + bd \\ ac + cd & bc + d^2 \end{pmatrix}$. Für jedes quadratische Polynom $p(X) = \alpha X^2 + \beta X + \gamma$ gilt damit

$$p(A) = \begin{pmatrix} \alpha(a^2 + bc) + \beta a + \gamma & \alpha(ab + bd) + \beta b \\ \alpha(ac + cd) + \beta c & \alpha(bc + d^2) + \beta d + \gamma \end{pmatrix}.$$

Der Ansatz $p(A) = 0$ führt auf ein lineares Gleichungssystem mit vier Gleichungen und drei Unbekannten. Der zweite und dritte Eintrag in der Matrix führen auf die Gleichungen $c(a\alpha + d\alpha + \beta) = 0$ und $b(a\alpha + d\alpha + \beta) = 0$, die linear abhängig sind. Aus ihnen ergibt sich $\beta = -\alpha a - \alpha d$. Setzt man das in den ersten und letzten Eintrag der Matrix ein, so führt das auf die beiden Gleichungen

$$\alpha a^2 + \alpha bc - \alpha a^2 - \alpha ad + \gamma = \alpha bc - \alpha ad + \gamma = 0$$
$$\alpha bc + \alpha d^2 - \alpha ad - \alpha d^2 + \gamma = \alpha bc - \alpha ad + \gamma = 0.$$

Diese Gleichungen sind dann ebenfalls linear abhängig. Man schließt daraus, dass das durch $p(A) = 0$ gegebene Gleichungssystem in drei Unbekannten einen Rang kleiner oder gleich 2 und damit nichttriviale Lösung (α, β, γ) besitzt. Mit $p = \alpha X^2 + \beta X + \gamma$ gilt also $p(A) = 0$.

Setzt man übrigens $\alpha = 1$, so erhält man $\beta = -(a + b) = -\mathrm{Spur}\, A$ und $\gamma = ad - bc = \det A$. Das führt auf das Polynom $X^2 - \mathrm{Spur}\, A \cdot X + \det A$, welches gerade das charakteristische Polynom von A ist. ♦

Frage 317 Ist λ ein Eigenwert zu $F \in \mathrm{End}(V)$ und $p \in K[X]$, dann ist $p(\lambda)$ ein Eigenwert von $p(F)$. Können Sie diese Aussage begründen?

Antwort: Ist v ein Eigenvektor zu λ, dann gilt $F(v) = \lambda v$ und somit $F^i(v) = \lambda^i v$. Mit $p(X) = \sum_{i=0}^{r} \alpha_i X^i$ gilt also

$$p(F)(v) = \sum_{i=0}^{r} \alpha_i F^i(v) = \sum_{i=0}^{r} \alpha_i \lambda^i \cdot v = p(\lambda) \cdot v.$$

Damit ist v ein Eigenvektor von $p(F)$ zum Eigenwert $p(\lambda)$. Das beantwortet die Frage.
♦

Frage 318 Was ist das **Minimalpolynom** eines Endomorphismus $F: V \longrightarrow V$ eines endlich-dimensionalen Vektorraums V?

Antwort: Das *Minimalpolynom* $p_F \in K[X]$ ist durch die folgenden beiden Eigenschaften ausgezeichnet:

   (i)   Es gilt $p_F(F) = 0$.
  (ii) p_F ist normiert, $p_F = X^r + \cdots$.
 (iii) Für jedes Polynom $q \in K[X]$ mit $q(F) = 0$ gilt $p_F | q$.

Die Existenz des Minimalpolynoms folgt aus der Tatsache, dass die Menge

$$\mathscr{I}_F := \{ q \in K[X]; F(q) = 0 \} \subset K[X]$$

ein Ideal im Hauptidealring $K[X]$ ist und daher von einem $p \in K[X]$ erzeugt wird, so dass also für jedes $q \in \mathscr{I}_F$ ein $r \in K[X]$ existiert mit $q = rp$. Damit erfüllt p die Eigenschaft (iii), und durch Normierung von p erhält man daraus p_F.
♦

Frage 319

Was besagt der *Satz von Cayley/Hamilton*? Wie kann man ihn beweisen?

Antwort: Der Satz von Cayley-Hamilton lautet:
Das Minimalpolynom eines Endomorphismus $F: V \longrightarrow V$ ist stets ein Teiler des charakteristischen Polynoms. Insbesondere gilt $\chi_F(F) = 0$ und $\deg p_F \leq \deg \chi_F$.
Beweis: Zunächst ist es sinnvoll, das Problem in ein matrizentheoretisches zu übersetzen, d. h. die zur Behauptung äquivalente Gleichung

$$\chi_A(A) = 0,$$

zu zeigen, bei der A eine Matrix aus $K^{n \times n}$ bezeichnet.
    Man betrachte dazu die Matrix $(EX - A)$. Diese kann man gemäß der Bemerkung aus Frage 298 als Element von $K(X)^{n \times n}$ auffassen, wobei $K(X)$ den Quotientenkörper von $K[X]$ bezeichnet. Nach der Formel aus Frage 277 erhält man

$$(XE - A)^{\text{ad}} \cdot (XE - A) = \det(XE - A) \cdot E = \chi_A(X) \cdot E. \qquad (*)$$

Diese Gleichung gilt zunächst in $K(X)^{n \times n}$ sie bleibt aber auch noch in $K[X]^{n \times n}$ gültig, da aufgrund der Definition der adjungierten Matrix auch $(XE - A)^{\text{ad}}$ zu $K[X]^{n \times n}$ gehört.

Das ist der erste wesentliche Schritt im Beweis. Der zweite erfordert einen kleinen begrifflichen Exkurs. Ausgangspunkt ist die Beobachtung, dass – wie man sich leicht klarmacht – jede Matrix $C \in K[X]^{n \times n}$ sich eindeutig in der Form

$$C = \sum_{i \in \mathbb{N}} C_i (X \cdot E)^i, \qquad C_i \in K^{n \times n}$$

schreiben lässt, wobei natürlich $C_i = 0$ für fast alle i gilt. Damit kann man – wenn man statt $X \cdot E$ einfach X schreibt – den Matrizenring $K[X]^{n \times n}$ mit dem Polynomring $K^{n \times n}[X]$ identifizieren. Dieser lässt sich analog zu den Polynomringen über kommutativen Ringen auch für den nicht-kommutativen Ring $K^{n \times n}$ definieren. Allerdings ist dann zu beachten, dass die Einsetzungsabbildung

$$F_A \colon K^{n \times n}[X] \longrightarrow K^{n \times n}, \qquad \sum_{i \in \mathbb{N}} C_i X^i \longmapsto \sum_{i \in \mathbb{N}} C_i A^i$$

für $A \in K^{n \times n}$ im Allgemeinen kein Homomorphismus von Ringen mehr ist, da A im Gegensatz zu X in der Regel nicht mit allen Elementen aus $K^{n \times n}$ kommutiert. Dieses Defizit kommt beim weiteren Beweis allerdings nicht zu Tragen.

Nach diesen Vorbereitungen kann man zum eigentlichen Beweis und der Formel $(*)$ zurück, nun aber ausgestattet mit der zusätzlichen Erkenntnis, dass man die Matrix $(XE - A)$ und ihre Adjunkte und damit auch deren Produkt als Polynome in $K^{n \times n}[X]$ auffassen kann. Es ist also $(XE - A)^{\text{ad}} = \sum_{i \in \mathbb{N}} A_i X^i$ mit eindeutig bestimmten Matrizen $A_i \in K^{n \times n}$ die für fast alle i verschwinden. Setzt man das in $(*)$ ein, so folgt

$$\begin{aligned} \chi_A(X) \cdot E &= \left(\sum_{i = \in \mathbb{N}} A_i X^i \right) \cdot (XE - A) \\ &= \sum_{i \in \mathbb{N}} A_i X^{i+1} - \sum_{i \in \mathbb{N}} A_i X^i A \\ &= \sum_{i \in \mathbb{N}} A_i X^{i+1} - \sum_{i \in \mathbb{N}} A_i A X^i \\ &= \sum_{i \in \mathbb{N}} A_i X^{i+1} - A_0 A - \sum_{i \in \mathbb{N}} A_{i+1} A X^{i+1} \\ &= -A_0 A + \sum_{i \in \mathbb{N}} (A_i - A_{i+1}) X^{i+1}. \end{aligned}$$

Dieselbe Rechnung lässt sich auch dann durchführen, wenn man für X eine Matrix B einsetzt, die mit A vertauschbar ist. Insbesondere kann man für X also A einsetzen und erhält

$$\chi_A(A) \cdot E = -A_0 A + \sum_{i \in \mathbb{N}} (A_i A^{i+1} - A_{i+1} A^{i+2}) = 0,$$

da der mittlere Gleichungsterm eine Teleskopsumme ist. Es folgt $\chi_A(A) = 0$, und damit ist der Satz von Cayley-Hamilton vollständig bewiesen.   ◆

5.4 Die Jordan'sche Normalform

Ein Endomorphismus ist nur dann diagonalisierbar, wenn sein charakteristische Polynom über dem Grundkörper vollständig in Linearfaktoren zerfällt *und* die geometrische Vielfachheit jedes Eigenwerts mit der algebraischen Vielfachheit übereinstimmt. Ist die letzte Bedingung für einen Eigenwert nicht gegeben, so gilt die Zerlegung von V aus Frage 296 in eine direkte Summe aus Eigenräumen nicht mehr, selbst wenn das charakteristische Polynom vollständig in Linearfaktoren zerfällt, da die Dimensionen des entsprechenden Eigenraums in diesem Fall zu klein ist. Um auch unter diesen Bedingungen eine Zerlegung von V in F-invariante Unterräume zu bekommen, muss man demnach größere Räume in Betracht ziehen. Kandidaten dafür sind die sogenannten *Haupträume* oder *verallgemeinerten Eigenräume*.

Frage 320 Sei $F\colon V \longrightarrow V$ ein Endomorphismus eines K-Vektorraums V. Können Sie zeigen, dass eine kleinste natürliche Zahl d mit $0 < d \leq n = \dim V$ existiert, für die

$$\operatorname{im} F^{d+1} = \operatorname{im} F^d \quad \text{und} \quad \ker F^{d+1} = \ker F^d$$

gilt? Wieso gilt dann bereits $\operatorname{im} F^{d+j} = \operatorname{im} F^d$ und $\ker F^{d+j} = \ker F^d$ für alle $j \in \mathbb{N}$?

Antwort: Für jedes $k \in \mathbb{N}$ gilt $\operatorname{im} F^{k+1} \subseteq \operatorname{im} F^k$ und damit

$$n = \dim \operatorname{im} F^0 \geq \cdots \geq \dim \operatorname{im} F^k \geq \dim \operatorname{im} F^{k+1} \geq 0.$$

Da diese Folge nicht endlos absteigen kann, muss an einer frühesten Stelle $\dim \operatorname{im} F^{d+1} = \dim \operatorname{im} F^d$ und folglich $\operatorname{im} F^{d+1} = \operatorname{im} F^d$ gelten. Daraus ergibt sich $F^{d+2}(V) = F(F^{d+1}(V)) = F(F(V)) = F^{d+1}(V) = F(V)$. Induktiv erhält man daraus $F^{d+j}(V) = F^d(V)$ für alle $j \in \mathbb{N}$.

Die entsprechenden Behauptungen für den Kern von F^d folgen daraus mithilfe der Dimensionsformel unter Benutzung von $\ker F^{k+1} \supseteq \ker F^k$ für alle $k \in \mathbb{N}$.   ◆

Frage 321 Können Sie zeigen, dass mit der nach Frage 320 eindeutig bestimmten matürlichen Zahl $d = \min\{\ell \in \mathbb{N}; \operatorname{im} F^\ell = \operatorname{im} F^{l+1}\}$ gilt

$$V = \operatorname{im} F^d \oplus \ker F^d, \tag{$*$}$$

und dass die Räume $\operatorname{im} F^d$ und $\ker F^d$ F-invariant sind?

Antwort: Wegen $\operatorname{im} F^{d+1} = \operatorname{im} F^d$ bzw. $\ker F^{d+1} = \ker F^d$ erhält man

$$v \in \operatorname{im} F^d \Longrightarrow F(v) \in \operatorname{im} F^{d+1} \Longrightarrow F(v) \in \operatorname{im} F^d$$
$$v \in \ker F^d \Longrightarrow v \in \ker F^{d+1} \Longrightarrow F^{d+1}(v) = F^d(F(v)) = 0 \Longrightarrow F(v) \in \ker F^d.$$

Das zeigt die F-Invarianz der Räume im F^d und $\ker F^d$.

Um $(*)$ zu zeigen, sei $v \in \operatorname{im} F^d \cap \ker F^d$. Dann gilt $v = F^d(w)$ für ein $w \in V$ sowie $F^d(v) = F^{2d}(w) = 0$ und folglich $w \in \ker F^{2d} = \ker F^d$. Damit hat man $v = F(w) = 0$. Somit ist die Summe im $F^d + \ker F^d$ direkt. Die Gleichung $(*)$ ergibt sich daraus mithilfe der Dimensionsformel. ◆

Frage 322 Sei $G \colon V \longrightarrow V$ ein Endomorphismus, dessen charakteristisches Polynom die Gestalt

$$\chi_G(X) = (X - \lambda)^m \cdot (X - \lambda_2)^{m_2} \cdots (X - \lambda_r)^{m_r}$$

mit paarweise verschiedenen Eigenwerten $\lambda, \lambda_1, \ldots, \lambda_r$ besitzt. Können Sie zeigen, dass für die Abbildung $F := G - \lambda \operatorname{id}$ und die nach Frage 320 eindeutig bestimmten Zahl

$$d := \min\{\ell \in \mathbb{N}; \operatorname{im} F^\ell = \operatorname{im} F^{\ell+1}\} = \min\{\ell \in \mathbb{N}; \ker F^\ell = \ker F^{\ell+1}\}$$

die folgenden Behauptungen zutreffen?

(i) Die Einschränkung von F auf im F^d ist injektiv.
(ii) Es gilt $\chi_{G|\ker F^d} = (X - \lambda)^m$.
(iii) $\dim \ker F^d = m$ und $d \leq m$.

Antwort: (i) Sei $v \in \operatorname{im} F^d$, also $v = F^d(w)$ für ein $w \in V$. Dann gilt

$$F(v) = 0 \Longrightarrow F(F^d(w)) = 0 \Longrightarrow w \in \ker F^{d+1} = \ker F^d \Longrightarrow v = F^d(w) = 0.$$

Also ist $F|_{\operatorname{im} F^d} \colon V \longrightarrow V$ injektiv.

(ii) Aufgrund der Zerlegung $(*)$ aus Frage 321 gilt

$$\chi_F(X) = \chi_{F|\ker F^d}(X) \cdot \chi_{F|\operatorname{im} F^d}(X).$$

Es kann λ kein Eigenwert zu $G|_{\operatorname{im} F^d}$ sein, denn für $v = F^d(w) \in \operatorname{im} F^d$ gilt:

$$G(v) = \lambda v \Longrightarrow (F + \lambda \operatorname{id})(v) = \lambda v \Longrightarrow F^{d+1}(w) + \lambda v = \lambda v \Longrightarrow F^{d+1}(w) = 0$$
$$\Longrightarrow w \in \ker F^{d+1} = \ker F^d \Longrightarrow v = F(w) = 0.$$

Daraus folgt, dass der Faktor $(X - \lambda)^m$ ein Teiler von $\chi_{G|\ker F^d}$ sein muss. Es bleibt daher nur noch zu zeigen, dass keiner der anderen Faktoren von χ_G ein Teiler von $\chi_{F|\ker F^d}$ sein kann. Angenommen, es gilt $G(v) = (F + \lambda \operatorname{id})(v) = \lambda_i v$ für ein $i \in 2, \ldots, n$ und ein $v \in \ker F^d$ mit $v \neq 0$. Dann folgt $F(v) = (\lambda_i - \lambda) \cdot v$ und somit $(\lambda_i - \lambda)^d \cdot v = 0$, also $\lambda_i = \lambda$, im Widerspruch zur Voraussetzung.

(iii) Der erste Teil folgt unmittelbar daraus, dass das charakteristische Polynom von $G|_{\ker F^d}$ den Grand m besitzt. Für den Beweis der zweiten Behauptung beachte man, dass nach dem Satz von Cayley-Hamilton gilt:

$$\chi_{G|\ker F^d}(G|_{\ker F^d}) = (G|_{\ker F^d} - \lambda\mathrm{id})^m = 0,$$

also $(G - \lambda\mathrm{id})^m(v) = F^m(v) = 0$ für alle $v \in \ker F^d$. Daraus folgt $\ker F^d \subset \ker F^m$, also $d \le m$. ◆

Frage 323 Was versteht man unter dem **Hauptraum** oder **verallgemeinertem Eigenraum** $H(F, \lambda)$ eines Endomorphismus $F\colon V \longrightarrow V$ zum Eigenwert λ?

Antwort: Man definiert

$$H(F, \lambda) := \ker(F - \lambda\mathrm{id})^m,$$

wobei $m = \mu(F, \lambda)$ gleich der algebraischen Vielfachheit von λ ist.
Aufgrund der Fragen 320 und 322 (iii) hat man $H(F, \lambda) = \ker(F - \lambda\mathrm{id})^d$. Dabei ist wie üblich $d = \min\{\ell \in \mathbb{N}; \mathrm{im}(F - \lambda\mathrm{id})^\ell = \mathrm{im}(F - \lambda\mathrm{id})^{\ell+1}\}$. ◆

Frage 324 Können Sie sämtliche Haupträume der Matrix

$$A = \begin{pmatrix} 1 & 2 & 1 \\ 0 & 3 & 1 \\ 0 & 0 & 3 \end{pmatrix}$$

angeben?

Antwort: Für das charakteristische Polynom gilt $\chi_A(X) = (X - 1) \cdot (X - 3)^2$. Damit ist $H(A, 1) = \ker(A - \mathrm{id}) = L(A, 0) = \mathbb{R}e_1$ ein Hauptraum. Weiter gilt

$$\mathrm{rg}(A - 3\mathrm{id}) = 2, \quad \mathrm{rg}(A - 3\mathrm{id})^2 = \mathrm{rg}(A - 3\mathrm{id})^3 = 1.$$

Für den Eigenwert 2 hat man damit $d = 2$. Somit ist $\ker(A - 3\mathrm{id})^2 = L(A - 3\mathrm{id}, 0) = \mathrm{span}\,((1, 1, 0)^t, e_3)$ der Hauptraum zum Eigenwert 2. ◆

Frage 325

Was besagt der **Satz über die Hauptraumzerlegung**?

Antwort: Der Satz über die Hauptraumzerlegung besagt:
Ist $F \in \mathrm{End}_K(V)$ ein Endomorphismus mit den paarweise verschiedenen Eigenwerten $\lambda_1, \ldots, \lambda_r$, dessen charakteristisches Polynom über K vollständig in Linearfaktoren zerfällt, dann gilt

$$V = H(F, \lambda_1) \oplus \cdots \oplus H(F, \lambda_r),$$

wobei die Unterräume $H(F, \lambda_i)$ für $i = 1, \ldots, r$ F-invariant sind.

Beweis: Sei

$$\chi_F(X) = (X - \lambda_1)^{m_1} \cdot (X - \lambda_2)^{m_2} \cdots (X - \lambda_r)^{m_r}$$

das charakteristische Polynom von F. Nach Frage 321 existiert eine Zerlegung

$$V = H(F, \lambda_1) \oplus U$$

in F-invariante Unterräume. Da die Einschränkung von F auf U das charakteristische Polynom $(X - \lambda_2)^{m_2} \cdots (X - \lambda_r)^{m_r}$ besitzt, ergibt sich der Satz daraus mil vollständiger Induktion. ◆

Frage 326 Was versteht man unter einem **nilpotenten Endomorphismus**? Was ist ein **Nilpotenzindex**?

Antwort: Ein Endomorphismus $F \colon V \longrightarrow V$ heiß *nilpotent*, wenn eine natürliche Zahl k existiert, so dass $F^k(v) = 0$ für alle $v \in V$ gilt. Der *Nilpotenzindex* ist der kleinste Exponent, für den diese Gleichung gilt. ◆

Frage 327

Sei $F \colon V \longrightarrow V$ ein nilpotenter Endomorphismus mit Nilpotenzindex $n = \dim V$. Können Sie zeigen, dass eine Basis $\mathcal{B}$ von V existiert, bezüglich der F die folgende Gestalt hat

$$M_{\mathcal{B}}(F) = J_n := \begin{pmatrix} 0 & 1 & & & 0 \\ & 0 & 1 & & \\ & & \ddots & \ddots & \\ & & & 0 & 1 \\ 0 & & & & 0 \end{pmatrix}?$$

Antwort: Es gibt ein Element $v \in V$ derart, dass die Vektoren

$$F^{n-1}(v), F^{n-2}(v), \ldots, F(v), v \qquad (*)$$

alle ungleich null sind. Sie sind ferner linear unabhängig, denn aus der Gleichung $\alpha_1 F^{n-1}(v) + \cdots + \alpha_n v = 0$ folgt durch Anwendung von F^{n-1} auf beiden Seiten $\alpha_n F^{n-1}(v) = 0$. also $\alpha_n = 0$. Die Anwendung von F^{n-2} liefert anschließend $\alpha_{n-1} = 0$ usw.

Die Vektoren in $(*)$ bilden daher eine Basis $\mathcal{B}$ von V, und bezüglich dieser hat die Matrix $M_{\mathcal{B}}(F)$ die angegebene Gestalt. ◆

Frage 328 Können Sie zeigen, dass für jeden nilpotenten Endomorphismus $F \colon V \longrightarrow V$ mit Nilpotenzindex d eine Zerlegung

$$V = W_1 \oplus \cdots \oplus W_d$$

in Unterräum W_i existiert, für die $F(W_i) \subset W_{i-1}$ mit $i = 1, \ldots, d$ und $W_0 = \{0\}$ gilt?

Antwort: Man betrachte die Kette

$$\{0\} = \ker F^0 \subsetneq \ker F^1 \subsetneq \cdots \subsetneq \ker F^{d-1} \subsetneq \ker F^d = V$$

und wähle W_d in einem ersten Schritt so, dass

$$V = \ker F^d = \ker F^{d-1} \oplus W_d$$

gilt. Für den Raum W_d gelten die Eigenschaften

$$F(W_d) \subset \ker F^{d-1} \quad \text{und} \quad F(W_d) \cap \ker F^{d-2} = \{0\}. \qquad (*)$$

Die erste Eigenschaft folgt einfach daraus, dass F den Nilpotenzindex d hat. Die zweite erkennt man folgendermaßen: Sei $v \in F(W_d) \cap \ker F^{d-2}$. Dann gilt $v = F(w)$ für ein $w \in W_d$ sowie $F^{d-2}(v) = F^{d-1}(w) = 0$, also $w \in W_d \cap \ker F^{d-1}$. Daraus folgt $w = 0$ und somit $v = F(0)$ aufgrund der Konstruktion von W_d.

Wegen $(*)$ sowie $\ker F^{d-2} \subset \ker F^{d-1}$ gibt es also eine Zerlegung

$$\ker F^{d-1} = \ker F^{d-2} \oplus W_{d-1} \quad \text{mit } F(W_d) \subset W_{d-1}.$$

Man erhält

$$V = \ker F^{d-2} \oplus W_{d-1} \oplus W_d.$$

Der Unterraum $\ker F^{d-2}$ lässt sich nun wiederum nach dem obigen Muster zerlegen. Die wiederholte Zerlegung der Unterräume $\ker F^{d-j}$ führt schließlich auf

$$V = \ker F^0 \oplus W_1 \oplus \cdots \oplus W_d = W_1 \oplus \cdots \oplus W_d.$$

$\blacklozenge$

Frage 329 Können Sie die Zerlegung aus Frage 328 am Beispiel der Matrix

$$A = \begin{pmatrix} 0 & 4 & 1 \\ 0 & 0 & 1 \\ 0 & 0 & 0 \end{pmatrix}$$

demonstrieren?

Antwort: Sei F die durch A beschriebene lineare Abbildung. Mit $A^2 = \begin{pmatrix} 0 & 0 & 4 \\ 0 & 0 & 0 \\ 0 & 0 & 0 \end{pmatrix}$ und

$A^3 = 0$ erhält man $d = 3$ und

$$\{0\} = \ker F^0 \subset \ker F = \operatorname{span} e_1 \subset \ker F^2 = \operatorname{span}(e_1, e_2) \subset \ker F^3 = \mathbb{R}^3.$$

Aus $\mathbb{R}^3 = \ker F^2 \oplus W_3$ folgt zunächst $W_3 = \operatorname{span} e_3$. Für W_2 muss gelten

$$\mathbb{R}^3 = \ker F \oplus W_2 \oplus W_3 \quad \text{und} \quad F(W_3) \subset W_2.$$

Daraus folgt, dass $w_2 := A \cdot e_3 = (1,1,0)^T$ ein geeigneter Basisvektor von W_2 ist. Schließlich erhält man auf demselben Weg $w_3 := A \cdot w_2 = A^2 \cdot e_3 = (4,0,0)^T$ als Basisvektor von W_2. Somit ist

$$V = \mathbb{R} w_3 \oplus \mathbb{R} w_2 \oplus \mathbb{R} e_3$$

die gesuchte Zerlegung in F-invariante Unterräume.

Bezüglich der Basis (w_3, w_2, e_3) wird F durch die Matrix

$$A' = \begin{pmatrix} 0 & 1 & 0 \\ 0 & 0 & 1 \\ 0 & 0 & 0 \end{pmatrix}$$

beschrieben. ♦

Frage 330 Sei $F \colon V \longrightarrow V$ ein nilpotenter Endomorphismus mit Nilpotenzindex d. Können Sie zeigen, dass eindeutig bestimmte natürliche Zahlen $s_1, \ldots, s_d$ mit

$$d \cdot s_d + (d-1) \cdot s_{d-1} + \cdots + s_1 = n = \dim V$$

existieren sowie eine Basis $\mathcal{B}$ von V, mit der gilt:

$$M_{\mathcal{B}}(F) = \begin{pmatrix} A_d & & & 0 \\ & A_{d-1} & & \\ & & \ddots & \\ 0 & & & A_1 \end{pmatrix} \quad \text{mit} \quad A_k = \left.\begin{pmatrix} J_k & & 0 \\ & \ddots & \\ 0 & & J_k \end{pmatrix}\right\} s_k - \text{mal.}$$

Dabei besitzen die Matrizen $J_k \in K^{k \times k}$ die Form aus Frage 327.

Antwort: Um die gesuchte Basis von V zu konstruieren, orientiere man sich an der Zerlegung $(*)$ aus Frage 328 und beginne mit einer Basis

$$w_{d,1}, \ldots, w_{d,s_d} \tag{$*$}$$

von W_d(mit $s_d := \dim W_d$), wobei wie in Frage 328 gilt: $V = \ker F^{d-1} \oplus W_d$. Da die Einschränkung $F|_{W_d}$ injektiv abbildet und $F(W_d) \subset W_{d-1}$ gilt, sind die Bilder der Basisvektoren in $(\ast)$ unabhängig in W_{d-1}. Sie lassen sich daher zu einer Basis

$$F(w_{d,1}), \ldots, F(w_{d,s_d}), w_{d-1,1}, \cdots, w_{d-1,s_{d-1}}$$

von W_{d-1} ergänzen, wobei $s_{d-1} = \dim W_{d-1} - s_d$ gilt. Auf diese Weise fortfahrend erhält man Vektoren

$$
\begin{array}{llll}
w_{d,1} \cdots & w_{d,sd} \\
F(w_{d,1}) \cdots & F(w_{d,sd}) & w_{d-1,1} \cdots & w_{d-1,s_{d-1}} \\
\vdots & \vdots & \vdots & \vdots \\
F^{d-1}(w_{d,1}) \ldots F^{d-1}(w_{d,s_d}) F^{d-2}(w_{d-1,1}) \ldots F^{d-2}(w_{d-1,s_{d-1}}) \cdots w_{1,1} \ldots, w_{1,s_1}.
\end{array}
$$

Hier ist die i-te Zeile von unten eine Basis für W_i. Aufgrund der Zerlegung aus Frage 328 bilden die $d \cdot s_d + (d-1) \cdot s_{d-1} + \cdots + s_1$ Vektoren in diesem Schema eine Basis von V. Ferner sind die Zahlen s_i für $i = 1, \ldots d$ durch die Rekursionsformel $\dim W_i = \sum_{\nu=1}^{i} s_\nu$ eindeutig bestimmt. Das beantwortet den ersten Teil der Frage.

Man ordne die Vektoren in den Spalten des obigen Schemas nun zu jeweils linear unabhängigen Systemen $\mathcal{B}_\ell (1 \leq \ell \leq \sum_{\nu=1}^{d} s_\nu)$ an, indem man die Spalten von unten nach oben durchliest. Die Unterräume $U_\ell := \mathrm{span}(\mathcal{B}_\ell)$ sind dann F-invariant, und die Einschränkungen $F|_{U_\ell}$ sind nilpotente Endomorphismen, deren Nilpotenzindex gerade der Dimension von U_ℓ entspricht. Daher gilt $M_{\mathcal{B}_\ell}(F|_{U_\ell}) = J_\ell$ nach Frage 327, und bezüglich der Zerlegung

$$V = U_1 \oplus \cdots \oplus U_{s_d} \oplus \cdots \oplus U_{s_d + s_{d-1}} \oplus \cdots \oplus U_{s_d + s_{d-1} + \cdots + s_1}$$

mit den entsprechenden Basen $\mathcal{B}_\ell$ besitzt die Matrix die angegebene Gestalt.   ◆

Frage 331 Was besagt der Satz über die **Jordan'sche Normalform**?

Antwort: Der Satz besagt:
Sei $F \colon V \longrightarrow V$ ein Endomorphismus eines K-Vektorraums V, dessen charakteristisches Polynom über K vollständig in Linearfaktoren zerfällt, also

$$\chi_F(X) = (X - \lambda_1)^{m_1} \cdots (X - \lambda_r)^{m_r}$$

mit den paarweise verschiedenen Eigenwerten $\lambda_1, \ldots, \lambda_r$ gilt. Dann existiert eine Basis $\mathcal{B}$ von V, bezüglich der F durch eine Matrix der Gestalt

$$
M_{\mathcal{B}}(F) = \begin{pmatrix} \underbrace{\boxed{C_1}}_{m_1} & & & 0 \\ & \underbrace{\boxed{C_2}}_{m_2} & \ddots & \\ 0 & & & \underbrace{\boxed{C_r}}_{m_r} \end{pmatrix}
$$

dargestellt wird. Dabei gilt mit eindeutig bestimmten natürlichen Zahlen μ_i und $\nu_{i,j}\,(i = 1, \ldots, j = 1, \ldots, \mu_i)$

$$
C_i = \begin{pmatrix} \underbrace{\boxed{J_{i,1}}}_{\nu_{i,1}} & & \\ & \underbrace{\boxed{J_{i,2}}}_{\nu_{i,2}} & \ddots \\ & & \boxed{J_{i,\mu_i}} \\ & & {}_{\nu_{i,\mu_i}} \end{pmatrix} \quad und \quad J_{i,j} = \left. \begin{pmatrix} \lambda_i & 1 & & & \\ & \lambda_i & 1 & & \\ & & \ddots & \ddots & \\ & & & \lambda_i & 1 \\ & & & & \lambda_i \end{pmatrix} \right\} \nu_{i,j}.
$$

Dabei sind die Blöcke der Größe nach geordnet: $\nu_{i,1} \geq \nu_{i,2} \geq \cdots \geq \nu_{i,1}$, wobei an einigen Stellen allerdings auch das Gleichheitszeichen stehen kann.

Der Beweis beschränkt sich im Wesentlichen auf eine Zusammenfassung des bereits Entwickelten. Die Einschränkungen $(f - \lambda_i \mathrm{id})|_{H(F,\lambda_i)}$ sind nilpotente Endomorphismen mit Nilpotenzindex d_i und werden demnach bezüglich einer geeigneten Basis $\mathcal{B}_i$ durch eine Matrix der Gestalt wie in Frage 330 beschrieben. Die Matrix von $F|_{H(f,\lambda_i)}$ sieht damit wie folgt aus

$$
M_{\mathcal{B}_i}(F|_{H(F,\lambda_i)}) = \begin{pmatrix} A_{d_i} & & & 0 \\ & A_{d_i-1} & & \\ & & \ddots & \\ 0 & & & A_1 \end{pmatrix} \quad mit \quad A_j = \begin{pmatrix} J_{ij} & & 0 \\ & \ddots & \\ 0 & & J_{ij} \end{pmatrix},
$$

wobei die Größe der Blöcke A_j eindeutig bestimmt ist. Durch eine entsprechende Anordnung der Vektoren in $\mathcal{B}_i$ erreicht man, dass diese Blöcke der Größe nach absteigend geordnet sind und $M_{\mathcal{B}_i}(F|_{H(f,\lambda_i)})$ damit die Gestalt der Matrix C_i hat.

Daraus folgt nun die Jordan'sche Normalform mithilfe der Hauptraumzerlegung

$$V = H(F, \lambda_1) \oplus \cdots \oplus H(F, \lambda_r)$$

aus Frage 325.   ♦

Frage 332 Wie lautet die Jordan'sche Normalform der Matrix

$$A = \begin{pmatrix} 0 & 4 & 1 \\ 0 & 0 & 1 \\ 0 & 0 & 0 \end{pmatrix}$$

aus Frage 329?

Antwort: Die Jordan'sche Normalform lautet

$$\begin{pmatrix} 1 & 0 & 0 \\ 0 & 3 & 1 \\ 0 & 0 & 3 \end{pmatrix}.$$

♦

---

6 Euklidische und unitäre Vektorräume

Viele Vektorräume besitzen neben denjenigen Eigenschaften, die sich durch die Begriffe „Basis", „Linearkombination" etc. ausdrücken lassen, auch noch zusätzliche Strukturen. So hat etwa jeder Vektor im $\mathbb{R}^n$ eine bestimmte „Länge" und schließt mit einem anderen Vektor einen bestimmten Winkel ein. Diese Merkmale lassen sich mithilfe eines *Skalarprodukts* beschreiben. Vektorräume, die ein Skalarprodukt besitzen, heißen *euklidisch*, wenn sie reell, und *unitär*, wenn sie komplex sind. Wir betrachten in diesem gesamten Kapitel ausschließlich Vektorräume über den Körpern $\mathbb{R}$ oder $\mathbb{C}$ und benutzen in Sätzen, die auf beide Körper verweisen, das Symbol $\mathbb{K}$.

6.1 Bilinearformen und Skalarprodukte

Skalarprodukte auf einem reellen bzw. komplexen Vektorraum sind spezielle Bilinear- bzw. Sesquilinearformen.

Frage 333 Was versteht man unter einer **Bilinearform** auf einem $\mathbb{K}$-Vektorraum V? Wann nennt man eine Bilinearform **symmetrisch**, wann **alternierend**?

Antwort: Eine *Bilinearform* auf einem $\mathbb{K}$-Vektorraum V ist eine Abbildung $\Phi : V \times V \longrightarrow \mathbb{K}$, die linear in beiden Argumenten ist, für die also

$$\Phi(v + v', w) = \Phi(v, w) + \Phi(v', w), \qquad \Phi(\alpha v, w) = \alpha \Phi(v, w)$$
$$\Phi(v, w + w') = \Phi(v, w) + \Phi(v, w'), \qquad \Phi(v, \alpha w) = \alpha \Phi(v, w)$$

für alle $v, v', w, w' \in V$ und alle $\alpha \in \mathbb{K}$ gilt.
Eine Bilinearform Φ heißt *symmetrisch*, wenn $\Phi(v, w) = \Phi(w, v)$ *alternierend*, wenn $\Phi(v, w) = -\Phi(w, v)$ für alle $v, w \in V$ gilt. ♦

Frage 334 Was ist eine **Sesquilinearform** auf einem $\mathbb{C}$-Vektorraum V?

© Springer-Verlag GmbH Deutschland, ein Teil von Springer Nature 2019
R. Busam et al., *Prüfungstrainer Lineare Algebra*,
https://doi.org/10.1007/978-3-662-59404-9_6

Antwort: Eine *Sesquilinearform* auf einem komplexen Vektorraum V ist eine Abbildung $\Phi : V \times V \to \mathbb{C}$ mit den Eigenschaften

(i) $\Phi(v + v', w) = \Phi(v, w) + \Phi(v', w)$
(ii) $\Phi(\alpha v, w) = \alpha \Phi(v, w)$
(iii) $\Phi(v, w + w') = \Phi(v, w) + \Phi(v, w')$
(iv) $\Phi(v, \alpha w) = \overline{\alpha} \Phi(v, w)$

Dabei bezeichnen v, v', w, w' Vektoren aus V und α ein beliebiges Element aus $\mathbb{K}$ sowie $\overline{} : \mathbb{C} \longrightarrow \mathbb{C}, \alpha \longrightarrow \overline{\alpha}$ die komplexe Konjugation. Eine Sesquilinearform unterscheidet sich von einer Bilinearform also nur im Punkt (iv). Letztere ist *linear*, Erstere *semilinear* im zweiten Argument. Insbesondere sind für $\mathbb{R}$-Vektorräume Sesquilinearformen und Bilinearformen dasselbe. ♦

Frage 335 Was ist eine **hermitesche Form** auf einem $\mathbb{C}$-Vektorraum V?

Antwort: Eine *hermitesche Form* Φ ist eine Sesquilinearform auf V, für die

$$\Phi(v, w) = \overline{\Phi(v, w)}$$

für alle $v, w \in V$ gilt.

Für eine hermitesche Form Φ gilt damit stets $\Phi(v, v) \in \mathbb{R}$. Es ist diese Eigenschaft, die es ermöglicht, mittels hermitescher Formen eine Norm auf einem komplexen Vektorraum einzuführen, siehe Abschnitt 6.2. Daher wird für hermitesche Formen die *Semilinarität* im zweiten Argument *gefordert*. ♦

Frage 336 Wann heißt eine hermitesche Form $\Phi : V \times V \to \mathbb{R}$ eines $\mathbb{K}$-Vektorraums V **positiv semidefinit**, wann **positiv definit**?

Antwort: Φ heißt *positiv semidefinit*, wenn $\Phi(v, v) \geq 0$ und *positiv definit*, wenn sogar $\Phi(v, v) > 0$ für alle $v \in V$ mit $v \neq 0$ gilt.

Da eine symmetrische Bilinearform stets $\Phi(0, 0) = 0$ erfüllt, ist die positive Definitheit von Φ gleichbedeutend damit, dass Φ positiv semidefinit ist und aus $\Phi(v, v) = 0$ stets $v = 0$ folgt. ♦

Frage 337 Was ist ein **Skalarprodukt** auf einem $\mathbb{R}$-Vektorraum V?

Antwort: Ein *Skalarprodukt* auf einem $\mathbb{R}$-Vektorraum V ist eine *positiv definite symmetrische Bilinearform*.

Ein reelles Skalarprodukt ist also eine Abbildung $\langle \ , \ \rangle : V \times V \longrightarrow \mathbb{R}$, die für alle $u, v, w \in V$ und $\alpha, \beta \in \mathbb{R}$ die folgenden Eigenschaften besitzt:

(i) $\langle \alpha u + \beta v, w \rangle = \alpha \langle u, w \rangle + \beta \langle v, w \rangle$
(ii) $\langle v, w \rangle = \langle w, v \rangle$

(iii) $\langle v, v \rangle \geq 0$ für alle $v \in V$ und $\langle v, v \rangle = 0 \iff v = 0$

Man beachte, dass die Eigenschaften (i) und (ii) zusammen die Linearität von $\langle\,,\,\rangle$ in beiden Argumenten implizieren.   ◆

Frage 338   Was ist ein Skalarprodukt auf einem $\mathbb{C}$-Vektorraum V?

Antwort: Eine *Skalarprodukt* auf einem $\mathbb{C}$-Vektorraum V ist eine positiv definite hermitesche Form, also eine Abbildung $\langle\,,\,\rangle : V \longrightarrow \mathbb{C}$, die für alle $u, v, w \in V$ und $\alpha, \beta \in \mathbb{C}$ die folgenden Eigenschaften besitzt:

(i) $\langle \alpha u + \beta v, w \rangle = \alpha \langle u, w \rangle + \beta \langle v, w \rangle$
(ii) $\langle v, w \rangle = \overline{\langle w, v \rangle}$
(iii) $\langle v, v \rangle \geq 0$ ist eine nichtnegative reelle Zahl, und es gilt $\langle v, v \rangle = 0$ dann und nur dann, wenn $v = 0$ ist

Die Eigenschaften (i) und (ii) implizieren die Semilinearität von Φ im zweiten Argument, denn es gilt

$$\langle u, \alpha v + \beta w \rangle = \overline{\langle \alpha v + \beta w, u \rangle} = \overline{\alpha}\,\overline{\langle v, u \rangle} + \overline{\beta}\,\overline{\langle w, u \rangle} = \overline{\alpha}\langle u, v \rangle + \overline{\beta}\langle u, w \rangle.$$

     ◆

Frage 339   Was ist ein **euklidischer Vektorraum**, was ein **unitärer Vektorraum**?

Antwort: Ein *euklidischer Vektorraum* bzw. *unitärer Vektorraum* ist ein $\mathbb{R}$-bzw. $\mathbb{C}$-Vektorraum, auf dem ein Skalarprodukt definiert ist.   ◆

Frage 340   Kennen Sie ein Skalarprodukt im Vektorraum $\mathscr{C}[a, b]$ (Raum der stetigen Funktionen auf $[a, b]$)?

Antwort: Für zwei Funktionen f und g aus $\mathscr{C}[a, b]$ definiere man eine Abbildung $\mathscr{C}[a, b] \times \mathscr{C}[a, b] \to \mathbb{R}$ durch

$$\langle f, g \rangle := \int_a^b f(t)g(t)\, \mathrm{d}t.$$

Dann ist $\langle\,,\,\rangle$ ein Skalarprodukt in V. Denn für $f, g, h \in \mathscr{C}[a, b]$ und $\alpha \in \mathbb{R}$ gilt zunächst

$$\langle f + g, h \rangle = \int_a^b (f(t) + g(t))h(t)\, \mathrm{d}t$$

$$= \int_a^b f(t)h(t)\, \mathrm{d}t + \int_a^b g(t)h(t)\, \mathrm{d}t = \langle f, h \rangle + \langle g, h \rangle.$$

sowie

$$\langle \alpha f, g \rangle = \int_a^b \alpha f(t)g(t)\,\mathrm{d}t = \alpha \int_a^b f(t)g(t)\,\mathrm{d}t = \alpha \cdot \langle f, g \rangle.$$

Also ist $\langle\,,\,\rangle$ eine Bilinearform. Deren Symmetrie folgt unmittelbar aus der Kommutativität der Multiplikation in $\mathscr{C}[a,b]$. Weiter ist $\langle\,,\,\rangle$ positiv semidefinit, da stets $\langle f, f \rangle \geq 0$ gilt. Ist $f \neq 0$, dann gibt es wegen der Stetigkeit von f einen inneren Punkt $t_0 \in (a, b)$ mit $f(t_0)^2 > 0$, und daraus folgt wiederum aus Stetigkeitsgründen, dass in einer Umgebung $]t_0 - \varepsilon, t_0 + \varepsilon[$ von t_0 die Ungleichung $f(t)^2 > m$ für ein $m > 0$ erfüllt ist. Damit erhält man

$$\langle f, f \rangle = \int_a^b f(t)^2 \,\mathrm{d}t \geq \int_{t_0-\varepsilon}^{t_0+\varepsilon} f(t)^2 \,\mathrm{d}t > 2\varepsilon m > 0.$$

Da zudem offensichtlich $\langle 0, 0 \rangle = 0$ gilt, ist $\langle\,,\,\rangle$ positiv definit und damit ein Skalarprodukt in $\mathscr{C}[a, b]$.

Da beim Nachweis der positiven Definitheit wesentlich von der Stetigkeit der beteiligten Funktionen Gebrauch gemacht wurde, bleibt dasselbe Argument nicht gültig, wenn man statt des Raumes $\mathscr{C}[a, b]$ den Raum der Riemann-integrierbaren Funktionen betrachtet. Zum Beispiel ist die Funktion $g \colon [a, b] \longrightarrow \mathbb{R}$ mit

$$g(x) = \begin{cases} 1 & \text{für } x = a \\ 0 & \text{für } x \in]a, b] \end{cases}$$

Riemann-integrierbar mit $\int_a^b g(t)^2 \,\mathrm{d}t = 0$. Da aber $g \neq 0$ ist, ist $\langle\,,\,\rangle$ auf dem Raum der Riemann-integrierbaren Funktionen nicht positiv definit und definiert dort kein Skalarprodukt. ◆

Frage 341 Wie ist das **Standardskalarprodukt im $\mathbb{R}^n$** bzw. $\mathbb{C}^n$ definiert?

Antwort: Für Vektoren $x = (x_1, \ldots, x_n)^T$, $y = (y_1, \ldots, y_n)^T \in \mathbb{R}^n$ definiert man das Standardskalarprodukt $\bullet \colon \mathbb{R}^n \times \mathbb{R}^n \longrightarrow \mathbb{R}$ durch

$$x \bullet y = x^T \cdot y = x_1 y_1 + \cdots + x_n y_n.$$

Das *komplexe Standardskalarprodukt* ist für Vektoren $x = (x_1, \ldots, x_n)^T$, $y = (y_1, \ldots, y_n)^T \in \mathbb{C}^n$, definiert durch

$$x \bullet y = x^T \cdot \overline{y} = x_1 \overline{y}_1 + \cdots + x_n \overline{y}_n.$$

◆

Frage 342 Warum ist durch

$$\prec x, y \succ := x^T \cdot y := \sum_{i=1}^{n} x_i y_i$$

mit $x = (x_1, \ldots, x_n)^T$ und $y = (y_1, \ldots, y_n)^T$ kein Skalarprodukt auf $\mathbb{C}^n$ gegeben?

Antwort: Offensichtlich gilt $\prec x, y \succ = \prec y, x \succ$, und damit erfüllt die Abbildung nicht die Eigenschaft (ii) einer hermiteschen Form, sofern $\sum_{i=1}^{n} x_i y_i$ in $\mathbb{C} \backslash \mathbb{R}$ liegt, was z. B. für $v = (1, 0, \ldots, 0)^T$ und $w = (\mathrm{i}, 0, \ldots, 0)^T$ der Fall ist. ◆

Frage 343 Wie erhält man andere als die kanonischen Skalarprodukte in $\mathbb{R}^n$?

Antwort: Sei $\langle \, , \, \rangle$ das Standardskalarprodukt. Für jeden bijektiven Endomorphismus $F : V \longrightarrow V$ ist dann die Abbildung $\langle\langle \, , \, \rangle\rangle : V \times V \longrightarrow \mathbb{R}$, definiert durch

$$\langle\langle v, w \rangle\rangle = \langle F(v), F(w) \rangle$$

eine positiv definite, symmetrische Bilinearform auf V, mithin ein Skalarprodukt. Alle drei Eigenschaften des Standardskalarproduktes übertragen sich nämlich aufgrund der Linearität und Bijektivität von F auf $\langle\langle \, , \, \rangle\rangle$. ◆

Frage 344 Was versteht man unter der **darstellenden Matrix** bzw. **Strukturmatrix** einer Bilinear- bzw. Sesquilinearform $\Phi : V \times V \longrightarrow V$ auf einem endlichdimensionalen $\mathbb{K}$-Vektorraum V?

Antwort: Ist $\mathcal{B} = (v_1, \ldots, v_n)$ eine Basis von V, so nennt man die $n \times n$-Matrix

$$M_{\mathcal{B}}(\Phi) := \begin{pmatrix} \Phi(v_1, v_1) & \cdots & \Phi(v_1, v_n) \\ \vdots & \ddots & \vdots \\ \Phi(v_n, v_1) & \cdots & \Phi(v_n, v_n) \end{pmatrix}$$

die *Strukturmatrix von* Φ bezüglich $\mathcal{B}$.

Eine Bilinearform bzw. Sesquilinearform Φ ist aus Linearitätsgründen durch die n^2 Einträge in der Strukturmatrix bereits eindeutig festgelegt, da für beliebige Vektoren $v = \sum_{i=1}^{n} \alpha_i v_i$ und $w = \sum_{i=1}^{n} \beta_i v_i$ gilt:

$$\Phi(v, w) = \sum_{i=1}^{n} \sum_{j=1}^{n} \alpha_i \overline{\beta}_j \Phi(v_i, v_j).$$

Diese Summe lässt sich mit der Strukturmatrix auch als Ergebnis einer Matrizenmultiplikation schreiben

$$\Phi(v, w) = (\alpha_1, \ldots, \alpha_n) \cdot M_{\mathcal{B}}(\Phi) \cdot (\overline{\beta}_1, \ldots, \overline{\beta}_n)^T = v_{\mathcal{B}}^T \cdot M_{\mathcal{B}}(\Phi) \cdot \overline{w}_{\mathcal{B}},$$

wobei $(\alpha_1, \ldots, \alpha_n)^T$ und $(\beta_1, \ldots, \beta_n)^T$ die Koordinatenvektoren von v bzw. w bezüglich $\mathcal{B}$ sind.

Beispiel: Die Strukturmatrix des Standardskalarprodukts im $\mathbb{R}^3$ bezüglich der Basis (v_1, v_2, v_3) mit $v_1 = (1,0,0)^T$, $v_2 = (1,1,0)^T$ und $v_3 = (1,1,1)^T$ lautet

$$\begin{pmatrix} 1 & 1 & 1 \\ 1 & 2 & 2 \\ 1 & 2 & 3 \end{pmatrix}$$

◆

Frage 345 Welche Eigenschaften besitzen reelle bzw. komplexe Strukturmatrizen?

Antwort: Ist Φ eine symmetrische Bilinearform auf einem reellen Vektorraum, so gilt $\Phi(v_i, v_j) = \Phi(v_j, v_i)$, die zugehörige Strukturmatrix ist in diesem Fall also symmetrisch bezüglich der Hautdiagonalen, also eine *symmetrische Matrix*.

Ist Φ eine Sesquilinearform auf einem komplexen Vektorraum V, dann gilt $\Phi(v, w) = \overline{\Phi(v, w)}$ für alle $v, w \in V$. Die zugehörige Strukturmatrix ist also *konjugiert symmetrisch* bezüglich der Hauptdiagonalen (d. h. es gilt $a_{ij} = \overline{a}_{ij}$) Ferner sind alle Einträge auf der Hauptdiagonalen reell. Eine Matrix mit diesen Eigenschaften heißt *hermitesch*.

◆

Frage 346 Sei $V = P_2(\mathbb{R})$ der Vektorraum der reellen Polynome vom Grad ≤ 2 zusammen mit dem durch

$$\langle f, g \rangle = \int_0^1 f(x)g(x)\,\mathrm{d}x$$

gegebenen Skalarprodukt. Wie lautet die Strukturmatrix des Skalarprodukts bezüglich der Basis $\mathcal{B} = \{f_1, f_2, f_3\}$ mit $f_1(x) = 1$, $f_2(x) = x$ und $f_3(x) = x^2$?

Antwort: Es ist

$$\langle f_1, f_1 \rangle = \int_0^1 1\,\mathrm{d}x = 1, \qquad \langle f_2, f_2 \rangle = \int_0^1 x^2\,\mathrm{d}x = \frac{1}{3},$$

$$\langle f_1, f_2 \rangle = \int_0^1 x\,\mathrm{d}x = \frac{1}{2}, \qquad \langle f_2, f_3 \rangle = \int_0^1 x^3\,\mathrm{d}x = \frac{1}{4},$$

$$\langle f_1, f_3 \rangle = \int_0^1 x^2\,\mathrm{d}x = \frac{1}{3}, \qquad \langle f_3, f_3 \rangle = \int_0^1 x^4\,\mathrm{d}x = \frac{1}{5},$$

Unter Berücksichtigung der Symmetrie der Strukturmatrix erhält man damit

$$M_{\mathcal{B}}(\langle\ ,\ \rangle) = \begin{pmatrix} 1 & 1/2 & 1/3 \\ 1/2 & 1/3 & 1/4 \\ 1/3 & 1/4 & 1/5 \end{pmatrix}.$$

◆

Frage 347 Können Sie eine Bijektion angeben zwischen der Menge der symmetrischen Bilinearformen auf einem n-dimensionalen $\mathbb{R}$-Vektorraum V und der Menge der symmetrischen Matrizen aus $\mathbb{R}^{n \times n}$?

Wie lautet die entsprechende Bijektion zwischen hermiteschen Formen auf einem komplexen Vektorraum und hermiteschen Matrizen aus $M(n, \mathbb{C})$?

Antwort: Man wähle eine Basis $\mathcal{B} = \{v_1, \ldots, v_n\}$ von V und bezeichne mit Bil die Menge der symmetrischen Bilinearformen auf V und mit SM die Menge der symmetrischen Matrizen aus $M(n, \mathbb{R})$. Die Abbildung

$$\Psi_{\mathcal{B}} : \text{Bil} \longrightarrow \text{SM}, \qquad \Phi \longmapsto (\Phi(v_i, v_j))_{1 \leq i,j \leq n}.$$

ist, wie in der Antwort zu Frage 344 bereits gezeigt wurde, injektiv. Um die Surjektivität zu zeigen, betrachte man eine Matrix $A = (a_{ij}) \in SM \subset \mathbb{R}^{n \times n}$, setze

$$\Phi(v_i, v_j) = a_{ij}, \qquad 1 \leq i,j \leq n$$

und definiere davon ausgehend die Abbildung $\Phi : V \times V \longrightarrow \mathbb{R}$ durch lineare Fortsetzung. Dann ist Φ bilinear und wegen der Symmetrie von A auch symmetrisch. Das zeigt die Bijektivität der Abbildung $\Psi_{\mathcal{B}}$.

Auf analoge Weise lässt sich eine Bijektion zwischen der Menge der hermiteschen Matrizen und der Menge der hermiteschen Formen angeben. ◆

Frage 348 Wie lautet die **Transformationsformel** für die Strukturmatrix einer symmetrischen Bilinearform (bzw. einer hermiteschen Form) Φ bei Basiswechsel?

Antwort: Seien $\mathcal{B}$ und $\mathcal{C}$ Basen von V, $M_{\mathcal{B}}(\Phi)$ und $M_{\mathcal{C}}(\Phi)$ die entsprechenden Strukturmatrizen von Φ. Wie üblich bezeichne $M_{\mathcal{B}}^{\mathcal{C}}$ die Basiswechselmatrix von $\mathcal{C}$ nach $\mathcal{B}$. Für Vektoren $v, w \in V$ gilt dann $v_{\mathcal{B}} = M_{\mathcal{B}}^{\mathcal{C}} v_{\mathcal{C}}$ und $w_{\mathcal{B}} = M_{\mathcal{B}}^{\mathcal{C}} w_{\mathcal{C}}$. Also hat man

$$\begin{aligned} \Phi(v, w) &= v_{\mathcal{B}}^T \cdot M_{\mathcal{B}}(\Phi) \cdot \overline{w}_{\mathcal{B}} = (M_{\mathcal{B}}^{\mathcal{C}} v_{\mathcal{C}})^T \cdot M_{\mathcal{B}}(\Phi) \cdot \overline{M_{\mathcal{B}}^{\mathcal{C}} w_{\mathcal{C}}} \\ &= v_{\mathcal{C}}^T \underbrace{\left((M_{\mathcal{B}}^{\mathcal{C}})^T \cdot M_{\mathcal{B}}(\Phi) \cdot \overline{M}_{\mathcal{B}}^{\mathcal{C}} \right)}_{} \overline{w}_{\mathcal{C}} \\ &= v_{\mathcal{C}}^T \quad \cdot \quad M_{\mathcal{C}}(\Phi) \quad \cdot \quad \overline{w}_{\mathcal{C}}. \end{aligned}$$

Hieraus erhält man *die Transformationsformel für Strukturmatrizen*:

$$M_{\mathcal{C}}(\Phi) = (M_{\mathcal{B}}^{\mathcal{C}})^T \cdot M_{\mathcal{B}}(\Phi) \cdot \overline{M}_{\mathcal{B}}^{\mathcal{C}}$$

Man beachte, dass hier im Unterschied zu den Basiswechselmatrizen die *Transformierte* der Basiswechselmatrix ins Spiel kommt und nicht deren Inverse. ◆

Frage 349 Was versteht man unter der einer symmetrischen Bilinearform (bzw. hermiteschen Form) zugeordneten **quadratischen Form**?

Antwort: Ist $\Phi: V \times V \longrightarrow \mathbb{K}$ eine symmetrische Bilinearform oder eine hermitesche Form, so nennt man die Abbildung

$$q: V \longrightarrow \mathbb{R}, \qquad v \longmapsto \Phi(v, v)$$

die zugehörige quadratische Form. ◆

Frage 350 Wie kann man eine symmetrische Bilinearform aus der zugeordneten quadratischen Form zurückgewinnen?

Antwort: Für jede symmetrische Bilinearform Φ gilt der Zusammenhang

$$\Phi(v, w) = \frac{1}{2}(\Phi(v + w, v + w) - \Phi(v, v) - \Phi(w, w)).$$

Die drei Summanden in der rechten Klammer lassen sich alle durch die zugeordnete quadratische Form q mit $q(v) = \Phi(v, v)$ ausdrücken. Somit gilt die Gleichung

$$\Phi(v, w) = \frac{1}{2}(q(v + w) - q(v) - q(w)),$$

mit der sich bei gegebenem q die Bilinearform Φ rekonstruieren lässt.
Als Beispiel betrachte man im $\mathbb{R}^2$ die quadratische Form q mit $q((x_1, x_2)^T) = x_1^2 - x_2^2$. Für zwei Vektoren $x, y \in \mathbb{R}^2$ ergibt die zugehörige Bilinearform

$$\Phi(x, y) = \frac{1}{2}((x_1 + y_1)^2 - (x_2 + y_2)^2 - (x_1^2 - x_2^2) - (y_1^2 - y_2^2)) = x_1 y_1 - x_2 y_2.$$

◆

Frage 351 Wie ist für eine symmetrische Bilinearform $\Phi: V \times V \to \mathbb{K}$ das **Radikal von Φ** definiert? Was ist ein **isotroper Vektor** bzgl. Φ?

Antwort: Das *Radikal* von Φ besteht aus all denjenigen Vektoren aus $v \in V$, für die $\Phi(v, w) = 0$ für alle $w \in V$ gilt.

Ein Vektor $v \in V$ heißt *isotrop* (bzgl. Φ), wenn $\Phi(v, v) = 0$ gilt.   ◆

Frage 352 Wann heißt eine Bilinearform $\Phi : V \times V \to \mathbb{K}$ **nicht-ausgeartet**?

Können Sie zeigen, dass Φ genau dann nicht-ausgeartet ist, wenn die Strukturmatrix $M_{\mathcal{B}}(\Phi)$ für jede Basis $\mathcal{B}$ von V den Rang $n = \dim V$ hat?

Antwort: Die Bilinearform Φ ist *nicht-ausgeartet* genau dann, wenn ihr Radikal nur aus dem Nullvektor besteht.

Zunächst gilt $\operatorname{rg} M_{\mathcal{B}}(\Phi) = \operatorname{rg} M_{\mathcal{C}}(\Phi)$ für je zwei Basen $\mathcal{B}$ und $\mathcal{C}$ von V, da die beiden Matrizen $M_{\mathcal{B}}(\Phi)$ und $M_{\mathcal{C}}(\Phi)$ äquivalent sind, was sich aus der Transformationsformel ablesen lässt. Es genügt also, die Behauptung für eine Basis $\mathcal{B}$ zu zeigen. Angenommen, es gilt $\operatorname{rg} M_{\mathcal{B}}(\Phi) < n$. Dann hat das lineare Gleichungssystme $M_{\mathcal{B}}(\Phi) \cdot x = 0$ eine nichttriviale Lösung x_0, insbesondere gilt $x^T \cdot M_{\mathcal{B}}(\Phi) \cdot x_0 = 0$ für alle $x \in \mathbb{K}^n$. Mit $v := \kappa_{\mathcal{B}}^{-1}(x)$ und $v_0 := \kappa_{\mathcal{B}}^{-1}(x_0)$ folgt dann

$$\Phi(v, v_0) = x^T \cdot M_{\mathcal{B}}(\Phi) \cdot x_0 = 0, \qquad \text{für alle } v \in V.$$

Damit ist $v_0 \in \operatorname{Rad} \Phi \neq \{0\}$.

Sei umgekehrt $v_0 \in \operatorname{Rad} \Phi$. Man ergänze v_0 zu einer Basis $\mathcal{B} := \{v_0, \ldots, v_{n-1}\}$ von V. Dann hat die Strukturmatrix $M_{\mathcal{B}}(\Phi) := (\Phi(v_i, v_j))$ mit $0 \le i, j < n$ in der ersten Zeile und Spalte nur Nullen stehen. Also gilt $\operatorname{rg} M_{\mathcal{B}}(\Phi) < n$.   ◆

6.2 Normierte Räume

Skalarprodukte auf einem $\mathbb{K}$-Vektorraum V erlauben es, durch die Zahl $\langle v, v \rangle$ jedem Vektor v eine bestimmte „Länge" zuzuordnen. Vektorräume, in denen eine derartige Zuordnung in einer geometrisch sinnvollen Weise möglich ist, heißen *normierte Räume*.

Frage 353 Was versteht man unter einer **Norm** auf einem $\mathbb{K}$-Vektorraum V?

Antwort: Eine *Norm* auf einem $\mathbb{K}$-Vektorraum V ist eine Abbildung

$$\| \ \| : V \longrightarrow \mathbb{R}_+$$

mit den folgenden Eigenschaften:

(i) $\|v\| = 0 \Longleftrightarrow v = 0$
(ii) $\|\lambda v\| = |\lambda| \cdot \|v\|$ für alle $v \in V$, $\lambda \in \mathbb{K}$
(iii) $\|v + w\| \le \|v\| + \|w\|$ für alle $v, w \in V$ (Dreiecksungleichung).

Zum Beispiel ist der $\mathbb{R}^n$ zusammen mit der durch

$$\|x\| := \sqrt{x_1^2 + \cdots + x_n^2}$$

gegebenen Norm ein normierter Raum.   ◆

Frage 354 Was ist ein **normierter Vektorraum**? Können Sie einige Beispiele nennen?

Antwort: Ein *normierter Vektorraum* ist ein Paar $(V, \|\ \|)$, bestehend aus einem $\mathbb{K}$-Vektorraum V und einer Abbildung $\|\ \| : V \longrightarrow \mathbb{R}_+$, die die Eigenschaften einer Norm aus Frage 353 erfüllt.

Beispiele: (a) $\mathbb{Q}$ und $\mathbb{R}$ und $\mathbb{C}$ bilden zusammen mit der Betragsabbildung $x \longmapsto |x|$ normierte Räume.

(b) Der $\mathbb{R}^n$ ist zusammen mit der durch

$$\|x\| := \sqrt{x_1^2 + \cdots + x_n^2}$$

definierten *euklidischen Norm* ein normierter Raum.

(c) Wie in Frage 358 gezeigt wird, ist jeder Vektorraum, der mit einem Skalarprodukt versehen ist, insbesondere ein normierter Raum, indem man die Norm durch $\|v\| = \sqrt{\langle v, v \rangle}$ definiert.

(d) Die in der Analysis vorkommenden *Funktionenräume* lassen sich alle ebenfalls mit einer (dem jeweiligen Problemkreis) angemessenen Norm versehen. Im Raum der stetigen Funktionen $\mathscr{C}([a, b])$ ist etwa durch

$$\|f\| := \sup\{|f(x)|;\ x \in [a, b]\}$$

eine Norm gegeben. Eine andere Norm erhielte man auf demselben Raum z. B. mit

$$\|f\| := \int_a^b |f(x)|\, \mathrm{d}x.$$

(e) Erwähnt seien noch die *Banachräume* und *Hilberträume*. Dies sind normierte Räume X mit der zusätzlichen Eigenschaft, *vollständig* zu sein in dem Sinne, dass jede konvergente Folge in X einen Grenzwert besitzt. Hilberträume zeichnen sich im Unterschied zu Banachräumen noch dadurch aus, dass ihre Norm von einem Skalarprodukt abgeleitet ist, sie also unitäre bzw. euklidische Vektorräume sind.   ◆

Frage 355 Was ist ein **metrischer Raum**? Wieso ist jeder normierte Raum automatisch ein metrischer Raum?

Antwort: Ein *metrischer Raum* ist ein Paar (X, d), bestehend aus einer Menge X und einer Abbildung (einer **Metrik**)

$$d : X \times X \longrightarrow \mathbb{R}_+,$$

welche die folgenden drei Eigenschaften erfüllt

(i) $d(x, y) = 0 \iff x = y$
(ii) $d(x, y) = d(y, x)$
(iii) $d(x, y) \leq d(x, z) + d(z, x)$ (Dreiecksungleichung)

für alle $x, y, z \in X$.
Setzt man in einem normierten Raum

$$d(x, y) = ||x - y||,$$

dann erfüllt die Abbildung d alle Eigenschaften einer Metrik. Speziell die Dreiecksungleichung folgt aus

$$d(x, y) = ||x - y|| = ||x - z + z - y|| \leq ||x - z|| + ||z - y|| = d(x, z) + d(z, y).$$

Somit induziert jede Norm in einem normierten Raum eine Metrik. Alle Beispiele aus Antwort 353 sind damit auch metrische Räume.

Ein Beispiel eines metrischen Raumes, dessen Metrik nicht von einer Norm induziert ist, ist jede nichtleere Menge X zusammen mit der durch

$$d(x, y) := \begin{cases} 0, & \text{falls } x = y \\ 1, & \text{sonst} \end{cases}$$

gegebenen Metrik. Wäre d von einer Norm $|| \, ||$ abgeleitet, dann folgte für $0 \neq \alpha \neq 1$ und $x \neq y$ der Widerspruch

$$1 = ||x - y|| = d(x, y) = d(\alpha x, \alpha y) = \alpha \cdot ||x - y|| = \alpha \neq 1.$$

$\blacklozenge$

Frage 356 Wann heißen zwei Normen auf einem Vektorraum V **äquivalent**? Können Sie zeigen (das ist Analysis!), warum auf dem $\mathbb{R}^n$ alle Normen äquivalent sind?

Antwort: Zwei Normen $|| \, ||$ und $|| \, ||^*$ heißen *äquivalent*, wenn Konstanten $\alpha, \beta \in \mathbb{R}_+$ existieren, so dass für alle $v \in V$ gilt

$$\alpha ||v|| \leq ||v||^* \leq \beta ||v||.$$

Um die Äquivalenz aller Normen auf dem $\mathbb{R}^n$ nachzuweisen, genügt es zu zeigen, dass jede Norm $|| \, ||$ auf dem $\mathbb{R}^n$ äquivalent zur euklidischen Norm $|| \, ||_2$ ist. Der Beweis dafür beruht auf folgenden drei Tatsachen:

(i)   Die Funktion $|| \, || : \mathbb{R}^n \longrightarrow \mathbb{R}$ ist stetig bezüglich $|| \, ||_2$.
(ii) Die Sphäre $S^{n-1} = \{x \in \mathbb{R}^n; \, ||x||_2 = 1\}$ ist kompakt.
(iii) Jede stetige reellwertige Funktion auf einer kompakten Menge nimmt dort ein Maximum und ein Minimum an.

Man betrachte einen Vektor $v \in \mathbb{R}^n$. Es gilt $v/||v||_2 \in S^{n-1}$, und daher existieren nach den Punkten (i) bis (iii) positive reelle Zahlen α, β mit

$$\alpha \le \left\|\frac{v}{||v||_2}\right\| \le \beta,$$

also

$$\alpha ||v||_2 \le ||v|| \le \beta ||v||_2.$$

Das zeigt die Äquivalenz der Normen $||\ ||$ und $||\ ||_2$ und beantwortet damit den zweiten Teil der Frage.   ◆

Frage 357

Was besagt die **Cauchy-Schwarz'sche Ungleichung** in einem $\mathbb{K}$-Vektorraum mit Skalarprodukt $\langle\ ,\ \rangle$? Können Sie die Ungleichung zuerst mit einem kurzen Argument für den Fall $\mathbb{K} = \mathbb{R}$ beweisen und anschließend den allgemeinen Beweis liefern?

Antwort: Die Cauchy-Schwarz'sche Ungleichung lautet

$$|\langle v, w \rangle|^2 \le \langle v, v \rangle \cdot \langle w, w \rangle,$$

wobei die Gleichheit genau dann gilt, wenn v und w linear abhängig sind.
Beweis für $\mathbb{K} = \mathbb{R}$: Für $v = 0$ ist die Behauptung mit dem Gleichheitszeichen erfüllt. Sei also $v \ne 0$. Für jedes $\lambda \in \mathbb{R}$ gilt dann

$$0 \le \langle \lambda v + w, \lambda v + w \rangle = \langle v, v \rangle \lambda^2 + 2\langle v, w \rangle \lambda + \langle w, w \rangle.$$

Diese Ungleichung impliziert, dass das Polynom $p(\lambda) = \langle v, v \rangle \lambda^2 + 2\langle v, w \rangle \lambda + \langle w, w \rangle$ entweder keine oder eine doppelte Nullstelle besitzt, ihre Diskriminante kann also nicht positiv sein, d. h.

$$4 \cdot \langle v, w \rangle^2 - 4 \cdot \langle v, v \rangle \cdot \langle w, w \rangle \le 0 \quad \text{bzw.} \quad \langle v, w \rangle^2 \le \langle v, v \rangle \cdot \langle w, w \rangle.$$

Das ist die Cauchy-Schwarz'sche Ungleichung für euklidische Vektorräume.
Beweis im allgemeinen Fall: Für $v = 0$ ist die Beziehung mit dem Gleichheitszeichen erfüllt, man kann also $v \ne 0$ annehmen. Für beliebiges $\lambda \in \mathbb{K}$ gilt dann zunächst

$$0 \le \langle \lambda v + w, \lambda v + w \rangle = \lambda \overline{\lambda} \langle v, v \rangle + \lambda \langle v, w \rangle + \overline{\lambda} \langle w, v \rangle + \langle w, w \rangle.$$

Setzt man nun speziell

$$\lambda = -\frac{\langle w, v \rangle}{\langle v, v \rangle} = -\frac{\overline{\langle v, w \rangle}}{\langle v, v \rangle}, \quad \text{also} \quad \overline{\lambda} = -\frac{\langle v, w \rangle}{\langle v, v \rangle} = -\frac{\overline{\langle w, v \rangle}}{\langle v, v \rangle},$$

so erhält man daraus

$$0 \le \frac{|\langle v, w \rangle|^2}{\langle v, v \rangle} - \frac{|\langle v, w \rangle|^2}{\langle v, v \rangle} - \frac{|\langle v, w \rangle|^2}{\langle v, v \rangle} + \langle w, w \rangle = -\frac{|\langle v, w \rangle|^2}{\langle v, v \rangle} + \langle w, w \rangle.$$

Wegen $\langle w, w \rangle > 0$ folgt

$$|\langle v, w \rangle|^2 \le \langle v, v \rangle \cdot \langle w, w \rangle,$$

also die Cauchy-Schwarz'sche Ungleichung. ♦

Frage 358 Wie lässt sich auf einem euklidischen bzw. unitären Vektorraum $(V, \langle\,,\,\rangle)$ eine Norm definieren?

Antwort: Definiert man

$$||v|| = \sqrt{\langle v, v \rangle},$$

dann erfüllt die Abbildung $||\ ||$ alle drei Eigenschaften einer Norm. Allein die Dreiecksungleichung ist nicht offensichtlich. Zu deren Nachweis benötigt man die Cauchy-Schwarz'sche Ungleichung. Mit dieser erhält man

$$\begin{aligned}
||v + w||^2 &= \langle v + w, v + w \rangle = \langle v, v \rangle + \langle v, w \rangle + \overline{\langle v, w \rangle} + \langle w, w \rangle \\
&= \langle v, v \rangle + 2\mathrm{Re}\,\langle v, w \rangle + \langle w, w \rangle \\
&\le \langle v, v \rangle + 2|\langle v, w \rangle| + \langle w, w \rangle \\
&\le \langle v, v \rangle + 2\sqrt{\langle v, v \rangle \langle w, w \rangle} + \langle w, w \rangle \qquad (*) \\
&= ||v||^2 + 2||v||\,||w|| + ||w||^2 = (||v|| + ||w||)^2.
\end{aligned}$$

Hieraus folgt die Dreiecksungleichung. An der Stelle $(*)$ wurde die Cauchy-Schwarz'sche Ungleichung benutzt. ♦

Frage 359 Wie kann man in einem euklidischen Vektorraum Winkel definieren?

Antwort: Die Cauchy-Schwarz'sche Ungleichung lässt sich auch in der Form

$$-1 \le \frac{|\langle v, w \rangle|}{||v|| \cdot ||w||} \le 1$$

schreiben. Folglich gibt es genau ein $\vartheta \in [0, \pi]$ mit

$$\cos \vartheta = \frac{|\langle v, w \rangle|}{||v|| \cdot ||w||}.$$

Die Zahl ϑ definiert man als *Winkel* zwischen v und w, in Zeichen

$$\angle(v, w) = \arccos \frac{|\langle v, w \rangle|}{||v|| \cdot ||w||}.$$

Anmerkung: Für den Fall, dass einer der beteiligten Winkel normiert ist, erhält man hieraus eine geometrische Interpretation des Skalarprodukts. Ist etwa $||w|| = 1$, dann gilt

$$\langle v, w \rangle = ||v|| \cdot \cos \angle(v, w).$$

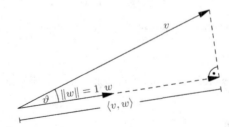

Das heißt, dass $\langle v, w \rangle$ in diesem Fall die Komponente von v in Richtung von w angibt, wie es in der Abbildung veranschaulicht ist.

Frage 360 Können Sie für den Fall $V = \mathbb{R}^2$ zeigen, dass die Winkeldefinition mit der geometrischen Vorstellung eines Winkels übereinstimmt?

Antwort: Der Zusammenhang wird über das *Additionstheroem für den Cosinus*

$$\cos(\alpha + \beta) = \cos \alpha \cos \beta - \sin \alpha \sin \beta,$$

das z. B. in [6] bewiesen wird, hergestellt. Bezeichnen α bzw. β die von den Vektoren $x = (x_1, x_2)^T$ bzw. $y = (y_1, y_2)^T$ aus $\mathbb{R}^2$ mit der x_1-Achse eingeschlossenen Winkel, so gilt

$$x = ||x|| \cdot (\cos \alpha, \sin \alpha)^T, \qquad y = ||y|| \cdot (\cos \beta, \sin \beta)^T.$$

Mit dem Additionstheorem folgt

$$\cos \angle(x, y) = \cos(\beta - \alpha) = ||x|| \cdot ||y|| \cdot (\cos \alpha \cos \beta + \sin \alpha \sin \beta)$$
$$= ||x|| \cdot ||y|| \cdot (x_1 x_2 + y_1 y_2) = ||x|| \cdot ||y|| \cdot \langle x, y \rangle.$$

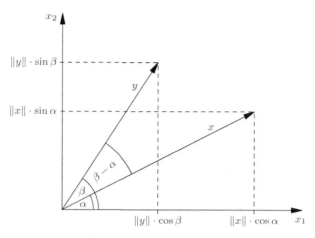

Das entspricht der Winkeldefinition aus Frage 359.   ◆

Frage 361 Können Sie zeigen, dass in einem euklidischen oder unitären Vektorraum V die folgenden Äquivalenzen gelten?

$$||v + w|| = ||v - w|| \Longleftrightarrow \langle v, w \rangle = 0$$
$$||v + w||^2 = ||v||^2 + ||w||^2 \Longleftrightarrow \langle v, w \rangle = 0. \qquad \text{(Satz des Pythagoras)}$$

Antwort: Wegen

$$||v + w|| = \sqrt{\langle v + w, v + w \rangle} = \sqrt{\langle v, v \rangle + \langle w, w \rangle + 2\langle v, w \rangle}$$
$$||v - w|| = \sqrt{\langle v - w, v - w \rangle} = \sqrt{\langle v, v \rangle + \langle w, w \rangle - 2\langle v, w \rangle}$$

hat man $||v + w|| = ||v - w||$ genau dann, wenn $\langle v, w \rangle = -\langle v, w \rangle$, also $\langle v, w \rangle = 0$ gilt. Weiter ist

$$||v + w||^2 = \langle v, v \rangle + \langle w, w \rangle + 2\langle v, w \rangle = ||v|| + ||w|| + 2\langle v, w \rangle.$$

Also gilt der Satz von Pythagoras genau dann, wenn $\langle v, w \rangle = 0$ gilt.   ◆

Frage 362 Kennen Sie eine notwendige Bedingung dafür, dass eine Norm aus einem Skalarprodukt abgeleitet ist?

Antwort: Ist $\langle \, , \, \rangle$ ein Skalarprodukt auf V, so gilt

$$\langle v + w, v + w \rangle + \langle v - w, v - w \rangle = 2\langle v, v \rangle + 2\langle w, w \rangle,$$

also für die von dem Skalarprodukt abgeleitete Norm $||v|| := \sqrt{\langle v, v \rangle}$ die sogenannte *Parallelogramm-Gleichung*

$$||v + w||^2 + ||v - w||^2 = 2||v||^2 + 2||w||^2.$$

$\blacklozenge$

Frage 363 Können Sie umgekehrt (wenigstens im Fall $\mathbb{K} = \mathbb{R}$) zeigen, dass man bei Gültigkeit der Parallelogramm-Identität für die Norm ein Skalarprodukt so definieren kann, dass die aus dem Skalarprodukt abgeleitete Norm gerade die gegebene ist?

Antwort: Ein Skalarprodukt mit der Eigenschaft $||v|| = \sqrt{\langle v, v \rangle}$ muss die Gleichung

$$||v + w||^2 = ||v||^2 + ||w||^2 + 2\langle v, w \rangle$$

erfüllen. Man setze deswegen

$$\langle v, w \rangle := \frac{1}{2}(||v + w||^2 - ||v||^2 - ||w||^2).$$

Daraus folgt mit der Parallelogramm-Identität

$$\langle v, w \rangle = \frac{1}{4}(||v + w||^2 - ||v - w||^2).$$

Damit hätte man einen Kandidaten gefunden, für den jetzt noch im Einzelnen nachgewiesen werden muss, dass er die Eigenschaften eines Skalarprodukts (Bilinearität, Symmetrie, positive Definitheit) besitzt. Die Symmetrie und positive Definitheit ergeben sich unmittelbar aus den Eigenschaften der Norm. Die Bilinearität weist man in mehreren Schritten nach. Durch eine direkte Rechnung zeigt man $\langle v + v', w \rangle = \langle v, w \rangle + \langle v', w \rangle$ und folgert daraus, dass die Gleichung $\langle \lambda v, w \rangle = \lambda \cdot \langle v, w \rangle$ zunächst für alle $\lambda \in \mathbb{N}$ gilt. Aus Linearitätsgründen folgt daraus, dass die Gleichung auch für alle $\lambda \in \mathbb{Q}$ gilt. In einem letzten Schritt folgert man, dass die Gleichung auch noch für beliebige $\lambda \in \mathbb{R}$ gültig bleibt. $\blacklozenge$

Frage 364 Warum stammt die Maximumsnorm

$$||(x_1, \ldots, x_n)|| = \max\{|x_1|, \ldots, |x_n|\}$$

im $\mathbb{R}^n$ nicht von einem Skalarprodukt?

Antwort: Die Maximumsnorm erfüllt nicht die Parallelogramm-Identität, so ist etwa mit $x = (1, 0, \ldots, 0)$ und $y = (0, 1, \ldots, 0)$

$$||x + y||^2 + ||x - y||^2 = 1 + 1 \neq 2 + 2 = 2||x|| + 2||y||.$$

$\blacklozenge$

6.3 Orthonormalbasen und das Orthonormalisierungsverfahren von Gram-Schmidt

Frage 365 Sei V ein euklidischer oder unitärer Vektorraum und $U \subset V$ ein Unterraum. Was versteht man unter einer **Projektion** von V auf U?

Antwort: Man wähle ein Komplement W von U in V, also einen Unterraum $W \subset V$ derart, dass $V = U \oplus W$ gilt. Unter der *Projektion von V auf U entlang W* versteht man die eindeutig bestimmte lineare Abbildung $T \colon V \longrightarrow V$ mit der Eigenschaft, dass für jeden Vektor $v = u + w \in U \oplus W$ gilt $T(v) = T(u + w) = u$.

Zu einem gegebenen Unterraum $U \subset V$ existieren demnach verschiedene Projektionen auf U, abhängig von der Wahl des Komplements W. Als Beispiel betrachte man den $\mathbb{R}^2$ mit $U = \operatorname{span}(e_1)$, $W = \operatorname{span}(e_2)$ bzw. $W' = \operatorname{span}\big((1,1)^T\big)$.

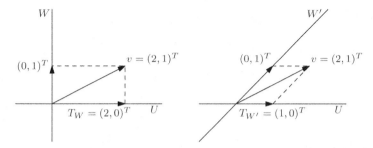

Es gilt $\mathbb{R}^2 = U \oplus W = U \oplus W'$, und ein Vektor $v = (2,1)^T \in \mathbb{R}^2$ kann auf zwei Arten dargestellt werden:

$$v = (2,1)^T = \begin{cases} 2e_1 + e_2 & \in U \oplus W = \mathbb{R}^2, \\ e_1 + (1,1)^T & \in U \oplus W' = \mathbb{R}^2. \end{cases}$$

Bezeichnen T_W und $T_{W'}$ die Projektionen von U entlang von W bzw. W', so erhält man entsprechend

$$T_W(v) = (2,0)^T \quad \text{und} \quad T_{W'}(v) = (1,0)^T.$$

$\blacklozenge$

Frage 366 Wie lassen sich Projektionen $T \colon V \longrightarrow V$ eines Vektorraumes V auf einen Unterraum $U \subset V$ algebraisch charakterisieren?

Antwort: *Eine lineare Abbildung $T \colon V \longrightarrow V$ ist eine Projektion auf $U \subset V$ genau dann, wenn $T^2 = T \circ T = T$ gilt.*
Beweis: Die Notwendigkeit der Bedingung ist klar. Für jeden Vektor $v = u + w \in V = U \oplus W$ gilt $T\big(T(u+v)\big) = T(u) = u = T(u+v)$.

Man betrachte also die Umkehrung und nehme $T^2 = T$ an. Ist $u \in \text{im}(T)$, so gibt es ein $v \in V$ mit $T(v) = u$, und aus der Voraussetzung folgt

$$T(u) = T(T(v)) = T^2(v) = T(v) = u.$$

Also gilt $T(u) = u$ für alle $u \in \text{im}(T)$. Daher genügt es zu zeigen, dass die Voraussetzung $V = \text{im}\,(T) \oplus \ker(T)$ impliziert, denn für $u + w \in V = \text{im}\,(T) \oplus \ker(T)$ hat man in diesem Fall $T(u + w) = T(u) = u$.

Nun gilt aufgrund der Dimensionsformel $\dim V = \dim \text{im}\,(T) + \dim \ker(T)$, woraus $V = \text{im}\,(T) + \ker(T)$ folgt. Es bleibt also nur noch $\text{im}\,(T) \cap \ker(T) = \{0\}$ zu zeigen. Dazu nehme man $v \in \text{im}\,(T) \cap \ker(T)$ an. Dann gibt es einen Vektor $x \in V$ mit $T(x) = v$, und außerdem gilt $T(v) = 0$. Daraus folgt wegen $T^2 = T$

$$v = T(x) = T^2(x) = T(T(x)) = T(v) = 0.$$

Das zeigt $V = \text{im}\,(T) \oplus \ker(T)$ und damit die Behauptung.   ◆

Frage 367 Wann nennt man zwei Vektoren v, w eines $\mathbb{K}$-Vektorraums mit Skalarprodukt **orthogonal**?

Antwort: Zwei Vektoren v und w heißen *orthogonal*, in Zeichen $v \perp w$ genau dann, wenn $\langle v, w \rangle = 0$ gilt.

Im $\mathbb{R}^n$ entspricht das geometrisch dem Sachverhalt, dass die beiden Vektoren „senkrecht" aufeinanderstehen. Dies steht im Einklang mit $\angle(v, w) = \arccos\langle v, w \rangle = \arccos 0 = \frac{\pi}{2}$.   ◆

Frage 368 Wann nennt man zwei Unterräume U und W eines euklidischen oder unitären Vektorraumes V zueinander **orthogonal**? Wie ist das **orthogonale Komplement** $U^\perp$ eines Unterraums $U \subset V$ definiert?

Antwort: U und W heißen *zueinander orthogonal*, geschrieben $U \perp W$, wenn $\langle u, w \rangle = 0$ für alle Vektoren $u \in U$ und $w \in W$ gilt.

Als das *orthogonale Komplement* $U^\perp$ eines Unterraums $U \subset V$ definiert man die Menge aller $v \in V$, die zu jedem Vektor aus U orthogonal sind:

$$U^\perp := \{v \in V; \langle u, v \rangle = 0 \text{ für alle } u \in U\}.$$

Es ist leicht einzusehen, dass $U^\perp$ ein Unterraum von V ist. Ferner erkennt man aus Linearitätsgründen sofort, dass ein Vektor $v \in V$ genau dann zu $U^\perp$ gehört, wenn er auf jedem Vektor einer beliebigen Basis von U senkrecht steht.   ◆

Frage 369 Sei U ein Unterraum eines euklidischen oder unitären Vektorraums V. Können Sie folgende Sachverhalte zeigen?

(i) $\dim U + \dim U^\perp = \dim V$
(ii) $(U^\perp)^\perp = U$
(iii) $V = U \oplus U^\perp$

Antwort: (i) Sei $\dim U = k$. Man wähle eine Basis $\{v_1, \ldots, v_k\}$ von U und ergänze diese zu einer Basis $\{v_1, \ldots, v_k, v_{k+1}, \ldots, v_n\}$ von V, wobei $n = \dim V$ ist. Für einen Vektor $v = \sum_{i=1}^n \alpha_i v_i \in V$ gilt dann $v \in U^\perp$ genau dann, wenn die folgenden k Gleichungen erfüllt sind

$$0 = \langle v_1, v \rangle = \langle v_1, v_1 \rangle \alpha_1 + \langle v_1, v_2 \rangle \alpha_2 + \cdots + \langle v_1, v_n \rangle \alpha_n$$
$$\vdots \qquad\qquad\qquad \vdots$$
$$0 = \langle v_k, v \rangle = \langle v_k, v_1 \rangle \alpha_1 + \langle v_k, v_2 \rangle \alpha_2 + \cdots + \langle v_k, v_n \rangle \alpha_n$$

Dies ist ein System von k Gleichungen in n Unbekannten, deren Koeffizientenmatrix eine Teilmatrix der Strukturmatrix des Skalarproduktes bezüglich der Basis $\mathcal{B}$ ist (vgl. Frage 344). Da deren Spalten linear unabhängig sind, hat die Koeffizientenmatrix den Rang k. Der Lösungsraum des Gleichungssystems besitzt damit die Dimension $n - k$. Es folgt $\dim U^\perp = n - k = \dim V - \dim U$ und damit die Behauptung.

(ii) Da jeder Vektor aus U orthogonal zu $U^\perp$ ist, gilt zunächst $U \subseteq (U^\perp)^\perp$. Nach (i) gilt außerdem $\dim(U^\perp)^\perp = n - \dim U^\perp = n - (n - \dim U) = \dim U$. Zusammen folgt $U = (U^\perp)^\perp$.

(iii) Wegen $U \cap U^\perp = \{0\}$ folgt die Behauptung aus (i) zusammen mit der Antwort zu Frage 125. ◆

Frage 370 Was versteht man unter der **orthogonalen Projektion** eines $\mathbb{K}$-Vektorraums V mit Skalarprodukt auf einen Unterraum $U \subset V$?

Antwort: Die orthogonale Projektion $\mathrm{proj}_U \colon V \longrightarrow U$ von V auf U ist die nach den Fragen 365 und 369 eindeutig bestimmte Projektion auf U entlang des orthogonalen Komplements $U^\perp$. ◆

Frage 371 Durch welche Eigenschaft ist die orthogonale Projektion auf einen Unterraum $U \subset V$ eindeutig charakterisiert?

Antwort: Für jeden Vektor $v \in V$ gilt $v = \mathrm{proj}_U(v) + \mathrm{proj}_{U^\perp}(v)$, also $v - \mathrm{proj}_U(v) = \mathrm{proj}_{U^\perp}(v) \in U^\perp$. Die orthogonale Projektion auf U erfüllt also die Bedingung

$$\langle v - \mathrm{proj}(v), u \rangle = 0 \quad \text{für alle } u \in U. \tag{$*$}$$

Anders herum folgt aus dieser Eigenschaft, dass $\mathrm{proj}(u) = u$ für alle $u \in U$ gilt. Außerdem hat man $v - \mathrm{proj}(v) \in U^\perp$. Wegen $V = U \oplus U^\perp$ gibt es also ein $u \in U$, so dass sich v eindeutig in der Form $v = u + v - \mathrm{proj}(v)$ schreiben lässt. Daraus folgt $\mathrm{proj}(v) \in U$ für alle $v \in V$ und insgesamt die Eigenschaften, die die Projektion eindeutig charakterisieren. ◆

Frage 372 Wie erhält man für $v \in V$ die **beste Approximation (Proximum)** von v in $U \subset V$?

Antwort: Das Proximum von v in U ist derjenige Vektor $\mathrm{prox}(v) \in U$, der von v den „kleinsten Abstand" im Sinne der Norm hat, also durch die Bedingung

$$||v - \mathrm{prox}\,(v)\,|| \le ||v - u|| \qquad \text{für alle } u \in U$$

charakterisiert ist. Das Proximum von v in U erhält man mittels orthogonaler Projektion von v auf U. Es gilt also

$$\mathrm{prox}(v) = \mathrm{proj}_U(v).$$

Beweis: Wegen $v = \mathrm{proj}_U(v) + \mathrm{proj}_{U^\perp}(v)$ für alle $v \in V$ ist $v - \mathrm{proj}_U(v) \in U^\perp$. Also gilt für alle $u \in U$

$$
\begin{aligned}
||v - u||^2 &= ||(v - \mathrm{proj}(v)) + (\mathrm{proj}(v) - u)||^2 \\
&= ||v - \mathrm{proj}(v)||^2 + ||\mathrm{proj}(v) - u||^2 \\
&\ge ||v - \mathrm{proj}(v)||.
\end{aligned}
$$

Dabei wurde in der zweiten Gleichung der Satz des Pythagoras aus Frage 361 auf den Fall der orthogonalen Vektoren $v - \mathrm{proj}(v) \in U^\perp$ und $u - \mathrm{proj}(v) \in U$ angewendet. ◆

Frage 373 Wie lässt sich mithilfe einer Orthonormalbasis für U eine explizite Darstellung für die orthogonale Projektion auf einen Unterraum $U \subset V$ angeben?

Antwort: Sei $\{u_1, \ldots, u_k\}$ eine Orthonormalbasis von U. Die Bedingung $(*)$ aus Antwort 370 ist dann gleichwertig mit $\langle v, u_j \rangle = \langle p(v), u_j \rangle$ für alle $j \in \{1, \ldots, k\}$. Mit $p(v) = \sum_{i=1}^m a_i u_i$ erhält man damit

$$\langle v, u_j \rangle = \sum_{i=1}^m \alpha_i \langle u_i, u_j \rangle = \alpha_j,$$

wegen $\langle u_i, u_j \rangle = \delta_{ij}$. Also ist p durch die Gleichung

$$p(v) = \langle v, u_1 \rangle u_1 + \cdots + \langle v, u_m \rangle u_m,$$

für jedes $v \in V$ definiert.

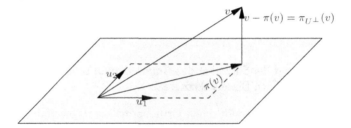

♦

Frage 374 Wann heißt ein System $(v_j)_{j \in J}$ von Vektoren v_j eines $\mathbb{K}$-Vektorraums mit Skalarprodukt

(i)   ein Orthogonalsystem?
(ii) ein Orthonormalsystem?

Antwort: Das System heißt *orthogonal*, wenn je zwei verschiedene Vektoren des Systems orthogonal sind:

$$\langle v_i, v_j \rangle = 0 \qquad \text{für } i \neq j.$$

Eine orthogonales System heißt *orthonormal*, wenn zusätzlich $\|v_j\| = 1$ für alle $j \in J$ gilt.   ♦

Frage 375 Warum sind Orthogonalsysteme, die den Nullvektor nicht enthalten, stets linear unabhängig?

Antwort: Seien die Vektoren $v_1, \ldots, v_n$ paarweise orthogonal. Aus der Gleichung

$$\alpha_1 v_1 + \ldots + \alpha_n v_n = 0$$

folgt dann für $i = 1, \ldots, n$

$$\langle \alpha_1 v_1 + \ldots + \alpha_n v_n, v_i \rangle = \alpha_i \langle v_i, v_i \rangle = 0,$$

also $\alpha_i = 0$, da $\langle v_i, v_i \rangle > 0$ gilt, falls $v_i \neq 0$ ist.   ♦

Frage 376 Was ist eine **Orthonormalbasis** in einem $\mathbb{K}$-Vektorraum mit Skalarprodukt?

Antwort: Eine *Orthonormalbasis* in einem $\mathbb{K}$-Vektorraum ist ein orthonormales System von Vektoren, das gleichzeitig eine Basis von V bildet.

Beispielsweise ist die kanonische Basis im $\mathbb{R}^n$ eine Orthonormalbasis.   ◆

Frage 377 Was besagt der Satz über das *Gram-Schmidt'sche Orthonormalisierungs-verfahren*? Können Sie einen Beweis skizzieren?

Antwort: Mit dem Gram-Schmidt'schen Orthonormalisierungsverfahren lässt sich zu jedem Unterraum $U \subset V$ eines euklidischen oder unitären Vektorraumes V eine Orthonormalbasis konstruieren. Der dahinter stehende Satz lässt sich folgendermaßen formulieren:

Sei $\{v_1, v_2, \ldots\}$ ein endliches oder höchstens abzählbar unendliches System linear unabhängiger Vektoren eines euklidischen oder unitären Vektorraumes V. Dann gibt es ein zugehöriges Orthonormalsystem $\{e_1, e_2, \ldots\}$, so dass für jedes $k \in \mathbb{N}$ die Vektoren $\{e_1, \ldots, e_k\}$ denselben Unterraum U_k von V erzeugen wie die Vektoren $\{v_1, \ldots, v_k\}$.
Beweis: Mittels vollständiger Induktion über k. Der Vektor $e_1 := \frac{v_1}{\|v_1\|}$ bildet eine Orthonormalbasis des Unterraums $U_1 := \mathbb{R}v_1$. Damit ist der Induktionsanfang erledigt.

Sei nun die Behauptung für $k - 1$ Vektoren bereits bewiesen, d. h. $\{e_1, \ldots, e_{k-1}\}$ ein Orthonormalsystem des Unterraums $U_{k-1} := \operatorname{span}(v_1, \ldots, v_{k-1})$. Nach Frage 371 ist $v_k - \operatorname{proj}_{U_{k-1}}(v_k)$ orthogonal zu den Vektoren $e_1, \ldots, e_{k-1}$, und nach Frage 373 gilt

$$\operatorname{proj}_{U_{k-1}}(v_{k-1}) = \langle v_k, e_1 \rangle e_1 + \langle v_k, e_2 \rangle e_2 + \cdots + \langle v_k, e_{k-1} \rangle e_{k-1}.$$

Setzt man also

$$e_k := \frac{v_k - \langle v_k, e_1 \rangle e_1 - \langle v_k, e_2 \rangle e_2 - \cdots - \langle v_k, e_{k-1} \rangle e_{k-1}}{\|\langle v_k, e_1 \rangle e_1 + \langle v_k, e_2 \rangle e_2 + \cdots + \langle v_k, e_{k-1} \rangle e_{k-1}\|}, \qquad (*)$$

so gilt $\|e_k\| = 1$ und $\langle e_k, e_j \rangle = 0$ für alle $j = 1, \ldots, k - 1$. D. h., $\{e_1, \ldots, e_k\}$ ist eine Orthonormalbasis des Unterraums U_k. Damit ist der Induktionsschritt und damit der Satz insgesamt bewiesen.

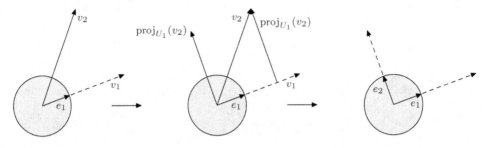

Die Abbildung zeigt die einzelnen Schritte bei Konstruktion einer Orthonormalbasis im Fall $V = \mathbb{R}^2$.   ◆

Frage 378 Können Sie aus dem Orthonormalisierungsverfahren von Gram-Schmidt folgern, dass jeder endlich-dimensionale $\mathbb{K}$-Vektorraum V eine Orthonormalbasis besitzt?

Antwort: Man wähle irgendeine Basis von V und forme diese mithilfe des Gram-Schmidt'schen Verfahrens zu einer Orthonormalbasis um. ◆

Frage 379 Können Sie zeigen, dass zu jedem endlichdimensionalen euklidischen oder unitären Vektorraum $(V, \langle\,,\,\rangle)$ eine Basis existiert, so dass das Skalarprodukt bezüglich dieser Basis sich in der Standardform aus Frage 341 darstellen lässt?

Antwort: Man wähle eine Orthonormalbasis $\mathcal{B} = \{e_1, \ldots, e_n\}$ von V. Für Vektoren $v = \alpha_1 e_1 + \cdots \alpha_n e_n$ und $w = \beta_1 e_1 + \cdots + \beta_n e_n$ gilt dann wegen $\langle e_i, e_j \rangle = \delta_{ij}$

$$\langle v, w \rangle = \sum_{i=1}^{n} \sum_{j=1}^{m} \alpha_i \overline{\beta}_j \langle e_i, e_j \rangle = \alpha_1 \overline{\beta}_1 + \cdots + \alpha_n \overline{\beta}_n,$$

was genau dem Standardskalarprodukt in $\mathbb{C}^n$ entspricht (für den Fall, dass V ein $\mathbb{R}$-Vektorraum ist, ignoriere man in der obigen Rechnung einfach die Konjugationsstriche).

Ist eine Orthonormalbasis von V gegeben, so lässt der Koordinatenisomorphismus $\kappa \colon V \longrightarrow \mathbb{K}^n$ das Skalarprodukt auf V somit invariant, indem es dieses mit dem kanonischen Skalarprodukt im $\mathbb{K}^n$ identifiziert. ◆

Frage 380 Können Sie im Raum $\mathscr{C}[0,1]$ mit dem Skalarprodukt

$$\langle f, g \rangle = \int_0^1 f(x) g(x) \, \mathrm{d}x$$

eine Basis aus orthogonalen Vektoren für den von den Funktionen w_1, w_2, w_3 mit $w_1(x) = 1, w_2(x) = x$ und $w_3(x) = x^2$ aufgespannten Unterraum mithilfe des Gram-Schmidt'schen Verfahrens konstruieren?

Antwort: Entsprechend des Orthonormalisierungsverfahrens konstruiert man schrittweise paarweise orthogonale Vektoren (Funktionen) v_1, v_2 und v_3. Man erhält

$$v_1 = w_1 = 1$$
$$v_2 = w_2 - \frac{\langle v_1, w_2 \rangle}{\langle v_1, v_1 \rangle} v_1 = x - \frac{1/2}{1} 1 = x - \frac{1}{2}$$
$$v_3 = w_3 - \frac{\langle v_1, w_3 \rangle}{\langle v_1, v_1 \rangle} v_1 - \frac{\langle v_2, w_3 \rangle}{\langle v_2, v_2 \rangle} v_2 = x^2 - \frac{1/3}{1} 1 - \frac{1/12}{1/12} \left(x - \frac{1}{2} \right) = x^2 - x + \frac{1}{6}.$$

Es lässt sich jetzt nachprüfen, dass Funktionen v_1, v_2, v_3 tatsächlich orthogonal sind. Zum Beispiel gilt

$$\langle v_2, v_3 \rangle = \int_0^1 (x^2 - x + \frac{1}{6})(x - \frac{1}{2}) \, dx = \int_0^1 (x^3 - x^2 + \frac{1}{6}x - \frac{1}{2}x^2 + \frac{1}{2}x - \frac{1}{12}) \, dx = 0.$$

Betrachtet man statt dem Raum $\mathscr{C}[0,1]$ den Raum $\mathscr{C}[-1,1]$ mit dem Skalarprodukt $\langle f, g \rangle = \int_{-1}^1 f(x)g(x) \, dx$ und verlangt als Normierungseigenschaft, dass jedes Polynom den Wert 1 an der Stelle $x = 1$ annimmt, so erhält man mit demselben Verfahren die ersten drei *Legendre-Polynome*.   ◆

Frage 381 Können Sie zeigen, dass eine Sesquilinearform $\Phi \colon V \longrightarrow V$ eines endlich-dimensionalen unitären Vektorraums V genau dann positiv definit, also ein Skalarprodukt ist, wenn eine Matrix $S \in GL(n, \mathbb{K})$ mit

$$S^T \cdot M_\mathcal{B}(\Phi) \cdot \overline{S} = E_n \qquad\qquad (*)$$

existiert, wobei $M_\mathcal{B}(\Phi)$ wie üblich die Strukturmatrix von Φ bezüglich einer Basis $\mathcal{B}$ von V bezeichnet.

Antwort: Sei zunächst Φ ein Skalarprodukt. Dann besitzt V nach Frage 378 eine Orthonormalbasis $\mathcal{C}$, und bezüglich dieser Basis gilt nach Frage 379 dann $M(\Phi)_\mathcal{C} = E_n$. Mit der Transformationsformel aus Frage 348 folgt

$$E_n = M_\mathcal{C}(\Phi) = (M_\mathcal{B}^\mathcal{C})^T \cdot M(\phi)_\mathcal{B} \cdot \overline{M_\mathcal{B}^\mathcal{C}},$$

wobei $M_\mathcal{B}^\mathcal{C}$ wie üblich die Basiswechselmatrix von $\mathcal{C}$ nach $\mathcal{B}$ bezeichnet. Setzt man $S = M_\mathcal{B}^\mathcal{C}$, so folgt daraus $(*)$.

Gilt umgekehrt $(*)$, dann kann man S als Basiswechselmatrix des Typs $M_\mathcal{B}^\mathcal{C}$ auffassen. Es gilt dann $M_\mathcal{C}(\Phi) = E_n$, woraus sich die positive Definitheit von Φ unmittelbar ablesen lässt.   ◆

Frage 382 Ist $\langle \, , \, \rangle$ ein Skalarprodukt auf einem endlich-dimensionalen $\mathbb{K}$-Vektorraum V, welche Eigenschaft besitzt dann die Determinante der Strukturmatrix $M(\langle , \rangle)_\mathcal{B}$ bezüglich jeder Basis $\mathcal{B}$ von V?

Antwort: Es gilt $\det M(\langle \, , \, \rangle)_\mathcal{B} > 0$.

Beweis: Man wähle eine Orthonormalbasis $\mathcal{C}$ von V. Nach der Transformationsformel und dem Multiplikationssatz für Determinanten gilt dann

$$\det M(\langle \, , \, \rangle)_\mathcal{B} = \det(M_\mathcal{C}^\mathcal{B})^T \cdot \det M(\langle , \rangle)_\mathcal{C} \cdot \det \overline{M_\mathcal{C}^\mathcal{B}}$$
$$= \det(M_\mathcal{C}^\mathcal{B})^T \cdot E_n \cdot \overline{\det M_\mathcal{C}^\mathcal{B}} = |\det M_\mathcal{C}^\mathcal{B}|^2 > 0.$$

◆

Frage 383 Sei $\Phi\colon V \longrightarrow V$ eine symmetrische Bilinearform bzw. hermitesche Form auf einem endlich-dimensionalen $\mathbb{K}$-Vektorraum V, und $\mathcal{B} = \{v_1, \ldots, v_n\}$ sei eine Basis von V. Kennen Sie für $M(\Phi)_\mathcal{B}$ ein Determinantenkriterium, das äquivalent zur positiven Definitheit von Φ ist?

Antwort: Es gilt:
Die symmetrische Bilinearform bzw. hermitesche Form Φ ist genau dann positiv definit, also ein Skalarprodukt, wenn alle Hauptunterdeterminanten von $M(\Phi)_\mathcal{B}$ positiv sind, d. h. wenn für die Matrizen

$$M_\ell := \Phi(v_i, v_j)_{i,j=1,\ldots,\ell} \in \mathbb{K}^{\ell \times \ell} \qquad mit\ \ell = 1, \ldots, n$$

gilt $\det M_\ell > 0$.

Beweis: Ist Φ positiv definit, dann auch die Einschränkung von Φ auf die Untervektorräume $V_\ell = \mathrm{span}(v_1, \ldots, v_\ell)$. Die Antwort zu Frage 382 liefert dann $\det M_\ell > 0$.

Gelte nun umgekehrt $\det M_\ell > 0$ für $\ell = 1, \ldots, n$. Wir beweisen induktiv, dass dann die Einschränkung $\Phi|_{V_\ell}$ auf V_ℓ für $\ell = 1, \ldots, n$ ein Skalarprodukt definiert. Für $\ell = 1$ ist dies klar, da in diesem Fall $\{v_1\}$ eine Basis von V_{n-1} ist, und wegen $M_1 = \Phi(v_1, v_1) > 0$ folgt die positive Definitheit von $\Phi|_{V_1}$ mit der Antwort zu Frage 336.

Ist nun bereits gezeigt, dass $\Phi|_{V_{n-1}}$ auf V_{n-1} ein Skalarprodukt definiert, dann existiert eine Orthonormalbasis $\{e_1, \ldots, e_{n-1}\}$. Ähnlich wie in der Antwort zu Frage 377 definiere man mit

$$v_n' = v_n - \sum_{i=1}^{n-1} \Phi(v_n, e_i)e_i,$$

einen zu allen e_i mit $i = 1, \ldots, n-1$ orthogonalen Vektor. Dann ist $\mathcal{C} = \{e_1, \ldots, e_{n-1}, v_n'\}$ eine Orthogonalbasis von V. Die Strukturmatrix von Φ bezüglich $\mathcal{C}$ hat damit die Gestalt

$$M(\Phi)_\mathcal{C} = \begin{pmatrix} 1 & & & & 0 \\ & \ddots & & & \\ & & \ddots & & \\ & & & 1 & 0 \\ 0 & & & 0 & \Phi(v_n', v_n') \end{pmatrix}$$

Mit $S = M_\mathcal{C}^B$ folgt $M(\Phi)_\mathcal{C} = S^T A_n \overline{S}$ und damit

$$\Phi(v_n', v_n') = \det M(\Phi)_\mathcal{C} = |\det S|^2 \cdot \det A_n > 0.$$

Somit gilt $\Phi(v_i, v_j) > 0$ für je zwei Basisvektoren v_i und v_j, also ist Φ positivdefinit nach Frage 336. $\blacklozenge$

6.4 Lineare Gleichungssysteme Teil 2

Für einen euklidischen oder unitären Vektorraum K^n erlauben die zusätzlichen Längen- und Winkelstrukturen eine Anwendung auf lineare Gleichungssysteme.

Frage 384 Sei A eine $m \times n$-Matrix. Können Sie

$$L(A,0) \perp Z(A) \text{ in } \mathbb{K}^n, \qquad L(A^T,0) \perp S(A) \text{ in } \mathbb{K}^m$$

zeigen?

Antwort: Für jeden Vektor $v \in \mathbb{R}^n$ gilt $A \cdot v = 0 \Longleftrightarrow a \cdot v = 0$ für jeden Zeilenvektor a von A. Das zeigt $L(A,0) \perp Z(A)$. Die zweite Gleichung ergibt sich daraus wegen $S(A) = Z(A^T)$. ◆

Frage 385 Wieso gilt

$$L(A,0) = Z(A)^\perp \qquad L(A^T,0) = S(A)^\perp$$

für jede Matrix $A \in \mathbb{K}^{m \times n}$?

Antwort: $L(A,0)$ und $Z(A)$ sind jeweils Unterräume von V und es gilt

$$\begin{aligned}
\dim(L(A,0) + Z(A)) &= \dim L(A,0) + \dim Z(A) - \dim(L(A,0) \cap Z(A)) \\
&= \dim L(A,0) + \dim Z(A) \\
&= \dim L(A,0) + \mathrm{rg}(A) = n = \dim \mathbb{K}^n.
\end{aligned}$$

Daraus folgt $L(A,0) + Z(A) = \mathbb{K}^n$, und wegen $L(A,0) \cap Z(A) = \{0\}$ dann sogar $L(A,0) \oplus Z(A) = \mathbb{K}^n$. Daraus folgt zusammen mit Antwort 384 die erste Gleichung.
   Ein analoges Argument liefert $L(A^T,0) \oplus Z(A) = \mathbb{K}^m$, und man erhält die zweite Gleichung. ◆

Frage 386

Was versteht man unter der **Optimallösung** eines Gleichungssystems $Ax = b$ mit $A \in \mathbb{K}^{m \times n}$?

Antwort: Ein Vektor $x_0 \in \mathbb{K}^n$ heißt *Optimallösung* des Gleichungssystems, wenn gilt

$$||Ax_0 - b|| \leq ||Ax - b|| \quad \text{für alle } x \in \mathbb{K}^n, \qquad\qquad (*)$$

Eine Optimallösung x_0 ist also dadurch ausgezeichnet, dass der Vektor $Ax_0 \in \mathbb{K}^m$ zu dem „angezielten" Vektor $b \in \mathbb{K}^m$ den kleinsten Abstand hat. Ist das Gleichungssystem

$Ax = b$ lösbar, so sind die Optimallösungen mit den Lösungen identisch, andernfalls entsprechen die Optimallösungen den besten Annäherungen an die Lösungen hinsichtlich der gegebenen Metrik.

Um die Optimallösungen explizit zu bestimmen, betrachte man die orthogonale Zerlegung $S(A) \oplus L(A, 0) = \mathbb{K}^m$. Jeder Vektor $b \in \mathbb{K}^m$ besitzt eine eindeutige Darstellung $b = r + s$ mit $r \in S(A)$ und $s \in L(A, 0)$. Ferner ist $r = \mathrm{proj}_{S(A)}(b)$ und nach Frage 372 gilt daher

$$||r - b|| \leq ||y - b|| \quad \text{für alle } y \in \mathbb{K}^m.$$

Da r im Spaltenraum von A liegt, existieren Lösungen des Gleichungssystems $Ax = r$, und jede Lösung x_0 erfüllt in diesem Fall $(*)$.

Zusammenfassend gilt also: Sei $b = r + s$ mit $r \in Z(A)$ und $s \in L(A, 0)$ die orthogonale Zerlegung von $b \in \mathbb{K}^m$. Dann sind die Optimallösungen des Gleichungssystems $Ax = b$ durch die Lösungen des Systems

$$Ax = r = \mathrm{proj}_{Z(A)}(b)$$

gegeben. Da r im Zeilenraum von A liegt, ist dieses Gleichungssystem in jedem Fall lösbar. ◆

Frage 387 Was versteht man unter der **Normalgleichung** eines Gleichungssystems $Ax = b$? Wieso besitzt die Normalgleichung eine eindeutige Lösung, die gerade der besten Annäherung an x entspricht?

Antwort: Die *Normalgleichung* zu der Gleichung $Ax = b$ ist die Gleichung

$$A^T Ax = A^T b. \tag{$*$}$$

Um den Zusammenhang zu beweisen, betrachte man die nach den Fragen 369 und 385 eindeutig gegebene Zerlegung $b = b_S + b_L \in S(A) \oplus L(A^T, 0)$ mit $b_S = \mathrm{proj}_{S(A)}(b)$. Ist nun x_0 eine Lösung zu $(*)$, dann gilt $A^T(Ax_0 - b) = 0$ und damit

$$Ax_0 - b = Ax_0 - (b_Z + b_L) \in L(A^T, 0).$$

Wegen $Ax_0 \in S(A)$ und $b_L \in L(A^T, 0)$ folgt daraus

$$Ax_0 - b_S \in L(A^T, 0) \cap S(A) = \{0\},$$

also $Ax_0 = b_Z = \mathrm{proj}_{Z(A)}(b)$. D. h., x_0 ist die beste Annäherung an die Lösung von $Ax = b$. ◆

Frage 388 Was versteht man unter der QR-**Zerlegung** einer Matrix $m \times n$-Matrix A? Unter welchen Bedingungen existiert eine QR-Zerlegung, und wie kann man sie konstruieren?

Antwort: Unter der QR-*Zerlegung* von A versteht man eine Faktorisierung des Typs

$$A = QR,$$

bei der die Spaltenvektoren von $Q \in \mathbb{K}^{m \times n}$ orthonormale Vektoren im $\mathbb{R}^m$ sind und die Matrix $R^{n \times n}$ obere Dreiecksform hat. Es gilt
A besitzt eine QR-Zerlegung genau dann, wenn $\mathrm{rg}(A) = m$ *gilt, also wenn die Spalten von A linear unabhängig sind.*
Beweis: Seien $w_1, \dots, w_n$ die Spaltenvektoren von A. Da diese nach Voraussetzung linear unabhängig sind, kann man mit dem Gram-Schmidt-Verfahren eine Orthogonalbasis $(v_1, \dots, v_n)$ konstruieren, bei der sie v_i für $i = 1, \dots, n$ nach der Formel

$$v_i = w_i - \frac{\langle v_1, w_i \rangle}{\langle v_1, v_1 \rangle} v_1 - \frac{\langle v_2, w_i \rangle}{\langle v_2, v_2 \rangle} v_2 - \cdots - \frac{\langle v_{i-1}, w_i \rangle}{\langle v_{i-1}, v_{i-1} \rangle} v_{i-1}$$

berechnet. Auflösen dieser n Gleichungen nach w_i liefert das Gleichungssystem

$$w_1 = v_1$$
$$w_2 = \frac{\langle v_1, w_2 \rangle}{\langle v_1, v_1 \rangle} v_1 + v_2$$
$$\dots$$
$$w_n = \frac{\langle v_1 w_n \rangle}{\langle v_1, v_1 \rangle} v_1 + \frac{\langle v_2, w_n \rangle}{\langle v_2, v_2 \rangle} v_2 + \cdots + \frac{\langle v_{n-1}, w_n \rangle}{\langle v_{n-1}, v_{n-1} \rangle} v_{n-1} + v_n.$$

Mittels Matrizen schreibt sich dieses System in der Form

$$A = (v_1, \dots, v_n)\widetilde{R},$$

wobei $\widetilde{R} \in \mathbb{K}^{n \times n}$ eine obere Dreiecksmatrix ist. Setzt man nun noch $q_i := v_i / \|v_i\|$, so ist $(q_1, \dots, q_n)$ ein Orthonormalsystem in $\mathbb{K}^m$, es gilt $(v_1, \dots, v_n) = (q_1, \dots, q_n)$. Diag $(\|v_1\|, \dots, \|v_n\|)$ und folglich

$$A = (w_1, \dots w_n) = \underbrace{(q_1, \dots, q_n)}_{Q} \cdot \underbrace{\mathrm{Diag}(\|v_1\|, \dots, \|v_n\|) \cdot \widetilde{R}}_{R}$$

Mit $A = QR$ hat man die gewünschte QR-Zerlegung.   ◆

6.5 Orthogonale und unitäre Endomorphismen

Unter *orthogonalen* bzw. *unitären* Endomorphismen versteht man Selbstabbildungen eines euklidischen bzw. unitären Vektorraums, welche Längen von Vektoren und Winkel zwischen Vektoren invariant lassen. Im $\mathbb{R}^2$ beispielsweise sind die orthogonalen Endomorphismen genau die Drehungen um den Ursprung.

Frage 389 Seien $(V, ||\ ||_V)$ und $(W, ||\ ||_W)$ normierte Vektorräume. Wann heißt eine $\mathbb{K}$-lineare Abbildung $F \colon V \longrightarrow W$ eine **Isometrie** bzw. Kongruenzabbildung?

Antwort: Eine lineare Abbildung $F \colon V \longrightarrow W$ heißt *Isometrie*, wenn sie *längenerhaltend* in dem Sinne ist, dass für alle $v \in V$ stets $||F(v)|| = ||v||$ gilt. ◆

Frage 390 Wann nennt man einen Endomorphismus $F \colon V \longrightarrow V$ eine Vektorraum V mit Skalarprodukt $\langle\ ,\ \rangle$ **orthogonal** bzw. unitär?

Antwort: Ein Endomorphismus $F \colon V \longrightarrow V$ heißt *orthogonal* bzw. *unitär*, wenn für alle $v, w \in V$ gilt

$$\langle F(v), F(w) \rangle = \langle v, w \rangle.$$

◆

Frage 391 Können Sie zeigen, dass eine lineare Abbildung $F \colon V \longrightarrow V$ eines euklidischen oder unitären $\mathbb{K}$-Vektorraums V genau dann orthogonal bzw. unitär ist, wenn F eine Isometrie ist?

Antwort: Dass ein orthogonaler bzw. unitärer Endomorphismus auch eine Isometrie ist, folgt unmittelbar, wenn man in der Definition aus Frage 390 $v = w$ setzt.

Für den Beweis der Umkehrung müssen die beiden Fälle $\mathbb{K} = \mathbb{R}$ und $\mathbb{K} = \mathbb{C}$ unterschieden werden. In beiden Fällen gehen wir davon aus, dass F eine Isometrie ist und daher die Gleichung

$$\langle F(v), F(v) \rangle = \langle v, v \rangle \qquad \text{für alle } v \in V$$

erfüllt. Man betrachte zunächst den Körper $\mathbb{R}$. In diesem Fall gilt für alle $v, w \in V$

$$\langle F(v + w), F(v + w) \rangle = \langle v + w, v + w \rangle = \langle v, v \rangle + 2\langle v, w \rangle + \langle w, w \rangle$$

und zum anderen

$$\begin{aligned} \langle F(v + w), F(v + w) \rangle &= \langle F(v), F(v) \rangle + 2\langle F(v), F(w) \rangle + \langle F(w), F(w) \rangle \\ &= \langle v, v \rangle + 2\langle F(v), F(w) \rangle + \langle w, w \rangle \end{aligned}$$

Zusammen folgt hieraus $\langle F(v), F(w) \rangle = \langle v, w \rangle$ wie gewünscht.

Nun behandeln wir den Fall $\mathbb{K} = \mathbb{C}$. Da beim vorhergehenden Beweis wesentlich von der Symmetrie des Skalarproduktes Gebrauch gemacht wurde, lässt er sich nicht unmittelbar auf hermitesche Formen übertragen, aber mit demselben Argument wie oben erhält man zunächst die Gleichung

$$\langle F(v), F(w)\rangle + \langle F(w), F(v)\rangle = \langle v, w\rangle + \langle w, v\rangle. \qquad (*)$$

Nun wiederholt man die im ersten Teil ausgeführte Rechnung, ersetzt hierin aber w durch iw. Dann erhält man

$$\langle F(v + iw), F(v + iw)\rangle = \langle v + iw, v + iw\rangle = \langle v, v\rangle - i\langle v, w\rangle + i\langle w, v\rangle - \langle w, w\rangle$$

und

$$\langle F(v + iw), F(v + iw)\rangle = \langle v, v\rangle - i\langle F(v), F(w)\rangle + i\langle F(w)F(v)\rangle - \langle w, w\rangle.$$

Aus diesen beiden Gleichungen ergibt sich

$$-\langle v, w\rangle + \langle w, v\rangle = -\langle F(v), F(w)\rangle + \langle F(w), F(v)\rangle,$$

woraus zusammen mit $(*)$ das gewünschte Resultat folgt.   ◆

Frage 392 Wann heißt eine Matrix $A \in \mathrm{GL}(n, \mathbb{R})$ **orthogonal** bzw. eine Matrix $A \in \mathrm{GL}(n, \mathbb{C})$ **unitär**

Können Sie zeigen, dass für einen euklidischen bzw. unitären Vektorraum V mit Orthonormalbasis $\mathcal{B}$ eine Orthonormalbasis von V eine lineaer Abbildung $F \colon V \longrightarrow V$ genau dann eine Isometrie ist, wenn die beschreibende Matrix $A := A_\mathcal{B}(F)$ orthogonal bzw. unitär ist?

Antwort: Eine Matrix $A \in \mathrm{GL}(n, \mathbb{R})$ heißt *orthogonal*, wenn

$$A^{-1} = A^T$$

gilt. Entsprechend heißt $A \in \mathrm{GL}(n, \mathbb{K})$ *unitär*, wenn

$$A^{-1} = \overline{A^T}$$

gilt.

Sei $\mathcal{B} = (v_1, \ldots, v_n)$ eine Orthonormalbasis von V und $F \in \mathrm{End}(V)$. Die Spaltenvektoren $a_1, \ldots, a_n \in \mathbb{K}^n$ von A sind die Bilder der Basisvektoren unter F. Ist F eine Isometrie, so bilden die Spaltenvektoren von A eine Orthonormalbasis von $\mathbb{K}^n$ und es gilt

$$\overline{A}^T A = (\overline{a}_i^T \cdot a_j)_{1 \leq i, j \leq n} = (\overline{a}_i \bullet a_j)_{1 \leq i, j \leq n} = (\delta_{ij})_{1 \leq i, j \leq n} = E_n.$$

Umgekehrt folgt aus $\overline{A}^T A = E_n$

$$\langle F(v), F(w)\rangle = (\overline{A[v]_\mathcal{B}})^T A[w]_\mathcal{B} = [\overline{v}]_\mathcal{B}^T \overline{A}^T A[w]_\mathcal{B} = [v]_\mathcal{B}^T [w]_\mathcal{B} = \langle v, w\rangle.$$

Also ist F in diesem Fall eine Isometrie.

Der Beweis impliziert auch die entsprechende Aussage für reelle Vektorräume und orthogonale Matrizen. ◆

Frage 393 Wie sind die Mengen $SO(n)$, $O(n)$ und $U(n)$ definiert?

Antwort: Die Mengen $SO(n)$, $O(n)$ und $U(n)$ sind Untergruppen von $GL(n, \mathbb{R})$ bzw. $GL(n, \mathbb{C})$, definiert durch

$$O(n) := \{A \in GL(n, \mathbb{R}); A^{-1} = A^T\} \qquad (\textit{orthogonale Gruppe})$$
$$SO(n) := \{A \in O(n); \det A = 1\} \qquad (\textit{spezielle orthogonale Gruppe})$$
$$U(n) := \{A \in GL(n, \mathbb{C}); A^{-1} = \overline{A}^T\} \qquad (\textit{unitäre Gruppe})$$

Dass es sich bei den Mengen tatsächlich um Untergruppen von $GL(n, \mathbb{R})$ bzw. $GL(n, \mathbb{C})$ handelt, lässt sich unmittelbar überprüfen. Zum Beispiel gilt für $A, B \in U(n)$

$$(AB)^{-1} = B^{-1}A^{-1} = \overline{B}^T\overline{A}^T = \overline{(AB)}^T \quad \text{und} \quad (A^{-1})^{-1} = A = \overline{(A^T)}^T.$$

Das zeigt, dass $U(n)$ eine Untergruppe von $GL(n, \mathbb{C})$ ist. Entsprechend verifiziert man dies für $O(n)$ und $SO(n)$. ◆

Frage 394 Welche Form besitzen die orthogonalen Matrizen aus $GL(2, \mathbb{R})$?

Antwort: Jede orthogonale Matrix aus $GL(2, \mathbb{R})$ besitzt eine der beiden folgenden Formen

$$\begin{pmatrix} \cos\theta & -\sin\theta \\ \sin\theta & \cos\theta \end{pmatrix} \qquad \text{oder} \qquad \begin{pmatrix} \cos\theta & \sin\theta \\ \sin\theta & -\cos\theta \end{pmatrix} \qquad \text{mit } \theta \in [0, 2\pi[.$$

Beweis: Sei $A = \begin{pmatrix} a & b \\ c & d \end{pmatrix}$ orthogonal, so dass also $AA^T = E_2 = A^TA$ gilt. Aus der ersten Gleichung erhält man

$$a^2 + b^2 = 1, \quad ac + bd = 0, \quad c^2 + d^2 = 1$$

und aus der zweiten

$$a^2 + c^2 = 1, \quad ab + cd = 0, \quad b^2 + d^2 = 1.$$

Wegen der ersten Gleichung in der ersten Zeile gibt es ein $\theta \in [0.2\pi[$ mit $a = \cos\theta$ und $b = \sin\theta$. Aus der ersten Gleichung der zweiten Zeile erhält man $b = \pm c$. Ist $b = -c$, dann folgt $a = d$, andernfalls ist $a = -d$. Dies führt auf die beiden möglichen Matrizen.

Es ist anschaulich klar, dass eine Drehung außer für $\theta = 0$ und $\theta = \pi$ keine reellen Eigenwerte besitzen kann. In der Tat, für $A \in O(2)$ und $\det A = 1$ erhält man als charakteristisches Polynom

$$\chi_A(X) = (X - \cos\theta)^2 + \sin^2\theta,$$

und dieses quadratische Polynom besitzt nur in den Fällen eine reelle Nullstelle, in denen beide Summanden verschwinden, also $\sin\theta = 0$ ist, was $\theta = 0$ oder $\theta = \pi$ impliziert. ◆

Frage 395 Wie lassen sich die orthogonalen Matrizen aus $\mathrm{GL}(3, \mathbb{R})$ charakterisieren?

Antwort: Sei $F\colon \mathbb{R}^3 \longrightarrow \mathbb{R}^3$ orthogonal. Da das charakteristische Polynom χ_f den Grad 3 hat, existiert mindestens eine reelle Nullstelle und damit ein Eigenwert λ_1, für den $\lambda_1 = \pm 1$ gilt. Sei e_1 ein zugehöriger Eigenvektor. Indem wir den Vektor e_1 normieren, können wir $\|e_1\| = 1$ annehmen und ihn zu einer Orthonormalbasis $\mathcal{B} = \{e_1, e_2, e_3\}$ von V ergänzen. Mit $W = \mathrm{span}(e_2, e_3)$ gilt $F(W) = W$, die Einschränkung von F auf W ist also eine orthogonale Abbildung $\mathbb{R}^2 \longrightarrow \mathbb{R}^2$ und wird durch eine Matrix aus $A' \in O(2)$ beschrieben. Somit gilt

$$M_{\mathcal{B}}(F) = \begin{pmatrix} \lambda_1 & 0 & 0 \\ 0 & & \\ & & A' \\ 0 & & \end{pmatrix} =: A \quad \text{mit } A' \in O(2).$$

Die Gleichung $\det A = \det \lambda_1 \cdot \det A$ eröffnet an dieser Stelle eine Fallunterscheidung. $\lambda_1 = +1$. Ist $\det A = +1$, so gilt $\det A' = +1$, und damit besitzt A' die Gestalt $(*)$ aus Frage 394. Es gilt also

$$M_{\mathcal{B}}(F) = \begin{pmatrix} 1 & 0 & 0 \\ 0 & \cos\theta & -\sin\theta \\ 0 & \sin\theta & \cos\theta \end{pmatrix}$$

für ein $\theta \in [0, 2\pi[$.

Ist $\det A = -1$, dann folgt $\det A' = -1$, und nach der Bemerkung aus Frage 394 kann man eine Orthonormalbasis $\mathcal{B}$ aus Eigenvektoren von F wählen. Bezüglich dieser Basis gilt dann

$$M_{\mathcal{B}}(F) = \begin{pmatrix} 1 & 0 & 0 \\ 0 & 1 & 0 \\ 0 & 0 & -1 \end{pmatrix}.$$

$\lambda_1 = -1$. Hier sind wieder die Fälle $\det A = -1$ von $\det A = +1$ zu unterscheiden. Dies führt auf die beiden Möglichkeiten

$$M_{\mathcal{B}}(F) = \begin{pmatrix} -1 & 0 & 0 \\ 0 & \cos\theta & -\sin\theta \\ 0 & \sin\theta & \cos\theta \end{pmatrix} \quad \text{und} \quad M_{\mathcal{B}}(F) = \begin{pmatrix} -1 & 0 & 0 \\ 0 & 1 & 0 \\ 0 & 0 & -1 \end{pmatrix},$$

wo $\mathcal{B}$ eine geeignete Orthonormalbasis aus Eigenvektoren von F bezeichnet.

Bezüglich der Charakterisierung orthogonaler Matrizen 3×3-Matrizen bedeutet das, dass eine Matrix $A \in \mathbb{R}^{3\times 3}$ genau dann orthogonal ist, wenn eine Matrix $S \in \mathrm{GL}(3, \mathbb{R})$

existiert, so dass

$$S^{-1} \cdot A \cdot S$$

eine der vier dargestellten Formen besitzt. $\qquad\blacklozenge$

Frage 396 Können Sie zeigen, dass ein Endomorphismus $F\colon V \longrightarrow V$ eines euklidischen bzw. unitären Vektorraumes V genau dann orthogonal bzw. unitär ist, wenn F Orthonormalbasen von V auf Orthonormalbasen von V abbildet?

Antwort: Sei $\mathcal{B} = \{v_1, \ldots, v_n\}$ eine Orthonormalbasis von V. Ist F orthogonal bzw. unitär, dann gilt

$$\langle v_i, v_j \rangle = \delta_{ij} \quad \text{und} \quad \langle F(v_i), F(v_j) \rangle = \langle v_i, v_j \rangle.$$

Hieraus folgt, dass $\{F(v_1), \ldots, F(v_n)\}$ ebenfalls eine Orthonormalbasis von V ist.

Seien nun umgekehrt $\mathcal{B} = \{v_1, \ldots, v_n\}$ und $\mathcal{C} = \{F(v_1), \ldots, F(v_n)\}$ Orthonormalbasen von V und $F \in \mathrm{End}(V)$. Für zwei Vektoren $v = \lambda_1 v_1 + \cdots + \lambda_n v_n$ und $w = \lambda_1 v_1 + \cdots + \lambda_n v_n$ gilt aus Linearitätsgründen $F(v) = \lambda_1 F(v_1) + \cdots + \lambda_n F(v_n)$ und $F(w) = \mu_1 F(v_1) + \cdots + \mu_n F(v_n)$. Da $\mathcal{B}$ und $\mathcal{C}$ Orthonormalbasen sind, gilt nach Frage 379 für das Skalarprodukt

$$\langle v, w \rangle = \lambda_1 \overline{\mu}_1 + \cdots + \lambda_n \overline{\mu}_n$$

und

$$\langle F(v), F(w) \rangle = \lambda_1 \overline{\mu}_1 + \cdots + \lambda_n \overline{\mu}_n.$$

Es folgt, dass F unitär ist. $\qquad\blacklozenge$

Frage 397 Wieso sind alle unitären Abbildungen invertierbar?

Antwort: Nach Frage 396 bilden unitäre Abbildungen Orthonormalbasen auf Orthonormalbasen ab. Daraus ergibt sich die Behauptung aus allgemeinen Eigenschaften linearer Abbildungen.

Die Behauptung folgt auch unmittelbar aus der Antwort zu Frage 392, nach der ein unitärer Endomorphismus bezüglich einer Basis durch eine invertierbare Matrix dargestellt wird. $\qquad\blacklozenge$

Frage 398 Sei $F\colon V \longrightarrow V$ eine orthogonale Abbildung eines endlichdimensionalen Vektorraums V. Können Sie zeigen, dass V einen F-invarianten Unterraum W der Dimension 1 oder 2 besitzt?

Antwort: Besitzt F einen reellen Eigenwert λ mit zugehörigem Eigenvektor v, dann hat man mit $W := \mathbb{R}v$ einen F-invarianten Unterraum der Dimension 1. Es bleibt also nur der Fall zu behandeln, in dem F keine reellen Eigenwerte hat. In diesem Fall hat das charakteristische Polynom von F die Gestalt

$$\chi_f(X) = \pm(X - \lambda_k)(X - \overline{\lambda}_k) \cdots (X - \lambda_1)(X - \overline{\lambda}_1) = \pm p_k(X) \cdots p_1(X),$$

wobei $\lambda_i, \overline{\lambda}_i \in \mathbb{C} \backslash \mathbb{R}$ für $i = 1, \ldots, k$ die Eigenwerte von F und $p_i(X) = X^2 + cX + d \in \mathbb{R}[X]$ reelle Polynome vom Grad 2 sind (mit $c = -2\mathrm{Re}\lambda_i$ und $d = |\lambda_i|^2 = 1$).

Nun erinnere man sich an den Satz von Cayley-Hamilton (Frage 319). Nach diesem gilt

$$\chi_f(F)(v) = \pm(p_1(F) \circ \cdots \circ p_k(F))(v) = 0 \quad \text{für jedes } v \in 0,$$

woraus folgt, dass ein $v \neq 0$ mit der Eigenschaft existiert, dass

$$p_r(F)(v) = f^2(v) + cF(v) + dv = 0 \qquad (\ast)$$

für wenigstens ein $r \in \{1, \ldots, n\}$ gilt. (In der Tat: Man beginne mit einem beliebigen Vektor $v_1 \neq 0$. Ist dann $p_1(v_1) = 0$, so ist man fertig. Andernfalls betrachte man $v_2 := p_1(v_1)$ und schaue, ob $p_2(v_2) = 0$ gilt usw. Spätestens für den Vektor v_k muss dann $p_k(v_k) = 0$ gelten.)

Man setze nun $W := \mathrm{span}\,(v, F(v))$. Für jeden Vektor $w = av + bF(v) \in W$ gilt dann wegen $(\ast)$

$$f(w) = aF(v) + bf\,(F(v)) = aF(v) + b(-cF(v) - dv) = -bdv + (a - bc)F(v) \in W.$$

Somit ist W der gesuchte F-invariante Unterraum.   ◆

Frage 399 Wie lassen sich die orthogonalen Matrizen $\mathbb{R}^{n \times n}$ klassifizieren?

Antwort: Es gilt folgendes Theorem:
Ist F ein orthogonaler Endomorphismus eines euklidischen Vektorraumes V, so gibt es in V eine Orthonormalbasis $\mathcal{B}$ derart, dass

$$M_{\mathcal{B}}(f) = \begin{pmatrix} +1 & & & & & & & & \\ & \ddots & & & & & & & \\ & & +1 & & & & & & \\ & & & -1 & & 0 & & & \\ & & & & \ddots & & & & \\ & & & & & -1 & & & \\ & & 0 & & & & A_1 & & \\ & & & & & & & \ddots & \\ & & & & & & & & A_k \end{pmatrix}$$

gilt, wobei die Matrizen A_j für $j = 1, \ldots, k$ die Gestalt

$$A_j = \begin{pmatrix} \cos\theta_j & -\sin\theta_j \\ \sin\theta_j & \cos\theta_j \end{pmatrix} \in SO(2) \quad \textit{mit } \theta_j \in [0, 2\pi[\,\backslash\{0, \pi\}$$

besitzen.

Beweis: Induktion über $n = \dim V$. Die Behauptung ist klar für $n = 1$ und wurde für $n = 2$ in der Antwort zu Frage 394 gezeigt. Sei also V ein Vektorraum der Dimension n und die Behauptung für Vektorräume der Dimension $n-1$ und $n-2$ bereits gezeigt.

Nach dem Ergebnis von Frage 398 gibt es einen F-invarianten Unterraum $W \subset V$ mit $\dim W = 1$ oder $\dim W = 2$. Da F als orthogonale Abbildung bijektiv ist, gilt dann sogar.

$$F(W) = W \quad \text{und ebenso} \quad F(W^\perp) = W^\perp.$$

Die Einschränkungen $F_1 := f|_W$ und $F_2 := f|_{W^\perp}$ auf W bzw. $W^\perp$ sind damit jeweils orthogonale Abbildungen von W bzw. $W^\perp$ in sich. Nach der Induktionsvoraussetzung gibt es Orthonormalbasen $\mathcal{B}_1$ von W und $\mathcal{B}_2$ von $W^\perp$, bezüglich derer die Abbildungsmatrizen die angegebene Gestalt haben. Setzt man $\mathcal{B} := \mathcal{B}_1 \cup \mathcal{B}_2$, so ist $\mathcal{B}$ eine Orthonormalbasis von V, und die Matrix $M_\mathcal{B}(f)$ besitzt – nach entsprechender Anordnung der Basisvektoren – die Gestalt $(*)$. Damit ist der Satz bewiesen. ◆

6.6 Die adjungierte Abbildung

Frage 400 Sei $(V, \langle\,,\,\rangle)$ ein unitärer $\mathbb{K}$-Vektorraum. Wie ist die zu einem Endomorphismus $F \in \text{End}_\mathbb{K}(V)$ **adjungierte Abbildung** $F^*: V \longrightarrow V$ definiert?

Antwort: Die Abbildung $F^*: V \longrightarrow V$ heißt *zu F adjungiert*, wenn

$$\langle F(v), w \rangle = \langle v, F^*(w) \rangle \quad \text{für alle } v, w \in V \tag{$*$}$$

gilt. ◆

Frage 401 Können Sie zeigen, dass zu jedem $F \in \text{End}_\mathbb{K}(V)$ genau eine adjungierte Abbildung existiert?

Antwort: Um zunächst die Existenz zu zeigen, betrachte man eine Orthonormalbasis $\mathcal{B} = \{e_1, \ldots, e_n\}$ von V. Setzt man

$$F^*(w) := \overline{\langle F(e_1), w \rangle}e_1 + \cdots + \overline{\langle F(e_n), w \rangle}e_n, \tag{$**$}$$

so folgt für $i = 1, \ldots, n$

$$\langle e_i, F^*(w) \rangle = \langle e_i, \overline{\langle F(e_1), w \rangle} e_1 \rangle + \cdots + \langle e_i, \overline{\langle F(e_n), w \rangle} e_n \rangle$$
$$= \langle F(e_1), w \rangle \langle e_i, e_1 \rangle + \cdots + \langle F(e_n), w \rangle \langle e_i, e_n \rangle$$
$$= \langle F(e_i), w \rangle \langle e_i, e_i \rangle = \langle F(e_i), w \rangle.$$

Die Abbildung F^* besitzt also die Eigenschaft $(*)$, sofern v einer der Basisvektoren e_i ist, und aus Linearitätsgründen folgt daraus, dass $(*)$ sogar für alle Vektoren $v \in V$ gilt.

Für den Beweis der Eindeutigkeit nehme man an, $\widetilde{F}^*$ sei eine weitere Abbildung, die $(*)$ erfüllt. Dann gilt für alle $v, w \in V$

$$\langle F(v), w \rangle = \langle v, F^*(w) \rangle = \langle v, \widetilde{F}^*(w) \rangle \quad \text{also} \quad \langle v, F^*(w) - \widetilde{F}^*(w) \rangle = 0,$$

und daraus folgt $f^*(w) - \widetilde{F}^*(w) = 0$ für alle $w \in V$ wegen der positiven Definitheit von $\langle\ ,\ \rangle$, also $F^* = \widetilde{F}^*$.   ◆

Frage 402 Wieso ist die zu $F \in \text{End}_{\mathbb{K}}(V)$ adjungierte Abbildung F^* linear?

Antwort: Für Vektoren $u, v, w \in V$ gilt

$$\langle u, F^*(v + w) \rangle = \langle F(u), v + w \rangle = \langle F(u), v \rangle + \langle F(u), w \rangle$$
$$= \langle u, F^*(v) \rangle + \langle u, F^*(w) \rangle = \langle u, F^*(v) + F^*(w) \rangle,$$

und daraus folgt $F^*(v + w) = F^*(v) + F^*(w)$ wegen der positiven Definitheit des Skalarproduktes. Weiter gilt für $\lambda \in \mathbb{K}$

$$\langle v, F^*(\lambda w) \rangle = \langle F(v), \lambda w \rangle = \overline{\lambda} \langle F(v), w \rangle = \overline{\lambda} \langle v, F^*(w) \rangle = \langle v, \lambda F^*(w) \rangle,$$

also $F^*(\lambda w) = \lambda F^*(w)$. Das zeigt insgesamt die Linearität von F^*.   ◆

Frage 403 Kennen Sie eine Eigenschaft der adjungierten Abbildung F^*, die äquivalent zur Eigenschaft von F ist, orthogonal bzw. unitär zu sein?

Antwort: *Der Endomorphimus F ist unitär genau dann, wenn $F \circ F^*$ die identische Abbildung ist.*
Beweis: Ist F unitär, so gilt

$$\langle v, w \rangle = \langle F(v), F(w) \rangle = \langle v, F^*(F(w)) \rangle \quad \text{für alle } v, w \in V,$$

also $F^* \circ F = \text{id}$. Umgekehrt folgt aus $F^* \circ F = \text{id}$

$$\langle v, w \rangle = \langle v, F^*(F(w)) \rangle = \langle F(v), F(w) \rangle \quad \text{für alle } v, w \in V,$$

also $\langle v, w \rangle = \langle F(v), F(w) \rangle$, was bedeutet, dass F unitär ist.   ◆

Frage 404 Können Sie zeigen, dass für alle $F, G \in \text{End}(V)$ eines unitären Vektorraumes $(V, \langle \ , \ \rangle)$ und alle $\lambda, \mu \in \mathbb{K}$ die folgenden Eigenschaften gelten

(i) $F^{**} = F$
(ii) $(\lambda F + \mu G)^* = \overline{\lambda} F + \overline{\mu} G$ (d. h., die Abbildung $* : \text{End}(V) \to \text{End}(V)$ ist *semilinear*)
(iii) $(F \circ G)^* = G^* \circ F^*$.
(iv) $\ker F^* = (\text{im } F)^{\perp}, \qquad \text{im } F^* = (\ker F)^{\perp}$.
(v) $\text{rg } F = \text{rg } F^*$.

Antwort: (i) Für $v, w \in V$ gilt

$$\langle v, F^{**}(w) \rangle = \langle F^*(v), w \rangle = \overline{\langle w, F^*(v) \rangle} = \overline{\langle F(w), v \rangle} = \langle v, F(w) \rangle.$$

Es folgt $F^{**}(w) = F(w)$ für alle $w \in V$, also $F^{**} = F$ aufgrund der positiven Definitheit von $\langle \ , \ \rangle$.

(ii) Für alle $v, w \in V$ gilt

$$\begin{aligned}\langle v, (\lambda F + \mu G)^*(w) \rangle &= \langle (\lambda F + \mu G)(v), w \rangle = \lambda \langle F(v), w \rangle + \mu \langle G(v), w \rangle \\ &= \lambda \langle v, F^*(w) \rangle + \mu \langle v, G^*(w) \rangle = \langle v, \overline{\lambda} F^*(w) \rangle + \langle v, \overline{\mu} G^*(w) \rangle \\ &= \langle v, (\overline{\lambda} F^* + \overline{\mu} G^*)(w) \rangle\end{aligned}$$

Das zeigt die Semilineariät der Abbildung $*$.

(iii) Für $v, w \in V$ gilt

$$\begin{aligned}\langle v, (F \circ G)^*(w) \rangle &= \langle (F \circ G)(v), w \rangle = \langle F(G(v)), w \rangle = \langle G(v), F^*(w) \rangle \\ &= \langle v, G^*(F^*(w)) \rangle = \langle v, (G^* \circ F^*)(w) \rangle.\end{aligned}$$

Das impliziert $(F \circ G)^* = G^* \circ F^*$.

(iv) Sei $w \in \ker F^*$, d. h. $F^*(w) = 0$. Dann gilt

$$0 = \langle v, F^*(w) \rangle = \langle F(v), w \rangle \qquad \text{für alle } v \in V,$$

also $w \perp F(v)$ für alle $v \in V$ bzw. $w \in (\text{im } F)^{\perp}$ und damit $\ker F^* \subseteq (\text{im } F)^{\perp}$. Umgekehrt folgert man aus der Voraussetzung $w \in (\text{im } F)^{\perp}$ mit derselben Gleichung wie oben, dass $w \in \ker F^*$, also $(\text{im } F)^{\perp} \subseteq \ker F^*$ gilt.

Ist nun $v \in \ker F$, dann folgt

$$0 = \langle F(v), w \rangle = \langle v, F^*(w) \rangle \qquad \text{für alle } w \in V,$$

und somit $v \in (\text{im } F^*)^{\perp}$ bzw. $\ker F \subseteq (\text{im } F^*)^{\perp}$. Umgekehrt folgt aus $v \in (\text{im } F^*)^{\perp}$ mit derselben Gleichung $v \in \ker f$, also $(\text{im } F^*)^{\perp} \subseteq \ker F$.

(v) Mit der Dimensionsformel ergibt sich aus (iv)

$$\operatorname{rg} F = \dim V - \dim(\ker F) = \dim V - \dim (\operatorname{im} F^*)^{\perp}$$
$$= \dim V - (\dim V - \operatorname{rg} F^*) = \operatorname{rg} F^*.$$

◆

Frage 405 Wann heißt ein Endomorphismus $F \colon V \longrightarrow V$ eines unitären Vektorraumes V **normal**?

Antwort: Ein Endomorphismus F heißt *normal*, wenn er mit seiner adjungierten Abbildung F^* kommutiert, d. h. wenn $F \circ F^* = F^* \circ F$ gilt. ◆

Frage 406 Wieso ist $F \in \operatorname{End}(V)$ genau dann normal, wenn

$$\langle F(v), F(w) \rangle = \langle F^*(v), F^*(w) \rangle \tag{$*$}$$

für alle $v, w \in V$ gilt?

Antwort: Ist F normal, so hat man wegen $F^{**} = F$

$$\langle F(v), F(w) \rangle = \langle v, F^*(F(w)) \rangle = \langle v, F(F^*(w)) \rangle = \langle v, F^{**}(F^*(w)) \rangle = \langle F^*(v), F^*(w) \rangle.$$

Umgekehrt folgt aus der Eigenschaft $(*)$

$$\langle v, F^*(f(w)) \rangle = \langle F(v), F(w) \rangle = \langle F^*(v), F^*(w) \rangle = \langle v, F^{**}(F^*(w)) \rangle = \langle v, F(F^*(w)) \rangle,$$

und damit $F^* \circ F = F \circ F^*$. ◆

Frage 407 Sei $F \in \operatorname{End}_{\mathbb{K}}(V)$ normal. Wieso gilt $\ker F = \ker F^*$?

Antwort: Ist $v \in \ker F$, dann gilt

$$0 = \langle F(v), F(v) \rangle = \langle F^*(v), F^*(v) \rangle$$

und damit wegen der positiven Definitheit $F^*(v) = 0$, also $v \in \ker F^*$. Die umgekehrte Implikation folgt, wenn man obige Gleichung von rechts nach links liest. ◆

Frage 408 Sei $F \in \operatorname{End}(V)$ normal. Können Sie zeigen, dass ein Vektor $v \in V$ genau dann ein Eigenvektor von F zum Eigenwert λ ist, wenn v ein Eigenvektor von F^* zum Eigenwert $\overline{\lambda}$ ist?

Antwort: Aufgrund von Frage 404 (ii) gilt

$$(\lambda \operatorname{id} - F)^* = \overline{\lambda} \operatorname{id} - F^*.$$

Daraus folgt, dass mit F auch $(\lambda\,\mathrm{id} - F)^*$ normal ist. Mit Frage 407 erhält man also

$$\ker(\lambda\,\mathrm{id} - F) = \ker\left((\lambda\,\mathrm{id} - F)^*\right) = \ker(\overline{\lambda}\,\mathrm{id} - F^*).$$

Daraus folgt die Behauptung. ◆

Frage 409

Wie lautet der **Spektralsatz für normale Endomorphismen?** Können Sie einen Beweis skizzieren?

Antwort: Der Satz lautet:
Sei $F \in \mathrm{End}_{\mathbb{K}}(V)$ ein Endomorphismus eines euklidischen bzw. unitären Vektorraumes $(V, \langle,\rangle)$, dessen charakteristisches Polynom $\chi_f \in \mathbb{K}[X]$ vollständig in Linearfaktoren zerfällt. Dann sind äquivalent:

(i) *F ist normal.*
(ii) *Es existiert eine Orthonormalbasis von V aus Eigenvektoren von F.*

Beweis: Sei zunächst F normal. Um zu zeigen, dass F eine Orthonormalbasis aus Eigenvektoren von F besitzt, benutzen wir Induktion nach $n = \dim V$, wobei der Induktionsanfang mit $n = 0$ trivial ist. Sei also die Implikation (i) $\implies$ (ii) für Vektorräume der Dimension $n - 1$ bereits bewiesen. Da χ_f in $\mathbb{K}[X]$ vollständig in Linearfaktoren zerfällt, besitzt F wenigstens einen Eigenwert λ_1 mit zugehörigem Eigenvektor e_1. Indem wir e_1 normieren, können wir $\|e_1\| = 1$ annehmen. Man betrachte nun die nach Frage 369 existierende Zerlegung

$$V = \mathrm{span}(e_1) \oplus \mathrm{span}(e_1)^{\perp}.$$

Wir zeigen, dass $\mathrm{span}(e_1)^{\perp}$ ein F-invarianter Unterraum ist. Sei $v \in \mathrm{span}(e_1)^{\perp}$. Dann gilt nach Frage 408

$$\langle F(v), e_1 \rangle = \langle v, F^*(e_1) \rangle = \langle v, \overline{\lambda}e_1 \rangle = \lambda \langle v, e_1 \rangle = 0,$$

also $F(v) \in \mathrm{span}(e_1)^{\perp}$. Damit ist gezeigt, dass es sich bei $\mathrm{span}\,(e_1)^{\perp}$ um einen F-invarianten Unterraum handelt, auf den sich daher die Induktionsvoraussetzung anwenden lässt. Demnach gibt es eine Orthonormalbasis $\{e_2, \ldots, e_n\}$ von $\mathrm{span}(e_1)^{\perp}$, die aus Eigenvektoren von F besteht. Die Vektoren $e_1, e_2, \ldots, e_n$ bilden dann eine Orthonormalbasis von V, bestehend aus Eigenvektoren von F. Das beweist den ersten Teil der Äquivalenz.

Sei jetzt umgekehrt mit $\{e_1, \ldots, e_n\}$ eine Orthonormalbasis von V aus Eigenvektoren von F gegeben, $\lambda_1, \ldots, \lambda_n$ seien die entsprechenden Eigenwerte. Nach der Darstellung von F^* aus Frage 401 gilt dann für $i = 1, \ldots, n$

$$F^*(e_i) = \overline{\langle F(e_1), e_i \rangle} e_1 + \cdots + \overline{\langle F(e_n), e_i \rangle} e_n = \overline{\lambda_i} \overline{\langle e_i, e_i \rangle} e_i = \overline{\lambda_i} e_i.$$

Es folgt, dass $\overline{\lambda_i}$ für $i = 1, \ldots, n$ Eigenwert von F^* zum Eigenvektor e_i ist. Geht man umgekehrt von dieser Voraussetzung aus, dann folgert man genauso wie oben unter Benutzung der Darstellung von $F^{**} = F$, dass e_i Eigenwert von F zum Eigenwert λ_i ist. Daher ist F normal nach Frage 408.   ◆

6.7 Selbstadjungierte Endomorphismen

Frage 410 Wann nennt man einen Endomorphismus $F \in \mathrm{End}(V)$ eines euklidischen bzw. unitären Vektorraumes $(V, \langle, \rangle)$ **selbstadjungiert**?

Antwort: Der Endomorphismus F heißt *selbstadjungiert*, wenn er mit seiner adjungierten Abbildung F^* übereinstimmt, wenn also für alle $v, w \in V$ gilt:

$$\langle F(v), w \rangle = \langle v, F(w) \rangle$$

◆

Frage 411 Durch welche Arten von Matrizen werden selbstadjungierte Endomorphismen $F : V \longrightarrow V$ eines euklidischen bzw. unitären Vektorraumes V bezüglich einer Orthonormalbasis $\mathcal{B}$ von V beschrieben?

Antwort: Es gilt

$$F \text{ selbstadjungiert} \iff A := M_{\mathcal{B}}(F) \text{ symmetrisch bzw. hermitesch.}$$

Beweis: Der Zusammenhang folgt aus den beiden Gleichungen

$$\langle F(v), w \rangle = (A \cdot v_{\mathcal{B}})^T \cdot \overline{w}_{\mathcal{B}} = v_{\mathcal{B}}^T \cdot A^T \cdot \overline{w},$$
$$\langle v, F(w) \rangle = v_{\mathcal{B}}^T \cdot (\overline{A \cdot w_{\mathcal{B}}}) = v_{\mathcal{B}}^T \cdot \overline{A} \cdot \overline{w}_{\mathcal{B}}.$$

Aus der Selbstadjungiertheit von F, also der Gleichheit der linken Seiten beider Gleichungen, folgt $A^T = \overline{A}$ bzw. $A = A^*$, d. h. A ist symmetrisch bzw. hermitesch.

Ist umgekehrt A hermitesch, d. h. die rechten Seiten der Gleichungen identisch, dann ergibt sich daraus $\langle F(v), w \rangle = \langle v, F(w) \rangle$, also die Selbstadjungiertheit von F.   ◆

Frage 412 Können Sie zeigen, dass für einen beliebigen Endomorphismus $F : V \longrightarrow V$ die Komposition $F \circ F^*$ selbstadjungiert ist? Was bedeutet das im Bezug auf symmetrische bzw. hermitesche Matrizen?

Antwort: Die Behauptung wird durch einfaches Nachrechnen verifiziert. Für $v, w \in V$ gilt

$$\langle F \circ F^*(v), w \rangle = \langle F^*(v), F^*(w) \rangle = \langle F \circ F^*(w) \rangle. \tag{$*$}$$

Also ist $F \circ F^*$ selbstadjungiert.

Im Bezug auf Matrizen folgt darauf, dass für jede Matrix $A \in \mathbb{K}^{n \times n}$ das Produkt AA^* symmetrisch bzw. hermitesch ist. ◆

Frage 413 Welcher Zusammenhang besteht zwischen den selbstadjungierten Abbildungen $F \colon V \longrightarrow V$ eines euklidischen bzw. unitären Vektorraums $(V, \langle, \rangle)$ und den symmetrischen Bilinearformen bzw. hermiteschen Formen $\Phi \colon V \times V \longrightarrow \mathbb{K}$?

Antwort: Es ist F selbstadjungiert genau dann, wenn die durch

$$\Phi(v, w) = \langle F(v), w \rangle$$

gegebene Abbildung $\Phi \colon V \times V \longrightarrow \mathbb{K}$ eine symmetrische Bilinearform bzw. hermitesche Form definiert.

Beweis: Ist F selbstadjungiert, dann gilt

$$\Phi(v, w) = \langle F(v), w \rangle = \langle v, F(w) \rangle = \overline{\langle F(w), v \rangle} = \overline{\Phi(w, v)},$$

und damit ist Φ eine symmetrische Bilinearform bzw. hermitesche Form.

Ist andersherum eine symmetrische Bilinearform bzw. hermitesche Form auf V gegeben, so gilt für die lineare Abbildung F

$$\langle F(v), w \rangle = \Phi(v, w) = \overline{\Phi(w, v)} = \overline{\langle F(w), v \rangle} = \langle v, F(w) \rangle,$$

und F ist selbstadjungiert.

Der Zusammenhang folgt auch daraus, dass zu den hermiteschen (symmetrischen) Matrizen sowohl eine Bijektion auf die Menge der hermiteschen Formen (symmetrischen Bilinearformen) existiert (Frage 347) als auch auf die Menge der selbstadjungierten Endomorphismen des unitären (euklidischen) Vektorraums V (Frage 411).

Die Begriffe „Symmetrische Bilinearform bzw. hermitesche Form", „unitäre bzw. symmetrische Matrix" und „selbstadjungierter Endomorphismus" beschreiben also nur unterschiedliche Erscheinungsweisen ein und derselben Sache. Jede Eigenschaft einer der drei Begriffe besitzt ein genaues Äquivalent in den Eigenschaften der anderen beiden. ◆

Frage 414 Wieso ist jeder selbstadjungierte Endomorphismus normal?

Antwort: Die Gleichung $(*)$ aus Antwort 412 impliziert zusammen mit Eigenschaft (ii) aus Frage 404

$$(F \circ F^*)^* = F \circ F^* = F^* \circ F.$$

Damit ist F normal gemäß Definition.   ◆

Frage 415 Wieso sind alle Eigenwerte eines selbstadjungierten Endomorphismus $F \in$ $\mathrm{End}_{\mathbb{K}}(V)$ reell?

Antwort: Sei zunächst $\mathbb{K} = \mathbb{C}$. Da das charakteristische Polynom $\chi_f \in \mathbb{C}[X]$ vollständig in Linearfaktoren zerfällt, existiert ein Eigenwert $\lambda \in \mathbb{C}$ mit Eigenvektor $v \neq 0$. Aus der Selbstadjungertheit von F folgt dann

$$\lambda \langle v, v \rangle = \langle F(v), v \rangle = \langle v, F(v) \rangle = \overline{\lambda} \langle v, v \rangle,$$

also $\lambda = \overline{\lambda}$ und damit $\lambda \in \mathbb{R}$.

Ist nun $\mathbb{K} = \mathbb{R}$, so wähle man eine Orthonormalbasis $\mathcal{B}$ von V. Die Matrix $M := M_{\mathcal{B}}(F) \in \mathbb{R}^{n \times n}$ ist dann orthogonal und – aufgefasst als Element aus $\mathbb{C}^{n \times n}$ – unitär. Nach dem ersten Teil der Antwort zerfällt χ_M über $\mathbb{R}$ vollständig in Linearfaktoren. Wegen $\chi_f = \chi_M$ folgt, dass F nur reelle Eigenwerte besitzt.   ◆

Frage 416 Was besagt der **Spektralsatz für selbstadjungierte Endomorphismen** (manchmal auch **Satz über die Hauptachsentransformation** genannt)? Wie kann man ihn beweisen?

Antwort: Der Satz besagt:
Ein Endomorphismus $F \in \mathrm{End}_{\mathbb{K}}(V)$ eines unitären oder euklischen Vektorraumes V ist selbstadjungiert genau dann, wenn V eine Orthonormalbasis aus Eigenvektoren von V besitzt.
Beweis: Da jeder selbstadjungierte Endomorphismus insbesondere normal ist, handelt es sich bei diesem Satz um einen Spezialfall des Spektralsatzes für normale Endomorphismen aus Frage 404. Er folgt auch sofort aus diesem, wenn man das Ergebnis der vorigen Frage 415 miteinbezieht. Nach dieser zerfällt das charakteristische Polynom eines selbstadjungierten Endomorphismus über $\mathbb{K}$ vollständig in Linearfaktoren. Der Rest folgt nun aus dem Spektralsatz für normale Endomorphismen.   ◆

Frage 417 Wie lautet die matrizentheroretische Version des Spekatralsatzes über selbstadjungierte Endomorphismen?

Antwort: Übersetzt in den Matrizenkalkül lautet der Satz:
Sei $A \in \mathbb{K}^{n \times n}$ eine symmetrische bzw. unitäre Matrix. Dann existiert eine orthogonale bzw. unitäre Matrix $S \in \mathrm{GL}(n, \mathbb{K})$ so dass

$$D = S^{-1}AS = S^*AS$$

eine reelle Diagonalmatrix ist.

Beweis: Als unitäre Matrix beschreibt A einen selbstadjungierten Endomorphismus, dessen Eigenwerte $\lambda_1, \ldots, \lambda_n$ alle reell sind. Nach dem Spektralsatz gibt es eine Orthonormalbasis $\mathcal{B}$ von V derart, dass

$$D := M_\mathcal{B}(F) = \begin{pmatrix} \lambda_1 & & 0 \\ & \ddots & \\ & & \lambda_n \end{pmatrix}$$

gilt. Ist $S \in \mathrm{GL}(n, \mathbb{K})$ die Matrix, die den Basiswechsel von der Standardbasis des $\mathbb{K}^n$ auf $\mathcal{B}$ beschreibt, so gilt also

$$S^{-1} A S = D,$$

und da S Orthonormalbasen auf Orthonormalbasen abbildet, ist S unitär und erfüllt $S^* = S^{-1}$. Daraus folgt die Behauptung.   ◆

Frage 418 Können Sie den geometrischen Hintergrund der „Hauptachsentransformation" erläutern?

Antwort: Sei C eine Kurve im $\mathbb{R}^2$, die durch eine Gleichung der Gestalt

$$a x_1^2 + b x_1 x_2 + c x_2^2 = 1, \qquad a, b, c \in \mathbb{R}$$

beschrieben. Mit $x = (x_1, x_2)^T$ lässt sich dies auch elegant als Matrixgleichung

$$x^T \cdot A \cdot x = 1$$

ausdrücken, wobei

$$A = \begin{pmatrix} a & b/2 \\ b/2 & c \end{pmatrix}$$

eine symmetrische Matrix ist und folglich eine symmetrische Bilinearform auf $\mathbb{R}^2$ definiert. A besitzt nach Antwort 415 zwei reelle Eigenwerte λ_1 und λ_2, und nach dem Satz über die Hauptachsentransformation existiert eine orthogonale Matrix S, so dass

$$D := \begin{pmatrix} \lambda_1 & 0 \\ 0 & \lambda_2 \end{pmatrix} = S^T A S$$

gilt. Die Matrix S beschreibt als orthogonale Matrix eine Drehung des $\mathbb{R}^2$ und bildet die Standardbasis auf eine weitere Orthonormalbasis $\mathcal{B}$ ab. Für die Koordinaten $(y_1, y_2) = S \cdot (x_1, x_2)^T$ bezüglich dieser neuen Basis wird die Kurve dann durch die Gleichung

$$y^T \cdot D \cdot y = \lambda_1 y_1^2 + \lambda_2 y_2^2 = \frac{y_1^2}{a} + \frac{y_2^2}{b} = 1, \qquad \text{mit } a = \frac{1}{\lambda_1}, b = \frac{1}{\lambda_2}$$

beschrieben, in der kein gemischter Term mehr vorkommt. Man erkennt, dass C im Fall $\lambda_1 > 0, \lambda_2 > 0$ eine Ellipse beschreibt und im Fall $\lambda_1 > 0, \lambda_2 < 0$ eine Hyperbel.

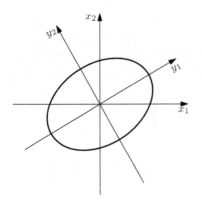 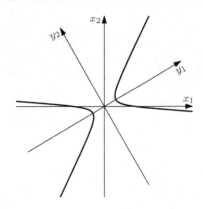

Die Koordinatenachsen der neuen Basis sind dabei so ausgerichtet, dass sie den *Hauptachsen* der Kurve C entsprechen.   ◆

Frage 419 Sei $\Phi\colon V \times V \longrightarrow \mathbb{K}$ eine symmetrische Bilinearform bzw. hermitesche Form auf einem endlich-dimensionalen $\mathbb{K}$-Vektorraum V. Kennen Sie ein Kriterium für die positive Definitheit von Φ, welches auf die Eigenschaften der Eigenwerte von $M_{\mathcal{B}}(\Phi)$ bezüglich einer geeigneten Basis $\mathcal{B}$ von V Bezug nimmt?

Antwort: Es gilt:
Φ ist positiv definit genau dann, wenn eine Basis $\mathcal{B}$ von V existiert, so dass $M_{\mathcal{B}}(\Phi)$ ausschließlich positive Eigenwerte besitzt.
Beweis: Ist Φ positiv definit, also ein Skalarprodukt, so existiert eine Orthonormalbasis $\mathcal{B}$ von V, so dass $M_{\mathcal{B}}(\Phi)$ die Einheitsmatrix ist. Diese besitzt nur den Eigenwert 1.

Sei umgekehrt eine Basis $\mathcal{B}$ gegeben, sodass alle Eigenwerte $\lambda_1, \ldots, \lambda_n$ von $M_{\mathcal{B}}(\Phi)$ positiv sind. Da $M_{\mathcal{B}}(\Phi)$ symmetrisch bzw. hermitesch ist, gibt es nach dem Spektralsatz eine Matrix $S \in \mathrm{GL}(n, \mathbb{K})$ mit

$$S^* \cdot M_{\mathcal{B}}(\Phi) \cdot S = S^{-1} \cdot M_{\mathcal{B}}(\Phi) \cdot S = \begin{pmatrix} \lambda_1 & & 0 \\ & \ddots & \\ 0 & & \lambda_n \end{pmatrix} =: D.$$

Fasst man S als Basiswechselmatrix des Typs $M_{\mathcal{B}}^{\mathcal{C}}$ auf, wobei $\mathcal{C} = \{v_1, \ldots, v_n\}$ eine Basis des $\mathbb{K}^n$ ist, dann gilt $M_{\mathcal{C}}(\Phi) = D$ und somit

$$\Phi(v_i, v_i) = \lambda_i > 0 \qquad i = 1, \ldots, n.$$

Damit ist Φ positiv definit.   ◆

Frage 420

Was besagt der **Trägheitssatz von Sylvester?**

Antwort: Der Satz besagt:
Sei Φ eine symmetrische Bilinearform bzw. hermitesche Form auf einem endlichdimensionalen $\mathbb{K}$-Vektorraum V. Sei $\mathcal{B} = (v_1, \ldots, v_n)$ eine Basis von V. Dann sind die Zahlen

$$k := \text{Anzahl der positiven Eigenwerte von } M_{\mathcal{B}}(\Phi)$$
$$\ell := \text{Anzahl der negativen Eigenwerte von } M_{\mathcal{B}}(\Phi)$$

unabhängig von der Auswahl der Basis $\mathcal{B}$.
Beweis: Nach Antwort 417 existiert eine unitäre Matrix $S \in \text{GL}(n, \mathbb{K})$, so dass

$$D := S^{-1} \cdot M_{\mathcal{B}}(\Phi) \cdot S$$

eine reelle Diagonalmatrix ist, deren Diagonaleinträge gerade die Eigenwerte von $M_{\mathcal{B}}(\Phi)$ sind. Es genügt daher, den Satz für symmetrische Bilinearformen bzw. hermitesche Formen Φ zu beweisen, deren Strukturmatrix Diagonalform besitzt, für die also $\Phi(v_i, v_j) = 0$ für alle Basisvektoren v_i, v_j mit $i \neq j$ gilt.

Seien also zwei Basen $\mathcal{B}_1$ und $\mathcal{B}_2$ gegeben, so dass $M_{\mathcal{B}_1}(\Phi)$ und $M_{\mathcal{B}_2}(\Phi)$ Diagonalform besitzen. Für $i = 1, 2$ bezeichne k_i, ℓ_i bzw. m_i Anzahl der positiven, negativen bzw. verschwindenden Eigenwerte von $M_{\mathcal{B}_i}(\Phi)$. Man betrachte für $i = 1, 2$ die Räume

$$V_i^+ := \text{span}\left(\{v \in \mathcal{B}_i; \Phi(v, v) > 0\}\right)$$
$$V_i^- := \text{span}\left(\{v \in \mathcal{B}_i; \Phi(v, v) < 0\}\right)$$
$$V_i^0 := \text{span}\left(\{v \in \mathcal{B}_i; \Phi(v, v) = 0\}\right).$$

Es gilt

$$V = V_i^+ \oplus V_i^- \oplus V_i^0 \tag{6.1}$$
$$\dim V_i^+ = k_i, \quad \dim V_i^- = \ell_i, \quad \dim V_i^0 = m_i \tag{6.2}$$
$$k_i + \ell_i + m_i = \dim V. \tag{6.3}$$

Da die Strukturmatrizen $M_{\mathcal{B}_i}$ Diagonalform haben, erkennt man

$$V_1^0 = V_2^0 = \{v \in V; \Phi(v, w) = 0 \quad \text{für alle } w \in V\}.$$

Die Räume V_i^0 sind also basisunabhängig, woraus man $m_1 = m_2$ schließt.
Weiter gilt

$$V_1^+ \cap (V_2^- \oplus V_2^0) = \{0\},$$

wegen

$$\Phi(v,v) > 0 \text{ für } v \in V_1^+ \qquad \Phi(v,v) \le 0 \text{ für } v \in V_2^- \oplus V_2^0.$$

Daraus folgt

$$k_1 + \ell_2 + m_2 \le \dim V,$$

was wegen $k_2 + \ell_2 + m_2$ dann $k_1 \le k_2$ und anschließend aus Symmetriegründen $k_1 = k_2$ impliziert. Wegen $m_1 = m_2$ folgt $\ell_1 = \ell_2$, was schließlich den Trägheitssatz von Sylvester beweist.   ◆

7 Anwendungen in der Geometrie

Es ist naheliegend, Sachverhalte der Linearen Algebra in geeigneten Fällen auch geometrisch zu interpretieren, zumal dann, wenn diese im $\mathbb{R}^2$ oder $\mathbb{R}^3$ stattfinden.

Dies ermöglicht einen fruchtbaren Anschluss an das räumliche Vorstellungsvermögen, führt aber zwangsläufig dazu, dass die prinzipielle Unterscheidung zwischen *Punkten* auf der einen und *Vektoren* auf der anderen Seite verwischt wird.

In diesem Kapitel wird der Zusammenhang zwischen Geometrie und linearer Algebra von einem systematischeren Standpunkt untersucht.

7.1 Affine Räume

Frage 421 Was versteht man unter einem **affinen Raum** A über einem Körper K?

Antwort: Ein affiner Raum A über K besteht aus einer Menge, die wir ebenfalls mit A bezeichnen und deren Elemente *Punkte* genannt werden, und im Fall $A \neq \emptyset$ aus einem K-Vektorraum V_A und einer Zuordnung, die jedem geordneten Paar (p, q) von Punkten aus A eindeutig einen mit $\overrightarrow{pq}$ bezeichneten Vektor aus V_A so zuordnet, dass folgende Axiome erfüllt sind:

(A1) Zu jedem Punkt $p \in A$ und jedem Vektor $v \in V_A$ gibt es genau einen Punkt $q \in A$ mit $v = \overrightarrow{pq}$.

(A2) Für alle Punkte $p, q, r \in A$ gilt $\overrightarrow{pq} + \overrightarrow{qr} = \overrightarrow{pr}$.

Axiom (i) beinhaltet, dass ein Vektor $v \in V_A$ jedem Punkt $p \in A$ eindeutig einen weiteren Punkt $q \in A$ zuordnet. Man kann die Vektoren $v \in V_A$ daher auch als Abbildungen

$$v : A \longrightarrow A, \qquad p \longmapsto q \quad \text{mit } v = \overrightarrow{pq}$$

interpretieren, die den Punkt p in q überführen. Insbesondere gilt

$$\overrightarrow{pq}(p) = q \quad \text{und} \quad \overrightarrow{pv(p)} = v. \tag{$*$}$$

© Springer-Verlag GmbH Deutschland, ein Teil von Springer Nature 2019
R. Busam et al., *Prüfungstrainer Lineare Algebra*,
https://doi.org/10.1007/978-3-662-59404-9_7

Geometrisch beschreibt $v = \vec{pq}$ eine Translation des affinen Raums A, weswegen wir V_A als *Translationsraum* bezeichnen.

Beispiel: Sei V ein Vektorraum und $U \subset V$ ein Unterraum. Dann ist für jeden Vektor $v \in V$ der affine Unterraum $A := v + U \subset V$ (vgl. Frage 149) ein affiner Raum im Sinne der obigen Definition, indem man für zwei Punkte $p = v + u_1 \in A$ und $q = v + u_2 \in A$ den Vektor $\vec{pq}$ durch

$$\vec{pq} = q - p \in U$$

definiert. Mit $V_A = U$ erfüllt die Zuordnung dann die beiden Axiome (A1) und (A2). Damit ist insbesondere auch gezeigt, dass jeder Vektorraum V Anlass zu einem affinen Raum gibt, indem man die Elemente der Menge V als Punkte interpretiert und V zusammen mit seiner Vektorraumstruktur als Translationsraum. Gilt speziell $V = K^n$, so erhält man daraus den n- *dimensionalen affinen Standardrum* $\mathbb{A}_n(K)$.   ◆

Frage 422 Wie ist die **Dimension** eines affinen Unterraums A erklärt?

Antwort: Die Dimension eines affinen Raums A ist gleich der Dimension des A zugeordneten Translationsraums V_A. Im Fall $A = \emptyset$ setzt man $\dim A = -1$.   ◆

Frage 423 Wieso gilt für zwei Punkte p, q eines affinen Raums A stets $\vec{pp} = 0$ und $\vec{qp} = -\vec{pq}$?

Antwort: Axiom (A2) liefert $\vec{pp} + \vec{pp} = \vec{pp}$, also $\vec{pp} = 0$. Damit folgt wiederum mit dem zweiten Axiom $\vec{pq} + \vec{qp} = 0$, also $\vec{qp} = -\vec{pq}$.   ◆

Frage 424 Wie erhält man eine Bijektion zwischen einem affinen Raum A und dessen Translationsraum V_A?

Antwort: Man wähle einen beliebigen Punkt $p_0 \in A$ und definiere die Abbildung

$$\Phi : A \longrightarrow V_A, \qquad p \longmapsto \vec{p_0 p}.$$

Dann ist Φ injektiv und ferner aufgrund von (A1) surjektiv, also eine Bijektion.

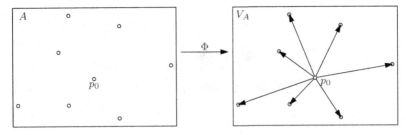

Zeichnet man im affinen Raum einen beliebigen Punkt als „Anfangspunkt" aus, dann entsprechen die Punkte aus A also eineindeutig den Vektoren aus V_A. Man kann daher V_A als Raum der *Ortsvektoren* von A bezüglich eines Anfangspunkts p_0 auffassen. Es gilt also

$$V_A = \{\overrightarrow{pq}\, ; p, q \in A\} = \{\overrightarrow{p_0 q}\, ; q \in A\},$$

wobei der mittlere Term sich direkt aus der Definition von V_A ergibt und der hintere aufgrund der vorigen Überlegung.   ◆

Frage 425 Was ist ein **affiner Unterraum** eines affinen Raums A? Wie ist die Dimension eines affinen Unterraums erklärt? Wann nennt man einen affinen Unterraum eine **affine Gerade**, wann eine **affine Ebene**?

Antwort: Eine Teilmenge $U \subset A$ heißt *affiner Unterraum von A*, wenn entweder $U = \emptyset$ gilt oder die Menge $V_U = \{\overrightarrow{pq}\, ; p, q \in U\}$ ein linearer Unterraum von V_A ist.

Für $U \neq \emptyset$ ist $\dim U = \dim V_U$ und für $U = \emptyset$ setzt man $\dim U = -1$. Affine Unterräume der Dimension 1 heißen *affine Gerade*, Unterräume der Dimension 2 affine *Ebene*.   ◆

Frage 426 Sei S ein nichtleeres System von affinen Unterräumen eines affinen Raum A. Ist dann der Durchschnitt $D := \bigcap_{U \in S} U$ selbst wieder ein affiner Unterraum?

Antwort: Der Durchschnitt ist selbst ein affiner Unterraum. Im Fall $D = \emptyset$ ist dies trivial. Im anderen Fall genügt es zu zeigen, dass die Menge

$$V_D := \{\overrightarrow{pq}; \ p, q \in D\} \subset V.$$

ein linearer Unterraum von V ist. Dies folgt mit der Antwort zu Frage 98, da V_D wegen

$$V_D = \bigcap_{U \in S} \{\overrightarrow{pq}\, ; p, q \in U\} = \bigcap_{U \in S} V_U$$

ein Durchschnitt linearer Unterräume ist.   ◆

Frage 427 Sei A ein affiner Raum, $M \subset A$ eine Teilmenge. Wie ist die **affine Hülle von** M definiert?

Antwort: Die *affine Hülle* $\langle M \rangle$ von M in A (oder auch: der von M *erzeugte* oder *aufgespannte* affine Unterraum) ist definiert als der Durchschnitt aller M enthaltenden affinen Unterräume von A, also

$$\langle M \rangle := \bigcap \{U\, ; M \subset U, U \text{ Unterraum von } A\}.$$

Nach Antwort 426 ist $\langle M \rangle$ in der Tat ein affiner Unterraum von A.

In informeller Sprechweise lässt sich die affine Hülle von M auch als der kleinste affine Unterraum von A charakterisieren, der alle Punkte aus M enthält. Die affine Hülle eines Kreises in der affinen reellen Ebene ist z. B. mit dieser Ebene identisch. ◆

Frage 428　Sei S ein System von affinen Unterräumen eines affinen Raums A. Was versteht man dann unter dem **Verbindungsraum** $\bigvee_{U \in S} U$?

Antwort: Der *Verbindungsraum* $\bigvee_{U \in S} U$ ist definiert als die affine Hülle der Vereinigung $\bigcup_{U \in S} U$, also

$$\bigvee_{U \in S} U := \left\langle \bigcup_{U \in S} U \right\rangle.$$

Nach Antwort 426 ist $\bigvee_{U \in S} U$ ein affiner Unterraum von A, nämlich der kleinste, der alle Punkte aus S enthält.

Der Verbindungsraum $\bigvee_{U \in S} U$ ist der kleinste affine Unterraum von A der alle Unlerräuine $U \in S$ enlhält. So ist der Verbindungsraum zweier Punkte z. B. eine affine Gerade.

Für den Verbindungsraum endlich vieler Unterräume $U_1, \ldots, U_k$ benutzt man auch die Schreibweise $U_1 \vee \ldots \vee U_k$, und statt $\{p\} \vee \{q\}$ schreibt man vereinfachend auch $p \vee q$. ◆

Frage 429　Können Sie zeigen, dass für zwei Punkte $p, q \in A$ der Verbindungsraum eine affine Gerade ist?

Antwort: Es ist $V_{p \vee q} = \bigcap \{U \text{ Unterraum von } V; \, U \supset \overrightarrow{pq}\} = K \cdot \overrightarrow{pq}$. Damit ist $p \vee q$ ein eindimensionaler affiner Unterraum, also eine affine Gerade. ◆

Frage 430　Sei A ein affiner Raum über einem Körper K mit char $K \neq 2$ und $U \subset A$ eine Teilmenge. Dann sind die folgenden beiden Aussagen äquivalent:

(i)　U ist ein affiner Unterraum von A.
(ii)　Zu je zwei verschiedenen Punkten $p, q \in U$ gilt $p \vee q \subset U$.

Können Sie das beweisen?

Antwort: (i) $\Longleftrightarrow$ (ii). Ist U ein affiner Unterraum, so gilt $\overrightarrow{pq} \in V_U$ für $p, q \in U$, also $V_{p \vee q} = K \overrightarrow{pq} \subset V_U$ nach Frage 429 und folglich $p \vee q \subset U$.

(ii) $\Longleftrightarrow$ (i). Die Idee des Beweises ist in der Abbildung rechts veranschaulicht. Sind p_0, p und q drei Punkte aus U, so liegt nach Voraussetzung der Mittelwert r von p und q ebenfalls in U. Die Gerade $p_0 \vee r$ ist dann nach Voraussetzung ebenfalls in U enthalten und somit auch der Punkt $r' = (\overrightarrow{p_0 p} + \overrightarrow{p_0 q})(p_0)$.

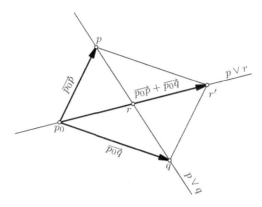

Formal argumentiert man folgendermaßen. Für einen festen Punkt $p_0 \in U$ betrachte man die Menge

$$V_U := \{\overrightarrow{p_0 p} \in V_A \,;\, p \in U\}.$$

Es ist zu zeigen, dass V_U ein linearer Teilraum von V_A ist. Nach Voraussetzung liegt für zwei Punkt $p, q \in U$ der „Mittelwert"

$$r := \left(\frac{1}{2}\overrightarrow{pq}\right)(p)$$

in U. Es gilt $\overrightarrow{pr} = \frac{1}{2}\overrightarrow{pq}$ und $\overrightarrow{qr} = \overrightarrow{qp} + \overrightarrow{pr} = -\frac{1}{2}\overrightarrow{pq}$, also $\overrightarrow{pr} + \overrightarrow{qr} = 0$. Damit erhält man

$$\overrightarrow{p_0 p} + \overrightarrow{p_0 q} = \overrightarrow{p_0 p} + \overrightarrow{pr} + \overrightarrow{p_0 q} + \overrightarrow{qr} = \overrightarrow{p_0 r} + \overrightarrow{p_0 r} = 2\overrightarrow{p_0 r}.$$

Wegen $r \in U$ folgt $\overrightarrow{p_0 p} + \overrightarrow{p_0 q} \in V_U$. Ferner gilt für $\alpha \in K$ und $p \in U$ aufgrund von Formel $(*)$ aus der Antwort zu Frage 421

$$\alpha \cdot \overrightarrow{p_0 p} = \overrightarrow{p_0 p'} \quad \text{mit } p' = \alpha \cdot \overrightarrow{p_0 p}(p_0).$$

Der Punkt p' liegt auf der Verbindungsgeraden $p_0 \vee p$ und damit nach Voraussetzung in U. Es folgt $\alpha \cdot \overrightarrow{p_0 p} \in V_U$.

Damit ist insgesamt gezeigt, dass V_U ein linearer Unterraum von V_A ist, die Behauptung damit vollständig bewiesen.   ◆

Frage 431 Seien U, W affine Unterräume. Können Sie die folgenden beiden Behauptungen zeigen?

(i) Im Fall $U \cap W \neq \emptyset$ gilt

$$V_{U \vee W} = V_U + V_W.$$

(ii) Ist $U \cap W \neq \emptyset$ und sind $p \in U$ sowie $q \in W$ beliebige fest gewählte Punkte, so gilt

$$V_{U \lor W} = (V_U + V_W) \oplus V_{p \lor q}.$$

Antwort: (i) Sei $p \in U \cap W$ fest gewählt. Es gilt dann

$$V_U \cup V_W = \{\overrightarrow{pq} ; \ q \in U \cup W\} \subset V_{U \lor W}.$$

Da definitionsgemäß $V_U \cup V_W \subset V_U + V_W$ gilt, folgt daraus

$$V_U + V_W \subset V_{U \lor W}.$$

Um die umgekehrte Inklusion zu zeigen, betrachte man den affinen Raum

$$X := \{q ; \ \overrightarrow{pq} \in V_U + V_W\}.$$

Wegen $U \subset X$ und $W \subset X$ gilt $U \lor W \subset X$, also

$$V_{U \lor W} \subset V_X = V_U + V_W.$$

Daraus folgt die zu zeigende Identität. (Kurz zusammengefasst ergibt sich diese daraus, dass die Summe linearer Unterräume und der Verbindungsraum affiner Unterräume analog definiert sind, nämlich als kleinster linearer (affiner) Unterraum, der die Vereinigung der beiden linearen (affinen) Unterräume enthält.)
(ii) Sei $p \in U$ und $q \in W$. Aus $p \lor q \subset U \lor W$ erhält man $U \lor W \lor (p \lor q) = U \lor W$. Durch zweimalige Anwendung des Ergebnisses von Teil (i) folgt daraus

$$V_{U \lor W} = V_U + V_{W \lor (p \lor q)} = (V_U + V_W) + V_{p \lor q},$$

und es bleibt zu zeigen, dass die hintere Summe direkt ist. Wegen $V_{p \lor q} = K\overrightarrow{pq}$ genügt es, dafür $\overrightarrow{pq} \notin V_U + V_W$ zu beweisen. Angenommen also, es gilt $\overrightarrow{pq} \in V_U + V_W$, dann gibt es Punkte $u \in U$ und $w \in W$ mit

$$\overrightarrow{pq} = \overrightarrow{pu} + \overrightarrow{wq}.$$

Daraus folgt

$$\overrightarrow{uw} = \overrightarrow{up} + \overrightarrow{pq} + \overrightarrow{qw} = 0,$$

also $u = w$, im Widerspruch zur Voraussetzung $U \cap W = \emptyset$. Damit ist auch die Gleichung unter (ii) bewiesen.   ◆

Frage 432 Wie lautet die **Dimensionsformel** für den Verbindungsraum $U \lor W$ zweier affiner Unterräume U und W?

Antwort: Die Dimensionsformel lautet

$$\dim(U \vee W) = \begin{cases} \dim U + \dim W - \dim(U \cap W) & \text{falls } U \cap W \neq \emptyset \\ \dim U + \dim W - \dim(V_U \cap V_W) + 1 & \text{falls } U \cap W = \emptyset. \end{cases}$$

Die Gleichungen folgen zusammen mit der Dimensionsformel für Summen von Untervektorräumen aus der Darstellung von $V_{U \vee W}$ aus Frage 431. Ist $U \cap W = \emptyset$, so gilt demnach

$$\dim(U \vee W) = \dim(V_U + V_W) = \dim V_U + \dim V_W - \dim(V_U \cap V_W)$$
$$= \dim U + \dim W - \dim(U \cap W).$$

Die Formel für den anderen Fall beweist man analog. Man beachte dabei aber, dass die Gleichung $V_{U \cap W} = V_U \cap V_W$ nur dann gilt, wenn U und W nicht disjunkt sind. ◆

Frage 433 Welche affine Dimension besitzen im $\mathbb{R}^3$ der Verbindungsraum

(i)   zweier sich schneidender Geraden?
(ii) zweier windschiefer Geraden?

Antwort: Die Dimensionsformel liefert die Dimension $1 + 1 - 0 = 2$ im ersten und die Dimension $1 + 1 - 0 + 1 = 3$ im zweiten. ◆

Frage 434 Wann heißen zwei affine Unterräume U und W eines affinen Raumes A **parallel**?

Antwort: Die affinen Unterräume U und W heißen *parallel*, in Zeichen $U \parallel W$, wenn einer der beiden Translationsräume im anderen enthalten ist, wenn also $V_U \subset V_W$ oder $V_W \subset V_U$ gilt. ◆

Frage 435 Können Sie zeigen, dass zwei parallele affine Unterräum U und W entweder punktfremd sind, oder einer ein Unterraum des anderen ist?

Antwort: Sei $p \in U \cap W$. Ohne Beschränkung der Allgemeinheit kann man $V_U \subset V_W$ annehmen. Dann gilt für jedes $q \in U$ wegen $\vec{pq} \in V_U$ auch $\vec{pq} \in V_W$, also $q \in W$. Daraus folgt $U \subset W$. ◆

Frage 436 Was ist eine **Hyperebene** eines affinen Raums A?

Antwort: Eine Hyperebene von A ist ein affiner Unterraum von A der Dimension $\dim A - 1$. Typische Beispiele sind Ebenen im $\mathbb{R}^3$ oder Geraden im $\mathbb{R}^2$.   ◆

Frage 437 Sei U ein nichtleerer Unterraum und H eine Hyperebene des affinen Raumes A. Dann sind U und H parallel oder es gilt $\dim(U \cap H) = \dim U - 1$. Können Sie das beweisen?

Antwort: Sei U nicht in H enthalten. Dann gilt $U \vee H = A$. Im Fall $U \cap H \neq \emptyset$ folgt dann mit der Dimensionsformel

$$\dim(U \cap H) = \dim U + \dim H - \dim(U \vee H) = \dim U + (n-1) - n = \dim U - 1.$$

Ist jedoch $U \cap H = \emptyset$, dann liefert die Dimensionsformel

$$\dim(V_U \cap V_H) = \dim U + \dim H - \dim(U \vee H) + 1$$
$$= \dim U + (n-1) - n + 1$$
$$= \dim U = \dim V_U.$$

Es folgt $V_U \cap V_H = V_U$, also ist V_U ein linearer Unterraum von V_H, d. h. U und H sind parallel.

Aus diesem Ergebnis folgen nun bekannte geometrische Zusammenhänge:

  (i) Eine Gerade und eine Hyperebene in einem affinen Raum besitzen genau einen Schnittpunkt oder sind parallel. Insbesondere schneiden sich zwei nicht-parallele Geraden einer affinen Ebene in genau einem Punkt.

 (ii) Die Schnittmenge zweier Hyperebenen in einem affinen Raum der Dimension n ist entweder leer oder ein affiner Unterraum der Dimension $n - 2$. Insbesondere schneiden sich zwei nicht-parallele Ebenen im dreidimensionalen affinen Raum in einer Geraden.

                                                                                      ◆

7.2 Affine Abbildungen und Koordinaten

Frage 438 Seien A und B affine Räume. Wann heißt eine Abbildung $F : A \longrightarrow B$ **affin**? Was ist eine **Affinität**?

Antwort: Eine Abbildung $F : A \longrightarrow B$ heißt *affin*, wenn eine lineare Abbildung $\hat{F}$ $: V_A \longrightarrow V_B$ zwischen den entsprechenden Translationsvektorräumen mit der Eigenschaft existiert, dass

$$\hat{F}(\overrightarrow{pq}) = \overrightarrow{F(p)F(q)}$$

für alle Punkte $p, q \in A$ gilt. Die Abbildung $\hat{F}$ ist dann im Fall der Existenz natürlich eindeutig bestimmt. Man nennt eine affine Abbildung *Affinität*, wenn sie bijektiv ist.
◆

Frage 439 Wieso ist eine Abbildung $F : A \longrightarrow B$ zwischen affinen Räumen A und B schon dann affin, wenn ein Punkt $p_0 \in A$ existiert, so dass die Abbildung

$$\hat{F} : V_A \longrightarrow V_B, \qquad \overrightarrow{p_0 q} \longmapsto \overrightarrow{F(p_0)F(q)}, \quad q \in A$$

linear wird?

Antwort: Seien $p, q \in A$ beliebig. Wegen $\overrightarrow{pq} = \overrightarrow{pp_0} + \overrightarrow{p_0 q} = -\overrightarrow{p_0 p} + \overrightarrow{p_0 q}$ impliziert die Linearität von $\hat{F}$

$$\hat{F}(\overrightarrow{pq}) = \hat{F}(-\overrightarrow{p_0 p} + \overrightarrow{p_0 q}) = -\hat{F}(\overrightarrow{p_0 p}) + \hat{F}(\overrightarrow{p_0 q}) = -\overrightarrow{F(p_0)F(p)} + \overrightarrow{F(p_0)F(q)} = \overrightarrow{F(p)F(q)}.$$

Damit erfüllt F die Definition einer affinen Abbildung.
◆

Frage 440 Seien A, B affine Räume, $p \in A$ und $p^* \in B$ beliebig und $G : V_A \longrightarrow V_B$ eine lineare Abbildung. Wieso existiert dann genau eine affine Abbildung $F : A \longrightarrow B$, die $F(p) = p^*$ und $\hat{F} = G$ erfüllt? Mit anderen Worten: eine affine Abbildung ist durch ihre lineare Komponente und die Angabe eines Bildpunktes eindeutig bestimmt.

Antwort: Definiert man

$$\overrightarrow{p^* F(q)} = G(\overrightarrow{pq}) \,,$$

so ist $F(q)$ für jeden Punkt $q \in A$ aufgrund von Axiom (A1) eindeutig bestimmt. Ferner ist F nach Frage 439 affin.
◆

Frage 441 Wie viele verschiedene Affinitäten der affinen Ebene $A := \mathbb{A}_2(\mathbb{F}_2)$ über dem Körper mit zwei Elementen gibt es?

Antwort: Die Menge $\mathrm{GL}(2, \mathbb{F}_2)$ enthält 6 Elemente, nämlich die Matrizen

$$\begin{pmatrix} 1 & 0 \\ 0 & 1 \end{pmatrix}, \quad \begin{pmatrix} 1 & 1 \\ 0 & 1 \end{pmatrix}, \quad \begin{pmatrix} 1 & 1 \\ 1 & 0 \end{pmatrix}, \quad \begin{pmatrix} 1 & 0 \\ 1 & 1 \end{pmatrix}, \quad \begin{pmatrix} 0 & 1 \\ 1 & 1 \end{pmatrix}, \quad \begin{pmatrix} 0 & 1 \\ 1 & 0 \end{pmatrix}.$$

Es gibt also sechs bijektive lineare Abbildungen $\mathbb{F}_2^2 \longrightarrow \mathbb{F}_2^2$. Jeder dieser Isomorphismen bestimmt zusammen mit der Angabe des Bildpunktes von $p_0 \in A$ eindeutig eine

Affinität $A \longrightarrow A$. Da A vier Punkte enthält, gibt es für die Auwahl des Bildpunktes 4 Möglichkeiten. Also existieren $4 \cdot 6 = 24$ Affinitäten der affinen Ebene über dem Körper mit zwei Elementen. ◆

Frage 442 Können Sie zeigen, dass mit F und G auch $F \circ G$ eine affine Abbildung ist, der die lineare Abbildung $\hat{F} \circ \hat{G}$ zugeordnet ist?

Antwort: Es gilt

$$\overrightarrow{F(G(p))F(G(q))} = \hat{F}(\overrightarrow{G(p)G(q)}) = \hat{F}(\hat{G}(\overrightarrow{pq}))$$

Also ist $F \circ G$ eine affine Abbildung mit zugeordneter linearer Abbildung $\hat{F} \circ \hat{G}$. ◆

Frage 443 Sei $F : A \longrightarrow B$ eine affine Abbildung und U, W parallele Unterräume von A. Wieso sind dann $F(U)$ und $F(W)$ parallele affine Unterräume von B?

Antwort: Man kann voraussetzen, dass U und W nicht leer sind, da die Behauptung andernfalls trivial ist. Ohne Beschränkung der Allgemeinheit sei $V_U \subset V_W$. Daraus folgt $\hat{F}(V_U) \subset \hat{F}(V_W)$, also $F(U) \subset F(W)$ und damit $U \parallel W$. ◆

Frage 444 Wann heißen drei Punkte p, q, r eines affinen Raumes A **kollinear**? Wie ist das Teilverhältnis $\mathrm{TV}(p, q, r)$ dreier kollinearer Punkte $p, q, r \in A$ definiert? Was sagt das Teilverhältnis über die Lagebeziehung der drei Punkte aus?

Antwort: Drei Punkte $p, q, r \in A$ heißen *kollinear*, wenn sie auf einer gemeinsamen Geraden liegen.

Sind p, q, r kollinear, so gilt $\overrightarrow{pr} = \alpha \cdot \overrightarrow{pq}$ für genau ein $\alpha \in K$. Man nennt α dann das *Teilverhältnis* der drei Punkte: $\alpha = TV(p, q, r)$.

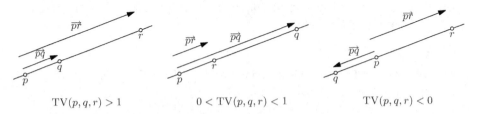

$$\mathrm{TV}(p,q,r) > 1 \qquad\qquad 0 < \mathrm{TV}(p,q,r) < 1 \qquad\qquad \mathrm{TV}(p,q,r) < 0$$

$\mathrm{TV}(p,q,r) > 1$	q liegt zwischen p und r	$\mathrm{TV}(p,q,r) = 0$	$p = r$
$0 < \mathrm{TV}(p,q,r) < 1$	r liegt zwischen p und q	$\mathrm{TV}(p,q,r) = 1$	$q = r$
$\mathrm{TV}(p,q,r) < 0$	p liegt zwischen q und r	$\mathrm{TV}(p,q,r) = \infty$	$p = q$

◆

Frage 445 Warum sind mit $p, q, r \in A$ auch die Bildpunkte $F(p)$, $F(q)$, $F(r)$ einer affinen Abbildung kollinear und warum gilt $\mathsf{TV}(p, q, r) = \mathsf{TV}(F(p), F(q), F(r))$?

Antwort: Sind p, q, r kollinear, dann hat der Verbindungsraum $U = p \vee q \vee r$ eine Dimension ≤ 1. Daher gilt

$$\dim F(U) = \dim \hat{F}(V_U) \leq \dim V_U = \dim U \leq 1.$$

Die Bildpunkte $F(p)$, $F(q)$, $F(r)$ liegen also in einem Unterraum von mit einer Dimension ≤ 1, d.h., sie sind kollinear.

Gilt weiter $p \neq q$ und $\overrightarrow{pr} = \alpha \cdot \overrightarrow{pq}$ mit $\alpha \in K$, dann folgt $\hat{F}(\overrightarrow{pr}) = \alpha \cdot \hat{F}(\overrightarrow{pq})$, also $\overrightarrow{F(p)F(r)} = \alpha \cdot \overrightarrow{F(p)F(q)}$. Das beantwortet den zweiten Teil der Frage. ◆

Frage 446 Sei $(p_0, p_1, \ldots, p_n)$ eine Basis eines affinen Raums A und B ein weiterer affiner Raum. Können Sie zeigen, dass man durch Vorgabe der Bildpunkte $F(p_0), \ldots, F(p_n) \in B$ eine eindeutig bestimmte affine Abbildung $F : A \longrightarrow B$ erhält? Mit anderen Worten: Sind $p_0^*, \ldots, p_n^*$ beliebige Punkte aus B, dann existiert genau eine affine Abbildung $F : A \longrightarrow B$ mit $F(p_i) = p_i^*$ für $i = 0, \ldots, n$.

Antwort: Da die Vektoren $\overrightarrow{p_0 p_1}, \ldots, \overrightarrow{p_0 p_n}$ eine Basis von V_A bilden, gibt es genau eine lineare Abbildung $\hat{F} : V_A \longrightarrow V_B$ mit

$$\hat{F}(\overrightarrow{p_0 p_i}) = \overrightarrow{p_0^* p_i^*}, \qquad i = 1, \ldots, n.$$

Nach Frage 440 gibt es dazu genau eine affine Abbildung $A \longrightarrow B$. die $F(p_0) = p_0^*$ erfüllt, und für diese gilt dann notwendigerweise $F(p_i) = p_i^*$ für $1 \leq i \leq n$. ◆

Frage 447 Wann nennt man ein $(n+1)$-Tupel von Punkten $(p_0, p_1, \ldots, p_n)$ eines affinen Raums A **affin unabhängig**? Was ist eine **affine Basis**?

Antwort: Das $(n+1)$-Tupel heißt *affin unabhängig* (eine affine Basis von A), wenn die n Vektoren

$$\overrightarrow{p_0 p_1}, \ldots, \overrightarrow{p_0 p_n}$$

linear unabhängig in V_A sind (eine Basis von V_A bilden). ◆

Frage 448 Wieso hängt die affine Unabhängigkeit eines $(n+1)$-Tupels $(p_0, \ldots, p_n)$ nicht von der Reihenfolge der Komponenten ab?

Antwort: Seien das $(n+1)$-Tupel $(p_0, \ldots, p_n)$ affin unabhängig im Sinne von Frage 447. Um die Frage zu beantworten genügt es zu zeigen, dass dann für jedes $\ell \in \{0, \ldots, n\}$ die Vektoren

$$\overrightarrow{p_\ell p_0}, \ldots, \overrightarrow{p_\ell p_{\ell-1}}, \overrightarrow{p_\ell p_{\ell+1}}, \ldots, \overrightarrow{p_\ell p_n} \qquad\qquad (*)$$

ebenfalls linear unabhängig in V_A sind. Gelte also

$$\sum_{\substack{i=0 \\ i\neq\ell}}^{n} \alpha_i \overrightarrow{p_\ell p_i} = 0$$

mit $\alpha_i \in K$. Wegen $\overrightarrow{p_\ell p_i} = \overrightarrow{p_\ell p_0} + \overrightarrow{p_0 p_i}$ folgt daraus

$$0 = \sum_{\substack{i=0 \\ i\neq\ell}}^{n} \alpha_i \left(\overrightarrow{p_\ell p_0} + \overrightarrow{p_0 p_i}\right) = \underbrace{\left(\sum_{\substack{i=0 \\ i\neq\ell}}^{n} \alpha_i\right)}_{=:\alpha_\ell} \overrightarrow{p_\ell p_0} + \sum_{\substack{i=1 \\ i\neq\ell}}^{n} \alpha_i \overrightarrow{p_0 p_i} = \sum_{i=1}^{n} \alpha_i \overrightarrow{p_0 p_i}.$$

Man erhält zunächst $\alpha_i = 0$ für $i = \{1, \ldots, n\}$ aufgrund der affinen Unabhängigkeit der Punkte $p_0, \ldots, p_n$. Nach der Definition von α_ℓ ergibt sich dann auch $\alpha_0 = 0$. Die Vektoren in $(*)$ sind also linear unabhängig.   ◆

Frage 449 Was versteht man unter einem **affinen Koordinatensystem**? Was ist ein **Koordinatenvektor** eines Punktes $p \in A$?

Antwort: Wählt man in einem affinen Raum A eine Basis $(p_0, \ldots, p_n)$ aus, so gibt es nach Frage 440 genau eine Affinität

$$\kappa : K^n \longrightarrow A \qquad \text{mit} \quad \kappa(0) = p_0, \kappa(e_1) = p_1, \ldots, \kappa(e_n) = p_n.$$

Dabei wird K^n als affiner Raum mit der zugrundeliegenden Menge K^n interpretiert (vgl. Frage 421). Allgemein bezeichnet man eine Affinität

$$\kappa : K^n \longrightarrow A$$

als ein *affines Koordinatensystem*.

Durch Auswahl eines Koordinatensystems wird es möglich, Punkte in A durch Koordinaten, also Elementen aus K^n zu beschreiben. Setzt man nämlich

$$p_0 := \kappa(O), \; p_1 := \kappa(\epsilon_1), \ldots, p_n := \kappa(\epsilon_n),$$

so ist $(p_0, \ldots, p_n)$ eine affine Basis von A, und das durch

$$\kappa^{-1}(p) = (x_1, \ldots, x_n) \in K^n$$

eindeutig bestimmte n-Tupel nennt man den *Koordinatenvektor von p bezüglich der Basis* $(p_0, \ldots, p_n)$.

Die Skalare $x_1, \ldots, x_n$ heißen die *Koordinaten von p bezüglich der entsprechenden Basis.* ◆

Frage 450 Was ist eine **Affinkombination** von Punkte $p_0, \ldots, p_m \in K^n$?

Antwort: Unter einer *Affinkombination* der Punkte $p_0, \ldots, p_m$ versteht man eine Linearkombination

$$\alpha_0 p_0 + \alpha_1 p_1 + \cdots + \alpha_m p_m$$

mit $\alpha_0 + \alpha_1 + \cdots + \alpha_m = 1$. ◆

Frage 451 Wieso ist der Verbindungsraum $p_0 \vee p_1 \vee \ldots \vee p_m$ beliebiger Punkte aus K^n gleich der Menge der Affinkombinationen von $p_0, \ldots, p_m$, also

$$p_0 \vee \ldots \vee p_m = \left\{ \sum_{i=0}^{m} \alpha_i p_i \in K^n; \alpha_0, \ldots, \alpha_m \in K^n, \quad \sum_{i=0}^{m} \alpha_i = 1 \right\},$$

wobei die Skalare $\alpha_0, \ldots, \alpha_m$ genau dann eindeutig bestimmt sind, wenn $p_0, \ldots, p_m$ affin unabhängig sind?

Antwort: Es ist $V_{p_0 \vee \ldots \vee p_m} = \mathrm{span}(\overrightarrow{p_0 p_1}, \ldots, \overrightarrow{p_0 p_n})$. Also gilt $p \in p_0 \vee \ldots \vee p_m$ genau dann, wenn Skalare $\alpha_1, \ldots, \alpha_m \in K$ existieren mit

$$\overrightarrow{p_0 p} = \alpha_1 \overrightarrow{p_0 p_1} + \cdots + \alpha_m \overrightarrow{p_0 p_m}. \tag{$*$}$$

In K^n lässt sich diese Gleichung auch so schreiben:

$$p - p_0 = \alpha_1 (p_1 - p_0) + \cdots + \alpha_m (p_m - p_0).$$

Hieraus folgt

$$p = \alpha_0 p_0 + \alpha_1 p_1 + \cdots + \alpha_m p_m \qquad \text{mit } \alpha_0 := 1 - (\alpha_1 + \cdots + \alpha_m),$$

also wie gewünscht $\alpha_0 + \cdots + \alpha_m = 1$.

Sind die Punkte $p_0, \ldots, p_m$ affin unabhängig, dann auch die Vektoren $\overrightarrow{p_0 p_1}, \ldots, \overrightarrow{p_0 p_m}$, und somit sind die Koeffizienten in $(*)$ eindeutig bestimmt. Das beantwortet die Zusatzfrage. ◆

Frage 452 Seien A und B affine Räume mit den Koordinatensystemen $\kappa_1 : K^n \longrightarrow A$ und $\kappa_2 : K^m \longrightarrow B$. Ferner sei $F : A \longrightarrow B$ affin. Dann existiert genau eine Matrix $M \in K^{m \times n}$, so dass für alle $p \in A$ gilt

$$\kappa_2^{-1}(F(p)) = b + M \cdot \kappa_1^{-1}(p),$$

wobei $b = \kappa_2^{-1}(F(p_0))$ mit $p_0 = \kappa_1(0)$ gilt. Können Sie das beweisen?

Antwort: Sei zunächst $A = K^n$ und $B = K^m$ und sei x ein beliebiger Punkt aus K^n. Für die zu F gehörende lineare Abbildung $\hat{F}$ gilt dann

$$\hat{F}(\overrightarrow{0x}) = M \cdot \overrightarrow{0x} = A \cdot (x - 0) = A \cdot x.$$

mit einer Matrix $M \in K^{m \times n}$. Daraus folgt für die affine Abbildung $F : K^n \longrightarrow K^m$

$$F(x) = F(x) - 0 = \overrightarrow{0F(x)} = \overrightarrow{0F(0)} + \overrightarrow{F(0)F(x)} = F(0) + \hat{F}(\overrightarrow{0x}) = F(0) + M \cdot x.$$

Also gilt die Behauptung im Fall $A = K^n$ und $B = K^m$. Der allgemeine Fall folgt nun aus der Tatsache, dass das Diagramm

$$\begin{array}{ccc} A & \xrightarrow{\quad F \quad} & B \\ {\scriptstyle \kappa_1^{-1}} \downarrow & & \downarrow {\scriptstyle \kappa_2^{-1}} \\ K^n & \xrightarrow{\quad F' \quad} & K^m \end{array}$$

kommutiert. Die Abbildung $F' = k_2^{-1} \circ F \circ k_1$ ist eine affine Abbildung $K^n \longrightarrow K^m$. Mit $x = F(p)$ folgt

$$\kappa_2^{-1}(F(p)) = F'(0) + M \cdot \kappa_1^{-1}(p),$$

Das ist die Behauptung. $\blacklozenge$

Frage 453 Was versteht man unter einer **Kollineation**? Ist jede Kollineation eine affine Abbildung?

Antwort: Eine Kollineation ist eine bijektive Abbildung $f : A \longrightarrow B$ zwischen affinen Räumen A und B, welche Geraden auf Geraden abbildet oder, gleichbedeutend, welche je drei kollineare Punkte aus A auf kollineare Punkte aus B abbildet.

Nicht jede Kollineation ist eine affine Abbildung. Als Gegenbeispiel betrachte man in $\mathbb{A}_2(\mathbb{C})$ die Abbildung

$$f : \mathbb{C}^2 \longrightarrow \mathbb{C}^2, \qquad (z_1, z_2) \longmapsto (\overline{z_1}, \overline{z_2}) \,.$$

Für jede komplexe Gerade $G = (\zeta_1, \zeta_2) + \mathbb{C} \cdot (z_1, z_2)$ ist $f(G) = (\overline{\zeta_1}, \overline{\zeta_2}) + \mathbb{C} \cdot (\overline{z_1}, \overline{z_2})$. Die Abbildung f ist also eine Kollineation. Sie ist aber nicht affin, denn andernfalls müsste die Abbildung $\hat{f} : (z_1, z_2) \longmapsto (\overline{z_1}, \overline{z_2})$ des Vektorraums $\mathbb{C}^2$ linear sein, was aber wegen

$$\hat{f}((\alpha z_1, \alpha z_2)) = \bar{\alpha} \hat{f}((z_1, z_2)) \neq \alpha \hat{f}((\alpha z_1, \alpha z_2)) \quad \text{für } \alpha \in \mathbb{C} \backslash \mathbb{R}$$

nicht zutrifft.

Als anderes Gegenbeispiel betrachte man den affinen Raum $\mathbb{A}_3(\mathbb{F}_2)$. Da jede Gerade in $\mathbb{A}_3(\mathbb{F}_2)$ genau zwei Punkte enthält, ist jede bijektive Selbstabbildung von $\mathbb{A}_3(\mathbb{F}_2)$

eine Kollineation. Davon gibt es $8! = 403020$ Stück. Andererseits enthält die Gruppe $\mathrm{GL}(3, \mathbb{F}_2)$ genau $7 \cdot 6 \cdot 4 = 168$ Elemente, wie man sich leicht überlegt. Also existieren nur $8.168 = 1344$ Affinitäten von $\mathbb{A}_2(\mathbb{F}_2)$.

7.3 Projektive Räume

In der affinen Geometrie wurde der Zusammenhang zwischen geometrischen Objekten und der Struktur der Vektorräume über den Begriff der *Parallelverschiebung* oder *Parallelprojektion* hergestellt. Das ist nicht die einzige Möglichkeit, geometrische Sachverhalte mittels linearer Algebra zu beschreiben. Eine weitere wichtige Klasse geometrischer Transformationen bilden *Zentralprojektionen*, die in aller Regel keine affinen Abbildungen zu sein brauchen. Die *projektive Geometrie* stellt einen Zusammenhang zwischen den Räume den Geomtrie und den Vektorräumen der Linearen Algebra in einer solchen Weise her, dass auch Zentralprojektionen über lineare Abbildungen der zugrunde liegenden Vektorräume beschrieben werden können. Ein weiterer Vorteil des projektiven Standpunktes besteht darin, dass lästige Fallunterscheidungen wegfallen, die in der affinen Geometrie vorkommen, da parallele Hyperebenen in affinen Räumen keinen Schnittpunkt besitzen. Dagegen enthält die projektive Geometrie die Vorstellung, dass sich parallele Geraden in einer Ebene „im Unendlichen" schneiden.

Frage 454 Sei V ein endlich-dimensionaler Vektorraum über einem Körper K. Wie ist der **projektive Raum** $\mathbb{P}(V)$ definiert? Wie nennt man die Elemente von $\mathbb{P}(V)$ und wie ist die **projektive Dimension** von $\mathbb{P}(V)$ definiert?

Antwort: Der *projektive Raum* $\mathbb{P}(V)$ ist die Menge der eindimensionalen Unterräume von V,

$$\mathbb{P}(V) = \{U = K \cdot v \,;\, v \in V\}.$$

Die Elemente von $\mathbb{P}(V)$ werden wiederum *Punkte* genannt, obwohl es sich dabei im formalen Sinne um Geraden handelt. Die *projektive Dimension* von $\mathbb{P}(V)$ ist definiert als die Zahl

$$\operatorname{pdim} \mathbb{P}(V) := \dim V - 1.$$

◆

Frage 455 Wann nennt man eine Teilmenge $U_p \subset \mathbb{P}(V)$ einen **projektiven Unterraum**? Können Sie die Begriffe **(projektive) Gerade**, **(projektive) Ebene** und **(projektive) Hyperebene** erläutern?

Antwort: U_p ist ein *projektiver Unterraum* von $\mathbb{P}(V)$, wenn die Menge aller Punkte aus U_p ein linearer Unterraum U von V ist, so dass also $U_p = \{Kv\,;\,v \in U\}$ gilt. Damit ist $U_p = \mathbb{P}(U)$ selbst ein projektiver Raum mit projektiver Dimension. Man nennt $U_p \subset \mathbb{P}(V)$ eine

  (projektive) Gerade, wenn pdim $U_p = 1$,
  (projektive) Ebene, wenn pdim $U_p = 2$,
  (projektive) Hyperebene, wenn pdim $U_p = \text{pdim}\,\mathbb{P}(V) - 1$ gilt.

Aus den entsprechenden Sätzen für Untervektorräume erhält man außerdem unmittelbar

(a) Der Durchschnitt eines Systems von projektiven Unterräumen von $\mathbb{P}(V)$ ist selbst ein projektiver Unterraum.

(b) Sei S ein System von Unterräumen von $\mathbb{P}(V)$. Dann ist der *Verbindungsraum*

$$\bigvee_{U \in S} U := \bigcap_{U \in S} \{W \text{ Unterraum von } \mathbb{P}(V) \text{ mit } U \subset W\}$$

ein Unterraum von $\mathbb{P}(V)$, und zwar der kleinste, der alle Unterräume aus S enlhält. Es gilt $\bigvee_{U \in S} U = \mathbb{P}(\sum_{U \in S} U)$.

◆

Frage 456 Wie lautet die **Dimensionsformel** für projektive Unterräume?

Antwort: Seien $U_1, U_2 \subset \mathbb{P}(V)$ projektive Unterräume. Dann lautet die *Dimensionsformel*

$$\text{pdim}(U_1 \vee U_2) = \text{pdim}U_1 + \text{pdim}U_2 - \text{pdim}(U_1 \cap U_2).$$

Wegen pdim $U = \dim U - 1$ für jeden Unterraum $U \subset \mathbb{P}(V)$ folgt diese unmittelbar aus der Dimensionsformel für Untervektorräume aus Frage 124. ◆

Frage 457 Können Sie den Begriff der **homogenen Koordinaten** im n-dimensionalen *projektiven Standardraum* $\mathbb{P}_n(K) := \mathbb{P}(K^{n+1})$ erläutern?

Antwort: Jeder von 0 verschiedene Vektor $v = (x_0, x_1, \ldots, x_n) \in K^{n+1}$ bestimmt genau eine Gerade $K \cdot v \subset K^{n+1}$. Durch

$$F : v \longmapsto K \cdot v$$

ist also eine Abbildung $F : V \backslash \{0\} \longrightarrow \mathbb{P}(V)$ gegeben, wobei $F(v) = F(v')$ genau dann gilt, wenn v' ein skalares Vielfaches von v ist. Man definiert

$$(x_0 : x_1 : \ldots : x_n) := K \cdot (x_0, x_1, \ldots, x_n)$$

als die *homogenen Koordinaten* von $F(v) \in \mathbb{P}(V)$. Die Komponenten $x_0, \ldots, x_n$ sind dann bis auf ein skalares Vielfaches $\lambda \neq 0$ eindeutig bestimmt, d.h., es gilt

$$(x_0 : x_1 : \ldots : x_n) = (x'_0 : x'_1 : \ldots : x'_n)$$
$$\iff \quad x'_0 = \lambda x_0, x'_1 = \lambda x_1, \ldots, x'_n = \lambda x_n \quad \text{für ein } \lambda \in K^*.$$

Jeder Punkt $p = (x_0 : x_1 : \ldots : x_n) \in \mathbb{P}_n(K)$ mit $x_0 \neq 0$ lässt sich daher auch in der standardisierten Form $\left(1 : \frac{x_1}{x_0} : \ldots : \frac{x_n}{x_0}\right)$ schreiben. In diesem Fall ist das $(n+1)$-Tupel $(1, \frac{x_1}{x_0}, \ldots, \frac{x_n}{x_0}) \in K^{n+1}$ eindeutig bestimmt. Bezeichnet $H \subset \mathbb{P}_n(K)$ die Menge aller projektiven Punkte mit $x_0 = 0$ und A die durch $x_0 = 1$ definierte Hyperebene von K^{n+1}, so hat man damit eine Bijektion.

$$\mathbb{P}_n(K) \setminus H \longrightarrow A, \qquad (x_0 : x_1 : \ldots : x_n) \longmapsto (1, x_1, \ldots, x_n)$$

Das Bild eines Punktes $p = Kv \in \mathbb{P}_n(K)$ entspricht im Fall $K = \mathbb{R}$ und $n = 2$ dem Schnitt der Geraden Kv mit der Hyperebene A.

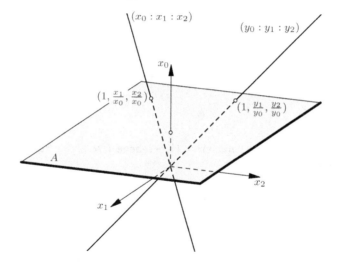

Allein für die Elemente aus H ist diese Abbildung nicht definiert, da diese und nur diese keinen Schnittpunkt mit A besitzen. Fügt man zu A zu jedem Punkt aus H, also zu jeder Geradenrichtung des durch $x_0 = 0$ gegebenen linearen Unterraums von K^{n+1}, genau ein Element hinzu, so lässt sich A zusammen mit diesen „unendlich fernen Punkten" mit dem projektiven Raum $\mathbb{P}_n(K)$ identifizieren.   ◆

Frage 458 Seien p_1, p_2, zwei verschiedene Punkte aus $\mathbb{P}_n(K)$. Können Sie zeigen, dass die Gerade g durch p_1 und p_2 sich in homogenen Koordinaten durch die Gleichung

$$g: \quad q = \lambda p_1 + \mu p_2 \quad \text{mit} \quad (\lambda : \mu) \in \mathbb{P}_2(K)$$

darstellen lässt?

Antwort: Sei $p_1 = K \cdot v_1$ und $p_2 = K \cdot v_2$ mit Vektoren $v_1, v_2 \in K^{n+1}$. Die Gerade g ist die Menge aller eindimensionalen Unterräume des durch die Vektoren v_1 und v_2 aufgespannten zweidimensionalen Unterraums von K^{n+1}. Es gilt also

$$g: \quad q = K \cdot (\lambda v_1 + \mu v_2), \quad (\lambda, \mu) \neq (0, 0).$$

Daraus folgt $(*)$.   ◆

Frage 459 Wieso besitzen je zwei verschiedene Geraden in einer projektiven Ebene genau einen Schnittpunkt?

Antwort: Für zwei verschiedene Geraden U_1, U_2 in einer projektiven Ebene $\mathbb{P}(V)$ gilt $U_1 \vee U_2 = \mathbb{P}(V)$. Wegen pdim $U_i = 1$ für $i = 1, 2$ und pdim $\mathbb{P}(V) = 2$ folgt aus der Dimensionsformel pdim $(U_1 \cap U_2) = 0$. Also existiert genau ein Schnittpunkt.   ◆

Frage 460

Sei H eine Hyperebene eines n-dimensionalen projektiven Raumes $\mathbb{P}(V)$. Können Sie zeigen, dass $A := \mathbb{P}(V) \backslash H$ dann ein affiner Raum ist?

Antwort: Es ist $H = \mathbb{P}(U_H)$ mit einer Hyperebene $U_H \subset V$. Für ein $v_0 \in V \backslash U_H$ betrachte man die Menge

$$A' = v_0 + U_H.$$

Dies ist ein affiner Unterraum von V. Wegen $v_0 \in U_H$ ist für jeden Vektor $v \in A'$ die Gerade $K \cdot v$ ein Element aus A. Man hat damit eine Abbildung

$$\sigma : A' \longrightarrow A, \quad v \longmapsto K \cdot v.$$

Diese Abbildung ist bijektiv, da jede Gerade aus A die Hyperebene $A' \subset V$ in genau einem Punkt schneidet.

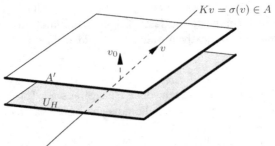

Definiert man für $p, q \in A$ nun

$$\vec{pq} := \overrightarrow{\sigma^{-1}(p)\sigma^{-1}(q)} = \sigma^{-1}(q) - \sigma^{-1}(p) \in U_H,$$

so ist leicht zu sehen, dass A zusammen mit dieser Zuordnung die Axiome eines affinen Raums aus Antwort 421 erfüllt, wobei der zugehörige Translationsraum in diesem Fall U_H ist. Das beantwortet die Frage. ♦

Frage 461 Sei $\mathbb{P}(V)$ ein projektiver Raum, $H \subset \mathbb{P}(V)$ eine Hyperebene und $A = \mathbb{P}(V) \backslash H$ der zur Hyperebene H gehörende afffine Raum. Können Sie zeigen, dass zu jedem affinen Unterraum $U \subset A$ genau ein projektiver Unterraum $U_p \subset \mathbb{P}(V)$ existiert, so dass $U = A \cap U_p$ gilt?

Antwort: Man benutze die Affinität $\sigma : A' \longrightarrow A$ aus Frage 460 und betrachte den Unterraum $U' := \sigma^{-1}(U) \subset A'$ Es gilt dann

$$U' = v_0 + V_U$$

mit einem Unterraum $V_U \subset V_H$. Da v_0 nicht in V_U enthalten ist, ist die Summe

$$W := K v_0 \oplus V_U \subset V$$

in der Tat direkt. Die Menge $\mathbb{P}(W)$ ist ein projektiver Unterraum von $\mathbb{P}(V)$ mit

$$\mathbb{P}(W) = \{ Kv \, ; v = \alpha v_0 + u, \alpha \in K, u \in V_U \}.$$

Ferner gilt

$$A = \{ Kv \, ; v = v_0 + u, u \in V_H \} \tag{$*$}$$
$$U = \{ Kv \, ; v = v_0 + u, u \in V_U \}. \tag{$**$}$$

Hieraus folgt $U = \mathbb{P}(W) \cap A$. Das beweist die Existenzbehauptung.

Ist $W^* \subset V$ ein weiterer Unterraum mit $U = \mathbb{P}(W^*) \cap A$, dann implizieren $(*)$ und $(**)$ zusammen mit der Vektorraumeigenschaft von W^*, dass $W^* = K v_0 + V_U$, also $W^* = W$ gilt. ♦

Frage 462 Sei H eine Hyperebene eines projektiven Raumes $\mathbb{P}(V)$, $A := \mathbb{P}(V) \backslash H$ der zugehörige affine Raum und $U \subset A$ ein affiner Unterraum. Was versteht man unter dem **projektiven Abschluss** von U?

Antwort: Der *projektive Abschluss* $\overline{U}$ ist der nach Frage 461 eindeutig bestimmte projektive Unterraum von $\mathbb{P}(V)$, für den

$$U = \overline{U} \cap A$$

gilt. Man überzeuge sich, indem man den Beweis aus Antwort 461 nachvollzieht, dass man $\overline{U}$ erhält, indem man zu den Geradenrichtungen aus U diejenigen des Vektorraums V_U hinzufügt. Dies sind aus der Perspektive von U genau die „unendlich fernen" Punkte.

◆

Frage 463 Sei U_1 eine affine Hyperebene des affinen Raums $A = \mathbb{P}(V) \backslash H$ und U_2 ein weiterer echter Teilraum von A, für den $U_2 \not\subset U_1$ gilt. Können Sie zeigen, dass U_1 und U_2 genau dann parallel sind, wenn $\overline{U}_1 \cap \overline{U}_2 \subset H$ gilt?

Antwort: Man betrachte für $i = 1, 2$ wieder die affinen Hyperebenen

$$U_i' = \sigma(U_1) = v_i + V_{U_i}.$$

Wegen $U_i \subset H$ gilt $V_{U_i} \subset V_H$ für $i = 1, 2$. Ferner hat man

$$\overline{U}_i = \{Kv\,;\; v = \alpha v_i + u_i, \alpha \in K, u_i \in U_i\}.$$

Seien U_1 und U_2 nun parallel. Da U_1 eine Hyperebene ist, gilt dann $V_{U_2} \subseteq V_{U_1}$ (mit Gleichheitszeichen, falls U_1 auch eine Hyperebene von A ist). Ferner gilt $v_1 \neq v_2$, da U_2 nach Voraussetzung nicht in U_1 enthalten ist. Daraus folgt

$$\overline{U}_1 \cap \overline{U}_2 = \{Kv\,;\; v \in V_{U_1} \cap V_{U_2}\} = \{Kv\,;\; v \in V_{U_1}\} \subset H.$$

Gilt umgekehrt $\overline{U}_1 \cap \overline{U}_2 \subset H$, dann folgt $U_1 \cap U_2 = \emptyset$ Wegen $v_1 \neq v_2$, und da U_1 eine Hyperebene und U_2 ein Unterraum von A ist, sind U_1 und U_2 parallel nach Frage 434.

◆

7.4 Projektive Abbildungen und Koordinaten

Es ist naheliegend, in Analogie zu den affinen Abbildungen auch projektive Abbildungen $f : \mathbb{P}(V) \sim \mathbb{P}(W)$ mittels der Existenz von linearen Abbildungen $F : V \longrightarrow W$ der zugrunde liegenden Vektorräume zu definieren. Allerdings muss dabei zusätzlich gefordert werden, dass durch F Geraden aus V auf Geraden aus W abgebildet werden. Dies ist nur für *injektive* lineare Abbildungen der Fall.

Nach demselben Prinzip wie bei Vektorräumen und affinen Räumen ermöglichen bijektive projektive Abbildungen die Einführung von *Koordinaten* in einem projektiven Raum.

Frage 464 Wann heißt eine Abbildung $f : \mathbb{P}(V) \longrightarrow \mathbb{P}(W)$ **projektiv**? Wie nennt man eine bijektive projektive Abbildung?

Antwort: Eine Abbildung $f : \mathbb{P}(V) \longrightarrow \mathbb{P}(W)$ heißt *projektiv*, wenn eine injektive lineare Abbildung $F : V \longrightarrow W$ existiert, so dass

$$f(K \cdot v) = K \cdot F(v)$$

für alle $v \in V \setminus \{0\}$ gilt. Man benutzt in diesem Fall die Schreibweise

$$f = \mathbb{P}(F).$$

Eine bijektive projektive Abbildung nennt man *Projektivität*. ◆

Frage 465 Können Sie zeigen, dass die zu einer projektiven Abbildung gehörende lineare Abbildung nur bis auf einen skalaren Faktor eindeutig bestimmt ist, d. h. für zwei injektive lineare Abbildungen $F, F' : V \longrightarrow W$ ist $\mathbb{P}(F) = \mathbb{P}(F')$ genau dann, wenn $F' = \alpha \cdot F$ für ein $\alpha \in K$ gilt.

Antwort: Hat man $\mathbb{P}(F) = \mathbb{P}(F')$, so gilt für jedes $v \in V$

$$K \cdot F'(v) = K \cdot F(v), \quad \text{also} \quad F'(v) = \alpha_v \cdot F'(v)$$

mit einem $\alpha_v \in K$. Es muss gezeigt werden, dass α_v für jeden $v \in V$ gleich ist. Aufgrund der Linearität von F und F' gilt

$$F'(v + w) = \alpha_v \cdot F(v) + \alpha_w \cdot F(w)$$

sowie mit $\alpha := \alpha_{v+w}$

$$F'(v + w) = \alpha \cdot \big(F(v) + F(w)\big).$$

Die beiden Gleichungen führen zusammen auf

$$(\alpha_v - \alpha) \cdot F(v) + (\alpha_w - \alpha) \cdot F(w) = 0.$$

Wegen der Injektivität von F sind auch die Vektoren $F(v)$ und $F(w)$ linear unabhängig in W. Aus der letzten Gleichung folgt daher $\alpha_v = \alpha = \alpha_w$, was zu zeigen war.

Die andere Richtung des Beweises ist einfach: Aus $F' = \alpha \cdot F$ folgt $K \cdot F(v) = K \cdot F'(v)$ für jedes $v \in V$, also $\mathbb{P}(F) = \mathbb{P}(F')$. ◆

Frage 466 Wann heißt ein $(r+1)$-Tupel $(p_0, \dots, p_r)$ von Punkten eines projektiven Raumes $\mathbb{P}(V)$ **projektiv unabhängig**?

Antwort: Die $r + 1$ Punkte heißen *projektiv unabhängig*, wenn die zugehörigen eindimensionalen Unterräume in V paarweise verschieden sind, d. h. wenn jedes $r+1$-Tupel $(v_0, \dots, v_r)$ von Vektoren aus V, für das $p_i = Kv_i$ gilt, linear unabhängig in V ist.

Äquivalent hierzu ist die nur scheinbar schwächere Voraussetzung, dass ein einziges linear unabhängiges System $(w_0, \ldots, w_r)$ von Vektoren aus V existiert, so dass $p_i = Kw_i$ gilt. Die Äquivalenz ist klar, da jeder Vektor v_i mit $p_i = Kv_i$ dann ein skalares Vielfaches von w_i sein muss. ◆

Frage 467 Was ist **eine projektive Basis** eines n-dimensionalen projektiven Raumes $\mathbb{P}(V)$?

Antwort: Eine *projektive Basis* in $\mathbb{P}(V)$ ist ein $(n+2)$-Tupel $(p_0, \ldots, p_{n+1})$ von Punkten aus $\mathbb{P}(V)$ mit der Eigenschaft, dass je $(n+1)$ Punkte davon projektiv unabhängig sind,

Im Raum $\mathbb{P}_n(K)$ ist zum Beispiel mit

$$p_0 := (1 : 0 : \ldots : 0)$$
$$p_1 := (0 : 1 : \ldots : 0)$$
$$\vdots \quad \vdots$$
$$p_n := (0 : 0 : \ldots : 1)$$
$$p_{n+1} := (1 : 1 : \ldots : 1)$$

einc projektive Basis gegeben. ◆

Frage 468 Sei $(p_0, \ldots, p_{n+1})$ eine Basis von $\mathbb{P}(V)$. Dann gibt es eine Basis $(v_0, \ldots, v_n)$ mit $p_i = Kv_i$ für $i = 0, \ldots, n$. Können Sie zeigen, dass sich die Vektoren v_i so wählen lassen, dass

$$p_{n+1} = K \cdot (v_0 + \cdots + v_n)$$

gilt?

Antwort: Zunächst gilt

$$p_{n+1} = K \cdot (\alpha_0 v_0 + \cdots + \alpha_n v_n) \qquad (*)$$

mit geeigneten $\alpha_i \in K$. Es genügt nun zu zeigen, dass $\alpha_i \neq 0$ für alle $i = 0, \ldots, n$ gilt, denn in diesem Fall hat man mit $(\alpha_0 v_0, \ldots, \alpha_n v_n)$ eine Basis von V mit den gesuchten Eigenschaften. Sei dazu $p_{n+1} = Kv$ mit einem Vektor $v \in V$. Wäre $\alpha_\ell = 0$ für ein $\ell \in \{0, \ldots, n\}$. dann wäre das $(n+1)$-Tupel

$$(v_0, \ldots, v_{\ell-1}, v, v_{\ell+1}, \ldots, v_n)$$

wegen $(*)$ linear abhängig in V und damit $(p_0, \ldots, p_{n+1})$ keine Basis von $\mathbb{P}(V)$. ◆

Frage 469 Seien $\mathbb{P}(V)$ und $\mathbb{P}(W)$ projektive Räume derselben Dimension mit Basen $(p_0, \ldots, p_{n+1})$ und $(q_0, \ldots, q_{n+1})$. Wieso gibt es dann genau eine Projektivität $f : \mathbb{P}(V) \longrightarrow \mathbb{P}(W)$ mit $f(p_i) = q_i$ für $i = 0, \ldots, n + 1$?

Antwort: Entsprechend der Antwort zu Frage 468 wähle man Basen $(v_0, \ldots, v_n)$ von V und $(w_0, \ldots, w_n)$ so, dass $p_{n+1} = K \cdot (v_0 + \cdots + v_n)$ und $q_{n+1} = K \cdot (w_0 + \cdots w_0)$ gilt.

Definiert man für $i = 0, \ldots, n$ die lineare Abbildung $F : V \longrightarrow W$ durch $F(v_i) = w_i$, dann gilt mit $f := \mathbb{P}(F)$

$$f(p_i) = q_i \qquad \text{für } i = 0, \ldots, n + 1. \qquad (*)$$

Das zeigt die Existenzbehauptung.

Ist $\tilde{f}$ eine weitere Abbildung, die die Basispunkte wie in $(*)$ aufeinander abbildet, dann gilt für die lineare Abbildung $\tilde{F} : V \longrightarrow W$ mit $\tilde{f} = \mathbb{P}(\tilde{F})$

$$\tilde{F}(v_0) = \alpha_0 w_0, \ldots, \tilde{F}(v_n) = \alpha_n w_n$$

mit bestimmten $\alpha_i \in K$ sowie

$$\tilde{F}(v_0 + \cdots + v_n) = \alpha \cdot (w_0 + \cdots + w_n).$$

mit einem bestimmten $\alpha \in K$. Aus den letzten beiden Gleichungen zusammen folgt zusammen mit der Linearität von $\tilde{F}$

$$(\alpha_0 - \alpha) \cdot w_0 + \cdots + (\alpha_n - \alpha) \cdot w_n = 0.$$

Daraus folgt $\alpha_i = \alpha$ für alle $i = 1, \ldots, n$ aufgrund der linearen Unabhängigkeit der w_i. Also gilt $\tilde{F} = \alpha \cdot F$, also $\tilde{f} = f$. Das zeigt die Eindeutigkeit. ◆

Frage 470 Wieso besitzt jede Projektivität einer reell-projektiven Ebene mindestens einen Fixpunkt und eine Fixgerade?

Antwort: Sei F eine lineare Abbildung mit $f = F(\mathbb{P})$. Dann ist F ein Endomorphismus $\mathbb{R}^3 \longrightarrow \mathbb{R}^3$ und besitzt mindestens einen reellen Eigenwert λ und einen F-invarianten Unterraum U der Dimension 2. Die Unterräume Eig (F, λ) und U bestimmen dann F-invariante Unterräume von $\mathbb{P}_2(\mathbb{R})$ der Dimension 0 bzw. 1. ◆

Frage 471 Was versteht man unter einem **Koordinatensystem** in einem n- dimensionalen projektiven Raum $\mathbb{P}(V)$?

Antwort: Unter einem Koordinatensystem in $\mathbb{P}(V)$ versteht man eine Projektivität

$$\kappa : \mathbb{P}_n(K) \longrightarrow \mathbb{P}(V).$$

Mit Hilfe der in $\mathbb{P}_n(K)$ gegebenen homogenen Koordinaten lassen sich damit auch in $\mathbb{P}(V)$ homogene Koordinaten einführen. Gilt $p = \kappa((x_0 : \ldots : x_n))$, so heißt $(x_0 : \ldots : x_n)$ *homogener Koordinatenvektor* von p bezüglich κ. Man beachte, dass dieser nur bis auf einen Skalar $\alpha \neq 0$ eindeutig bestimmt ist.   ◆

Frage 472 Wie lassen sich mithilfe eines Koordinatensystems **homogene Koordinaten** in $\mathbb{P}(V)$ einführen und Projektivitäten durch eine Matrix beschreiben?

Antwort: Ist zunächst $f : \mathbb{P}_n(K) \longrightarrow \mathbb{P}_n(K)$ eine Projektivität, so entspricht dem ein bis auf eine Konstante eindeutig bestimmter Isomorphismus $F : K^{n+1} \longrightarrow K^{n+1}$, der sich durch eine Matrix

$$A = \begin{pmatrix} a_{00} & a_{01} & \cdots & a_{0n} \\ a_{10} & a_{11} & \cdots & a_{1n} \\ \cdots & & & \cdots \\ a_{n0} & a_{n1} & \cdots & a_{nn} \end{pmatrix}$$

beschreiben lässt. Für einen Vektor $x = (x_0, \ldots, x_n)$ gilt dann

$$F(x) = Ax = (z_0 \cdot x, \ldots, z_n \cdot x) \, ,$$

wobei $z_0, \ldots, z_n$ die Zeilen von A bezeichnen. Entsprechend erhält man für einen Punkt $p \in \mathbb{P}_n(K)$ mit den homogenen Koordinaten $(x_0 : \ldots : x_n)$ die homogenen Koordinaten des Bildes $f(p)$ durch

$$f(p) = (z_0 \cdot x : \ldots : z_n \cdot x),$$

also durch formale Matrizenoperationen, wobei wiederum zu beachten ist, dass die homogenen Komponenten von $f(p)$ nur bis auf einen skalaren Faktor eindeutig festgelegt sind. Das Gleiche gilt auch für die Einträge der Matrix A.

Mithilfe eines Koordinatensystems lassen sich damit auch Projektivitäten $\mathbb{P}(V) \longrightarrow \mathbb{P}(W)$ beliebiger projektiver Räume derselben Dimension beschreiben. Dazu braucht man nur die Kommutativität des Diagramms

$$\begin{array}{ccc} \mathbb{P}(V) & \xrightarrow{\ f\ } & \mathbb{P}(W) \\ {\scriptstyle \kappa_1^{-1}}\big\downarrow & & \big\downarrow{\scriptstyle \kappa_2^{-1}} \\ \mathbb{P}_n(K) & \xrightarrow{\ f'\ } & \mathbb{P}_n(K). \end{array}$$

auszunutzen. Die der Projektivität f bezüglich der Koordinatensysteme κ_1 und κ_2 zugeordnete Matrix ist dann die Matrix der Projektivität f'. Diese hängt natürlich von den gewählten Koordinatensystemen ab.   ◆

Frage 473 Eine Matrix $A \in K^{(n+1)\times(n+1)}$ beschreibt genau dann eine affine Abbildung $K^n \longrightarrow K^n$ wenn A die Gestalt

$$A = \begin{pmatrix} a_{00} & 0 & \cdots & 0 \\ a_{10} & a_{11} & \cdots & a_{1n} \\ \cdots & & & \cdots \\ a_{n0} & a_{n1} & \cdots & a_{nn} \end{pmatrix}$$

besitzt. Können Sie das aus der Perspektive projektiver Abbildungen begründen?

Antwort: Der affine Raum K^n ist mittels der Abbildung

$$(x_1, \ldots, x_n) \longmapsto (1 : x_1 : \ldots : x_n)$$

in $\mathbb{P}_n(K)$ eingebettet. Eine Projektivität $f : \mathbb{P}_n(K) \longrightarrow \mathbb{P}_n(K)$ lässt sich daher genau dann zu einer affinen Abbildung $K^n \longrightarrow K^n$ beschränken, wenn f die Hyperebene

$$H := \{ (x_0 : \ldots : x_n) \in \mathbb{P}_n(K) \; ; \; x_0 = 0 \}$$

in sich abbildet. Wird f durch die Matrix

$$A = \begin{pmatrix} a_{00} & a_{01} & \cdots & a_{0n} \\ a_{10} & a_{11} & \cdots & a_{1n} \\ \cdots & & & \cdots \\ a_{n0} & a_{n1} & \cdots & a_{nn} \end{pmatrix}$$

beschrieben, so bedeutet $f(H) = H$ gerade, dass $a_{01} = \cdots = a_{0n} = 0$ gilt.   ◆

Frage 474 Sei $\mathbb{P}(V)$ ein projektiver Raum der projektiven Dimension n. Die Hyperebene $L \subset \mathbb{P}(V)$ werde durch die „Perspektivität" π von einem Zentrum z außerhalb von L und M auf die Hyperebene $M \subset \mathbb{P}(V)$ projiziert, so wie es in der Abbildung skizziert ist. Können Sie zeigen, dass π eine Projektivtät $L \longrightarrow M$ ist?

Antwort: Sei $(p_1, \ldots, p_n)$ eine projektive Basis von M. Wegen $z \neq M$ ist dann $(z, p_1, \ldots, p_n)$ eine projektive Basis von $\mathbb{P}(V)$. Mit dem Koordinatensystem $\kappa : \mathbb{P}_n(K) \longrightarrow \mathbb{P}(V)$, das die Standardbasis von $\mathbb{P}_n(K)$ auf die Basis $(z, p_1, \ldots, p_n)$ abbildet, gilt dann $\kappa^{-1}(z) = (1 : 0 : \ldots : 0)$, und M wird bezüglich κ durch die Gleichung beschrieben. Schreibt man $\hat{M} := \kappa^{-1}(M)$ und $\hat{L} := \kappa^{-1}(L)$ so lässt sich die Situation übersichtlich in dem kommutativen Diagramm

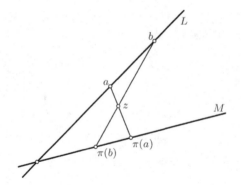

$$\hat{L} \xrightarrow{\ f\ } \hat{M} = \{(x_0 : \dots : x_n)\ ;\ x_0 = 0\}$$
$$\kappa \downarrow \qquad \downarrow \kappa$$
$$L \xrightarrow{\ \pi\ } M$$

darstellen. Für das Weitere genügt es zu zeigen, dass f eine Projektivität ist.

Sei $\hat{p} = (\xi_0 : \xi_1 : \xi_2)$ ein belieber Punkt aus $\hat{L}$. Die Gerade durch $\hat{p}$ und $\hat{z} := \kappa^{-1}(z)$ besitzt dann nach Frage 458 die Gleichung

$$\lambda \hat{p} + \mu \hat{z} = \lambda(\xi_0 : \xi_1 : \xi_2) + \mu(1 : 0 : 0) \quad \text{mit } (\lambda : \mu) \in \mathbb{P}_2(K).$$

Die Gerade schneidet $\hat{M}$ im Punkt $(0 : x_1 : \dots : x_n)$. Folglich gilt

$$f : \hat{L} \longrightarrow \hat{M}, \qquad (x_0 : x_1 : \dots : x_n) \longmapsto (0 : x_1 : \dots : x_n)\,.$$

Man betrachte nun die zu $\hat{L}$ und $\hat{M}$ gehörenden Hyperebenen $\mathscr{L}$ und $\mathscr{M}$ in K^{n+1} sowie die lineare Abbildung

$$F : \mathscr{L} \longrightarrow \mathscr{M}, \qquad (x_0, x_1, \dots, x_n) \longmapsto (0, x_1, \dots, x_n)\,.$$

Aus $x \in \ker F$ folgt $x = (\lambda, 0, \dots, 0)$ mit einem $\lambda \in K$. Wäre $\lambda \neq 0$, so würde $\hat{z} = (1 : 0 : \dots : 0) \in \hat{L}$ und damit im Widerspruch zur Voraussetzung $z \in L$ folgen. Folglich gilt $\ker F = \{0\}$, d. h., F ist injektiv und damit aus Dimensionsgründen auch bijektiv.

Man erkennt nun $f = \mathbb{P}(F)$, woraus schließlich folgt, dass f und damit auch π eine Projektivität ist. ◆

7.5 Invarianten von Projektivitäten

Frage 475 In Abschnitt 7.3 hatten wir gesehen, dass affine Abbildungen das Teilverhältnis dreier Punkte invariant lassen. Gilt dies für projektive Abbildungen auch?

Antwort: Projektive Abbildungen erhalten das Teilverhältnis in der Regel nicht, wie man an der Zentralprojektion, die in der Abbildung rechts dargestellt ist, sehen kann.

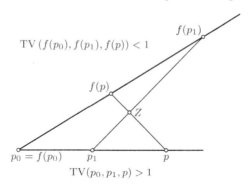

Dagegen erhalten projektive Abbildungen ein bestimmtes Verhältnis von *vier* kollinearen Punkten, das sogenannte *Doppelverhältnis*. Dieses lässt sich folgendermaßen einführen. Seien p_0, p_1 und p_2 drei kollineare, paarweise verschiedene Punkte eines projektiven Raumes $\mathbb{P}(V)$. Dann bildet (p_0, p_1, p_2) eine Basis der gemeinsamen projektiven Geraden Z, folglich gibt es ein Koordinatensystem

$$\kappa : \mathbb{P}_1(K) \longrightarrow Z$$

mit

$$\kappa(1:0) = p_0, \quad \kappa(0:1) = p_1, \quad \kappa(1:1) = p_2.$$

Jeder Punkt p der Geraden Z besitzt dann bezüglich dieses Koordinatensystems bestimmte homogene Koordiaten $\kappa^{-1}(p) = (\lambda : \mu)$ mit $\lambda, \mu \in K$. Man definiert nun

$$\mathsf{DV}(p_0, p_1, p_2, p) = \lambda \; : \mu \in K \cup \{\infty\} \simeq \mathbb{P}_1(K)$$

Ist $\mu \neq 0$ (d. h. $p \neq p_0$), dann ist $\mathsf{DV}(p_0, p_1, p_2, p)$ ein Element aus K, andernfalls ist $DV(p_0, p_1, p_2, p) = \infty$.

Wir zeigen, dass das Doppelverhältnis eine projektive Invariante ist. Sei $f : \mathbb{P}(V) \longrightarrow \mathbb{P}(W)$ eine Projektivität. f bildet die Gerade $Z \in \mathbb{P}(V)$ auf eine Gerade $Z' \in \mathbb{P}(W)$ ab. Für die Abbildung $\kappa' := f|_Z \circ \kappa$ gilt dann $\kappa'(1:0) = f(p_0)$, $\kappa'(0:1) = f(p_1)$ und $\kappa'(1:1) = f(p_2)$. Damit ist κ' ein Koordinatensystem von Z'. Aus $\kappa(\lambda : \mu) = p$ folgt $\kappa'(\lambda : \mu) = f(p)$, also

$$\mathsf{DV}(p_0, p_1, p_2, p) = \lambda : \mu = \mathsf{DV}(f(p_0), f(p_1), f(p_2), f(p)) \,,$$

was zu zeigen war.   ◆

Frage 476 Kennen Sie eine Formel, mit der sich das Doppelverhältnis von vier Kollinearen Punkten des projektiven Raums $\mathbb{P}_n(K)$ explizit berechnen lässt?

Antwort: Es gilt:

Seien die Punkte

$$p_k = (x_0^{(k)} : x_1^{(k)} : \ldots : x_n^{(k)}), \qquad k = 0, 1, 2, 3.$$

kollinear. Sind $i, j \in \{1, \ldots, n\}$ *zwei Indizes derart, dass die Punkte*

$$(x_i^{(0)} : x_j^{(0)}), (x_i^{(1)} : x_j^{(1)}), (x_i^{(2)}\ x_j^{(2)}) \in \mathbb{P}_1(K)$$

definiert (was heißt, dass nicht beide Komponenten verschwinden) und paarweise verschieden sind, dann gilt

$$\mathrm{DV}(p_0, p_1, p_2, p_3) = \frac{\begin{vmatrix} x_i^{(3)} & x_i^{(1)} \\ x_j^{(3)} & x_i^{(1)} \end{vmatrix}}{\begin{vmatrix} x_i^{(3)} & x_i^{(0)} \\ x_j^{(3)} & x_i^{(0)} \end{vmatrix}} : \frac{\begin{vmatrix} x_i^{(2)} & x_i^{(1)} \\ x_j^{(2)} & x_i^{(1)} \end{vmatrix}}{\begin{vmatrix} x_i^{(2)} & x_i^{(0)} \\ x_j^{(2)} & x_i^{(0)} \end{vmatrix}}. \qquad (*)$$

Beweis: Man betrachte zunächst den Spezialfall $n = 1$ und berechne die Darstellungsmatrix A des Koordinatensystems $\kappa : \mathbb{P}_1(K) \longrightarrow \mathbb{P}_1(K)$, das die projektive Standardbasis von $\mathbb{P}_1(K)$ auf die Punkte p_0, p_2 und p_3 abbildet.

Wegen $\kappa(1 : 0) = (\lambda_0 : \mu_0)$ und $\kappa(0 : 1) = (\lambda_1 : \mu_1)$ gilt

$$A = \begin{pmatrix} \alpha\lambda_0 & \alpha'\lambda_1 \\ \alpha\mu_0 & \alpha'\mu_1 \end{pmatrix}$$

mit frei wählbaren Skalaren $\alpha, \alpha' \in K^*$. Die Forderung $\kappa(1 : 1) = (\lambda_2 : \mu_2)$ führt anschließend auf das Gleichungssystem

$$\alpha\lambda_0 + \alpha'\lambda_1 = \alpha''\lambda_2$$
$$\alpha\mu_0 + \alpha'\mu_1 = \alpha''\mu_2$$

mit frei wählbarem $\alpha'' \in K^*$. Mithilfe der Cramer'schen Formel aus Frage 262 lassen sich die Werte α, α' in Abhängigkeit von α'' berechnen. Dies liefert

$$\alpha = \frac{\begin{vmatrix} \alpha''\lambda_2 & \lambda_1 \\ \alpha''\mu_2 & \mu_1 \end{vmatrix}}{\begin{vmatrix} \lambda_0 & \lambda_1 \\ \mu_0 & \mu_1 \end{vmatrix}}, \qquad \alpha' = \frac{\begin{vmatrix} \lambda_0 & \alpha''\lambda_2 \\ \mu_0 & \alpha''\mu_2 \end{vmatrix}}{\begin{vmatrix} \lambda_0 & \lambda_1 \\ \mu_0 & \mu_1 \end{vmatrix}}.$$

Wählt man speziell $\alpha'' = \begin{vmatrix} \lambda_0 & \lambda_1 \\ \mu_0 & \mu_1 \end{vmatrix}$, so erhält man also

$$A = \begin{pmatrix} \lambda_0 \begin{vmatrix} \lambda_2 & \lambda_1 \\ \mu_2 & \mu_1 \end{vmatrix} & \lambda_1 \begin{vmatrix} \lambda_0 & \lambda_2 \\ \mu_0 & \mu_2 \end{vmatrix} \\[2mm] \mu_0 \begin{vmatrix} \lambda_2 & \lambda_1 \\ \mu_2 & \mu_1 \end{vmatrix} & \mu_1 \begin{vmatrix} \lambda_0 & \lambda_2 \\ \mu_0 & \mu_2 \end{vmatrix} \end{pmatrix}.$$

Mit der Formel zur Berechnung der Inversen einer Matrix folgt

$$A^{-1} = \frac{1}{\det A} \begin{pmatrix} \mu_1 \begin{vmatrix} \lambda_0 & \lambda_2 \\ \mu_0 & \mu_2 \end{vmatrix} & -\lambda_1 \begin{vmatrix} \lambda_0 & \lambda_2 \\ \mu_0 & \mu_2 \end{vmatrix} \\[2mm] -\mu_0 \begin{vmatrix} \lambda_2 & \lambda_1 \\ \mu_2 & \mu_1 \end{vmatrix} & \lambda_0 \begin{vmatrix} \lambda_2 & \lambda_1 \\ \mu_2 & \mu_1 \end{vmatrix} \end{pmatrix}.$$

Die Koordinaten des Punktes p bezüglich κ berechnen sich damit zu

$$\kappa^{-1}(p) = \det A \cdot A^{-1}(\lambda_3 : \mu_3)^T = \left(\begin{vmatrix} \lambda_3 & \lambda_1 \\ \mu_3 & \mu_1 \end{vmatrix} \cdot \begin{vmatrix} \lambda_0 & \lambda_2 \\ \mu_0 & \mu_2 \end{vmatrix} : \begin{vmatrix} \lambda_0 & \lambda_3 \\ \mu_0 & \mu_3 \end{vmatrix} \cdot \begin{vmatrix} \lambda_2 & \lambda_1 \\ \mu_2 & \mu_1 \end{vmatrix} \right).$$

Es folgt

$$DV(p_0, p_1, p_2, p) = \frac{\begin{vmatrix} \lambda_3 & \lambda_1 \\ \mu_3 & \mu_1 \end{vmatrix}}{\begin{vmatrix} \lambda_3 & \lambda_0 \\ \mu_3 & \mu_0 \end{vmatrix}} : \frac{\begin{vmatrix} \lambda_2 & \lambda_1 \\ \mu_2 & \mu_1 \end{vmatrix}}{\begin{vmatrix} \lambda_2 & \lambda_0 \\ \mu_2 & \mu_0 \end{vmatrix}}.$$

Das ist die Formel $(*)$ für den Fall $n = 1$.

Um den allgemeinen Fall darauf zurückzuführen, betrachten wir eine geeignete Projektivität $\mathbb{P}_n(K) \longrightarrow \mathbb{P}_1(K)$, die ja nach Frage 475 das Doppelverhältnis invariant lässt. Ist Z die von den drei Punkten $p_0, p_2, p_3 \in \mathbb{P}_n(K)$ aufgespannte Gerade, so wähle man zwei verschiedene Indizes $i, j \in \{0, \ldots, n\}$ derart, dass für alle Punkte $(x_0 : \ldots : x_i : \ldots : x_j : \ldots : x_n) \in Z$ gilt

$$(x_i, x_j) \neq (0,0) \quad \text{und} \quad (x_i : x_j) \neq \text{const} \quad \text{für alle } p \in Z.$$

In jedem Fall existiert mindestens ein Indexpaar (i, j) mit diesen Eigenschaften. Dies erkennt man sofort, wenn man die Z entsprechende Hyperebene in K^{n+1} betrachtet. Die Abbildung

$$f : Z \longrightarrow \mathbb{P}_1(K), \quad (x_0 : \ldots, x_i : \ldots : x_j : \ldots x_n) \longmapsto (x_i : x_j)$$

ist unter dieser Voraussetzung eine Projektivität. Nach Frage 475 gilt

$$DV(p_0, p_1, p_2, p) = DV(f(p_0), f(p_1), f(p_2), f(p)).$$

Um $DV(p_0, p_1, p_2, p)$ zu berechnen, genügt es daher, zwei geeignete Koordinaten auszuwählen und in die Formel $(*)$ einzusetzen.

Aufgrund der Invarianz des Doppelverhältnisses liefert jede Auswahl geeigneter Koordinatenpaare, die die Eigenschaft (∗∗) erfüllen, dasselbe Ergebnis.   ◆

Frage 477 Wie lautet der **Satz von Desargues**? Können Sie ihn beweisen?

Antwort: Der Satz von Desargues lautet:

In der projektiven Ebene $\mathbb{P}_2(K)$ sei ein Dreieck mit den Eckpunkten p_1, p_2 und p_3 gegeben. Ein weiteres Dreieck mit den Eckpunkten p'_1, p'_2, p'_3 sei das Bild des ersten Dreiecks unter einer Perspektivität mit Zentrum z. Dann sind die Schnittpunkte

$$q_1 := (p_1 \vee p_2) \cap (p'_1 \vee p'_2)$$
$$q_2 := (p_2 \vee p_3) \cap (p'_2 \vee p'_3)$$
$$q_3 := (p_3 \vee p_1) \cap (p'_3 \vee p'_1)$$

der durch die entsprechenden Seiten der beiden Dreiecke verlaufenden Geraden kollinear.

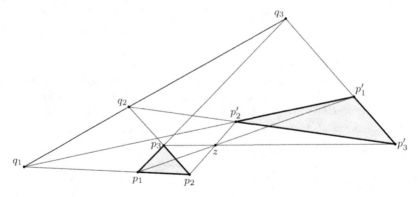

Beweis: Man wähle für $i = 1, 2, 3$ Vektoren $v, v_i, v'_i \in K^3$ mit

$$z = K \cdot v, \quad p_i = K \cdot v_i, \quad p'_i = K \cdot v'_i$$

Da die Punkte z, p_i, p'_i kollinear sind, kann man zusätzlich

$$v = v_1 - v'_1 = v_2 - v'_2 = v_3 - v'_3,$$

also

$$v_1 - v_2 = v'_1 - v'_2, \quad v_2 - v_3 = v'_2 - v'_3, \quad v_3 - v_1 = v'_3 - v'_1$$

annehmen. Somit gilt $q_1 = K \cdot (v_1 - v_2)$, $q_2 = K \cdot (v_2 - v_3)$ und $q_3 = K \cdot (v_3 - v_1)$. Die drei Vektoren sind aber wegen

$$(v_1 - v_2) + (v_2 - v_3) + (v_3 - v_1) = 0$$

linear abhängig. Folglich sind die Punkte q_1, q_2 und q_3 kollinear. Das beweist den Satz.

Frage 478 Können Sie den Satz von Desargues beweisen, indem sie aus $\mathbb{P}_n(2)$ eine geeignete Hyperebene entfernen und die gesuchten Eigenschaften anhand der enthaltenen affinen Konstellation nachweisen?

Antwort: Sei A der affine Raum, den man aus $\mathbb{P}_2(\mathbb{R})$ durch Herausnahme der Geraden $q_1 \vee q_2$ erhält, so dass also $q_1 \vee q_2$ aus der Sicht von A die „unendlich ferne" Gerade ist. Da die Punkte q_1 und q_2 auf dieser Geraden liegen, sind die affinen Anteile der Geraden $p_1 \vee p_2$ und $p_1' \vee p_2'$ und die affinen Anteile der Geraden $p_2 \vee p_3$ und $p_2' \vee p_3'$ jeweils parallel in A. Die affine Konstellation besitzt also folgende Gestalt:

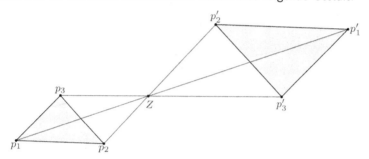

Um zu beweisen, dass q_3 ebenfalls auf der unendlich fernen Geraden $q_1 \vee q_2$ liegt, genügt es nun zu zeigen, dass die Geraden $p_1 \vee p_3$ und $p_1' \vee p_3'$ ebenfalls parallel sind. Das aber ergibt sich als einfache Konsequenz aus dem Strahlensatz.   ◆

Frage 479 Was besagt der **Satz von Pappos** und wie kann man ihn beweisen?

Antwort: Der Satz besagt:

Seien Z, Z' zwei Geraden der projektiven Ebene $\mathbb{P}_2(K)$ und darauf je drei paarweise verschiedene Punkte

$$p_1, p_2, p_3 \in Z \qquad p_1', p_2', p_3' \in Z'$$

gegeben. Dann sind die Schnittpunkte

$$q_1 := (p_1 \vee p_2') \cap (p_2 \vee p_1')$$
$$q_2 := (p_2 \vee p_3') \cap (p_3 \vee p_2')$$
$$q_3 := (p_1 \vee p_3') \cap (p_3 \vee p_1')$$

kollinear.

Beweis: Man betrachte die Gerade $q_1 \vee q_3$. Dann genügt es zu zeigen, dass die Punkte

$$q_2^* := (q_1 \vee q_3) \cap (p_2 \vee p_3') \quad \text{und} \quad q_2^{**} := (q_1 \vee q_3) \cap (p_3 \vee p_2')$$

übereinstimmen.

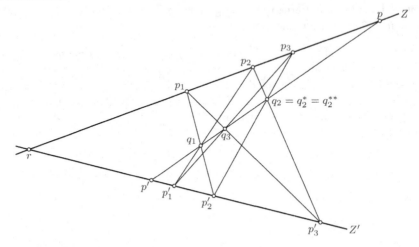

Sei p bzw. p' der Schnittpunkt der Geraden $(q_1 \vee q_3)$ mit den Geraden Z bzw. Z'. Ferner bezeichne r den Schnittpunkt von Z und Z'. Die Projektion auf die Gerade Z mit dem Zentrum p_3' ergibt

$$DV(p', q_3, q_2^*, p) = DV(r, p_1, p_2, p).$$

Die Projektion auf die Gerade Z' mit den Zentrum q_1 liefert

$$DV(r, p_1, p_2, p) = DV(r, p_2', p_1', p'),$$

und die Projektion auf die Gerade $p \vee q$ mit dem Zentrum p_3 ergibt

$$DV(r, p_2', p_1', p') = DV(p, q_2^{**}, q_3, p').$$

Insgesamt folgt daraus

$$DV(p', q_3, q_2^*, p) = DV(p, q_2^{**}, q_3, p').$$

Da allgemein $DV(a, b, c, d) = DV(d, c, b, a)$ gilt, wie man anhand der Formel $(*)$ aus der Antwort zu Frage 476 überprüfen kann, gilt also

$$DV(p', q_3, q_2^*, p) = DV(p', q_3, q_2^{**}, p).$$

Daraus folgt $q_2^* = q_2^{**}$, was zu zeigen war.   ◆

Frage 480 Können Sie für Sätze der projektiven Geometrie das Prinzip der *Dualität* erläutern? Wie lässt sich die Gültigkeit dieses Prinzips formal begründen?

Antwort: Die Sätze der projektiven Geometrie handeln von Punkten und Hyperebenen und deren Lagebeziehungen zueinander. In der projektiven Ebene z. B. sagen die Sätze aus, dass bestimmte Geraden sich in einem gemeinsamen Punkt schneiden bzw. bestimmte Punkte auf einer gemeinsamen Geraden liegen. Die Besonderheit der projektiven Geometrie besteht darin, dass Punkte und Hyperebenen formal vollkommen identische Eigenschaften besitzen. So ist eine Hyperebene z. B. definiert als die Menge aller Punkte $(x_0 : \ldots : x_n)$, die eine Gleichung der Form

$$a_0 x_0 + \cdots + a_n x_n = 0 \quad \text{mit} \quad (a_0 : \ldots a_n) \in \mathbb{P}_n(K) \qquad (*)$$

erfüllt. Eine Hyperebene ist damit durch das projektive n-Tupel $(a_0 : \ldots : a_n)$, mithin durch den *Punkt* $(a_0 : \ldots : a_n)$ eindeutig bestimmt. Punkte und Hyperebenen sind in diesem Sinne *duale* Objekte. Die Menge der Punkte $(x_0 : \ldots : x_n)$, die $(*)$ erfüllen, lässt sich daher genauso gut als Menge von Hyperebenen interpretieren, und zwar als die Menge derjenigen Hyperebenen, die den Punkt $(a_0 : \ldots : a_n)$ enthalten. Unter algebraischen Gesichtspunkten bleiben alle Eigenschaften der Menge erhalten, unabhängig davon, ob sie als Punktmenge oder als Menge von Hyperebenen definiert wird. Ensprechend lässt sich jede Relation von Punkten auch als Relation von Hyperebenen interpretieren, indem man die Eigenschaft der Kollinearität durch die Relation „schneiden sich in einem gemeinsamen Punkt" austauscht. Jedem Satz der projektiven Geometrie entspricht daher ein dualer Satz.

Das Dualitätsprinzip bleibt auch für Sätze gültig, die Aussagen über nicht lineare projektive Gebilde wie etwa Quadriken enthalten. Jede Quadrik lässt sich nämlich als Punktmenge genauso wie als Menge ihrer Tangentialhyperebenen definieren. Jedem Satz der projektiven Geometrie, der Aussagen über die Eigenschaften von Quadriken als Punktmengen macht, entspricht daher ein dualer Satz über die Tangentialhyperebenen.   ◆

Frage 481 Wie lauten die dualen Versionen der Sätze von Desargues und von Pappos?

Antwort: Die duale Version des Satzes von Desargues lautet

In einer projektiven Ebene seien die Geraden $G_1, G_2, G_3, G_1', G_2', G_3', Z$ gegeben mit der Eigenschaft, dass G_i, Z, G_i' sich für $i = 1, 2, 3$ jeweils in einem gemeinsamen Punkt schneiden. Dann schneiden sich die Geraden

$$(G_1 \vee G_2) \cap (G_1' \vee G_2')$$
$$(G_2 \vee G_3) \cap (G_2' \vee G_3')$$
$$(G_1 \vee G_3) \cap (G_1' \vee G_3')$$

in einem gemeinsamen Punkt.

Als die duale Version des Satzes von Pappos erhält man den sogennanten *Satz von Brianchon*

Schneiden sich die Geraden Z_1, Z_2, Z_3 in einem gemeinsamen Punkt p und die Geraden Z_1', Z_2', Z_3' in einem gemeinsamen Punkt p', dann schneiden sich die Geraden

$$Y_1 := (Z_1 \vee Z_2') \cap (Z_2 \vee Z_1')$$
$$Y_2 := (Z_2 \vee Z_3') \cap (Z_3 \vee Z_2')$$
$$Y_3 := (Z_1 \vee Z_3') \cap (Z_3 \vee Z_1')$$

in einem gemeinsamen Punkt.

7.6 Projektive Quadriken

Frage 482 Wann nennt man ein Polynom $P \in K[x_0, \ldots, X_n]$ zweiten Grades **homogen**?

Antwort: Das Polynom $P \in K[X_0, \ldots, X_n]$ heißt *homogen*, wenn P die Darstellung

$$P(X_0, \ldots, X_n) = \sum_{0 \leq i \leq j \leq n} \alpha_{ij} X_i X_j$$

besitzt. Ein homogenes Polynom ist also dadurch ausgezeichnet, dass alle darin vorkommenden Monome denselben Grad – im Fall eines *quadratischen* Polynoms also den Grad 2 – besitzen.

Beispielsweise ist das Polynom $P_1 = X_0^2 + 2X_1 X_0 + X_1^2$ homogen, das Polynom $P' = X_0^2 + 2X_1 X_0 + X_1^2 + X_0 + 1$ jedoch nicht.   ♦

Frage 483 Was ist eine **projektive Quadrik**?

Antwort: Eine Teilmenge $Q \subset \mathbb{P}_n(K)$ heißt (projektive) *Quadrik*, wenn ein homogenes Polynom $P \in K[X_0, \ldots, X_n]$ existiert, so dass gilt

$$Q = \{ (x_0 : \ldots : x_n) \; ; \; P(x_0, \ldots, x_n) = 0 \}.$$

Hier ist zu bemerken, dass für $\lambda \in K^*$ jedes homogene Polynom $P \in K[X_0, \ldots, X_n]$ die Gleichung $P(\lambda x_0, \ldots, \lambda x_n) = \lambda^2 P(x_0, \ldots, x_n)$ erfüllt. Daher gilt

$$P(\lambda x_0, \ldots, \lambda x_n) = 0 \Longleftrightarrow P(x_0, \ldots, x_n) = 0.$$

Aus diesem Grund entspricht der Nullstellenmenge eines homogenen Polynoms in $K[X_0, \ldots, X_n]$ auch eindeutig eine Teilmenge des projektiven Raumes $\mathbb{P}_n(K)$, d. h., die Menge

$$\{ (x_0 : \ldots : x_n); P(x_0, \ldots, x_n) = 0 \}$$

ist wohldefiniert. Dies ist für allgemeine Polynome aus $K[X_0, \ldots, X_n]$ nicht der Fall. So enthält z. B. die Nullstellenmenge des inhomogenen Polynoms $X_0^2 - X_1 = 0$ den Punkt $(1, 1)$, aber keinen der Punkte (λ, λ) für $\lambda \notin \{0, 1\}$.   ◆

Frage 484 Sei P ein Polynom in $K[X_1, \ldots, X_n]$ und $Q \in K^n$ die Nullstellenmenge von P, also

$$Q = \{ (x_1, \ldots, x_n) \in K^n \; ; \; P(x_1, \ldots, x_n) = 0 \}.$$

Was versteht man dann unter dem **projektiven Abschluss** $\overline{Q}$ von Q in $\mathbb{P}_n(K)$?

Antwort: Jedes Polynom $P \in K[X_1, \ldots, X_n]$ lässt sich durch die Hinzunahme einer weiteren Variablen X_0 *homogenisieren*, d. h. zu einem homogenen Polynom $\overline{P} \in K[X_0, \ldots, X_n]$ erweitern, indem man jedes Monom von P mit einer geeigneten Potenz von X_0 multipliziert. Für $P = X_1^2 + X_1 + 1 \in P[X_1]$ gilt beispielsweise $\overline{P} = X_1^2 + X_1 X_0 + X_0^2 \in P[X_0, X_1]$.

Der *projektive Abschluss* von $\overline{Q}$ ist dann gerade die durch das Polynom $\overline{P}$ gegebene Quadrik in $\mathbb{P}_n(K)$.

Beispiel: Sei
$$Q = \{(x_1, x_2) \in \mathbb{R}^2 \; ; \; 1 + x_1^2 - x_2^2 = 0\}.$$

Dies ist eine Hyperbel in $\mathbb{R}^2$ Deren projektiver Abschluss ist die Quadrik

$$\overline{Q} = \{ (x_0 : x_1 : x_2) \in \mathbb{P}_2(\mathbb{R}) \; ; \; x_0^2 + x_1^2 - x_2^2 = 0\}.$$

Die Quadrik $\overline{Q}$ enthält im Vergleich zu Q zusätzlich die „unendlich fernen Punkte" von Q. Das sind genau die Schnittpunkte von $\overline{Q}$ mit der Hyperebene $x_0 = 0$, also alle Punkte $(0 : x_1 : x_2) \in \mathbb{P}_2(\mathbb{R})$ mit $x_1^2 - x_2^2 = 0$ bzw. die beiden uneigentlichen Punkte

$$\{(0 : x_1 : x_2) \in \mathbb{P}_2(\mathbb{R}); \; x_1 = x_2\} \quad \text{und} \quad \{(0 : x_1 \; x_2) \in \mathbb{P}_2(\mathbb{R}); x_1 = -x_2\}. \quad ◆$$

Frage 485 Sei $Q \in \mathbb{P}_n(K)$ eine projektive Quadrik und $H \subset \mathbb{P}_n(K)$ eine Hyperebene. Was versteht man unter dem *affinen Anteil* Q_0 von Q bezüglich H?

Antwort: Es ist

$$Q_0 := Q \cap (\mathbb{P}_n(K) \backslash H).$$

Da $\mathbb{P}_n(K) \backslash H$ sich nach Frage 460 mit dem affinen Raum $\mathbb{A}_n(K)$ identifizieren lässt, ist Q_0 damit eine affine Teilmenge von $\mathbb{A}_n(K)$. Deren geometrische Gestalt hängt aber wesentlich von der Wahl der Ebene H ab (vgl. dazu die nächste Frage).

Ist H speziell durch $x_0 = 0$ gegeben, so gilt

$$Q_0 = \{ (x_0 : \ldots : x_n) \in Q \, ; x_0 \neq 0 \}$$
$$= \{ (1, x_1, \ldots, x_n) \in K^{n+1} \, ; (1 : x_1 : \ldots : x_n) \in Q \}.$$

Wird Q durch die Gleichung $\sum_{0 \leq i, j = n} \alpha_{ij} x_i x_j = 0$ beschrieben, so wird Q_0 als Teilmenge von $\mathbb{A}_n(K)$ bezüglich der kanonischen affinen Basis durch die Gleichung

$$\sum_{i,j=1}^{n} \alpha_{ij} x_j x_j + \sum_{i=1}^{n} \alpha_{0i} x_i + \alpha_{00} = 0$$

beschrieben.   ◆

Frage 486 Sei Q die durch die Gleichung $x_0^2 - x_1^2 - x_2^2 = 0$ gegebene projektive Quadrik in $\mathbb{P}_2(\mathbb{R})$. Können Sie zeigen, dass man durch Entfernen einer geeigneten Hyperebene $\mathbb{P}_2(\mathbb{R})$ als affinen Anteil von Q

  (a)   einen Kreis
  (b)   eine Hyperbel
  (c)   eine Parabel

erhält?

Antwort: Die Gleichung $x_0^2 - x_1^2 - x_2^2 = 0$ beschreibt einen Kreiskegel in $\mathbb{R}^3$. Die affinen Anteile von Q lassen sich als die Schnitte von Q mit den entsprechenden Hyperebenen veranschaulichen.

a) Sei $H = \{(x_0 : x_1 : x_2) \, ; x_0 = 0\}$. Man hat dann eine Affintität

$$\iota : \mathbb{R}^2 \longrightarrow \mathbb{P}_2(\mathbb{R}) \backslash H, \qquad (x_1, x_2) \longmapsto (1 : x_1 : x_2).$$

Für alle Punkte $(1 : x_1 : x_2) \in Q \cap A$ gilt

$$x_1^2 + x_2^2 = 1,$$

Es folgt

$$\iota^{-1}(Q) = \{(x_1, x_2) \; ; \; x_1^2 + x_2^2 = 1\}.$$

Dies ist ein Kreis in A. Geometrisch kann man sich diesen als Schnitt des Kreiskegels mit der Hyperfläche $x_0 = 1$ vorstellen.

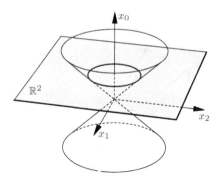

b) Im Fall $H = \{(x_0 : x_1 : x_2) \; ; \; x_2 = 0\}$ lautet die Affinität

$$\iota : \mathbb{R}^2 \longrightarrow \mathbb{P}_2(\mathbb{R}) \backslash H, \qquad (x_0, x_1) \longmapsto (x_0 : x_1 : 1).$$

Es gilt

$$\iota^{-1}(Q) = \{(x_0, x_1) \in \mathbb{R}^2 \; ; \; x_0^2 - x_1^2 = 1\}.$$

Dies ist eine Hyperbel in $\mathbb{R}^2$, die man sich als Schnitt von K mit der Hyperbene $x_2 = 1$ des $\mathbb{R}^3$ veranschaulichen kann.

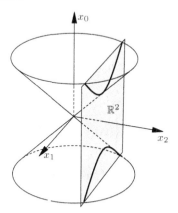

c) Sei nun $H = \{(x_0 : x_1 : x_2) \; ; \; x_0 + x_2 = 0\}$. In diesem Fall hat man eine Affinität

$$\iota : \mathbb{R}^2 \longrightarrow \mathbb{P}_2(\mathbb{R}) \backslash H, \qquad (x_1, x_2) \longmapsto ((1 - x_2) : x_1 : x_2).$$

Die Menge $Q \backslash H$ wird dann durch die Gleichung $(1 - x_2)^2 - x_1^2 - x_2^2 = 0$ bzw. $x_2 = (1 - x_1^2)/2$ beschrieben. Es folgt

$$\iota^{-1}(Q) = \{(x_1, x_2) \in \mathbb{R}^2 \, ; \, x_2 = (1 - x_1^2)/2\}.$$

Dies ist eine Parabel in $\mathbb{R}^2$ Man erhält sie als Schnitt des Kreiskegels K mit der Hyperfläche $x_0 + x_2 = 1$.

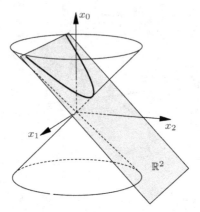

Frage 487 Wie lassen sich projektive Quadriken $Q \in \mathbb{P}_n(K)$ durch symmetrische Bilinearformen

$$\Phi : K^{n+1} \times K^{n+1} \longrightarrow K$$

beschreiben?

Antwort: Ist $P \in K[X_0, \ldots, X_n]$ ein homogenes Polynom, so definiere man eine Matrix $A \in K^{(n+1) \times (n+1)}$ durch

$$a_{ij} := \begin{cases} \alpha_{ij} & \text{für } i = j \\ \frac{1}{2}\alpha_{ij} & \text{für } i < j \\ \frac{1}{2}\alpha_{ji} & \text{für } i > j. \end{cases}$$

Dann ist $A = (a_{ij})$ eine symmetrische Matrix, definiert also eine symmetrische Bilinearform auf K^{n+1}. Für jeden Spaltenvektor $x = (x_0, \ldots, x_n)^T$ gilt

$$x^T A x = \sum_{i \le j} \alpha_{ij} x_i x_j = P(x).$$

Zu jeder Quadrik Q gibt es also eine symmetrische Matrix A mit

$$Q = \{x = (x_0 : \ldots : x_n)^T \, ; \, x^T A x = 0\}.$$

Dabei ist die Matrix A nur bis auf einen Faktor $\varrho \in K^*$ eindeutig bestimmt.

Umgekehrt gehört zu jeder symmetrischen Bilinearform

$$\Phi : K^{n+1} \times K^{n+1} \longrightarrow K,$$

eine quadratische Form

$$q : K^{n+1} \longrightarrow K, \qquad x \longmapsto \Phi(x, x)$$

und damit eine projektive Quadrik

$$Q = \{ (x_0 : \dots : x_n)^T ; \, \Phi(x, x) = 0 \}.$$

◆

Frage 488 Können Sie zeigen, dass Quadriken unter Projektivitäten invariant bleiben, dass also für jede Quadrik $Q \in \mathbb{P}_n(K)$ und jede Projektivität $f : \mathbb{P}_n(K) \longrightarrow \mathbb{P}_n(K)$ auch $f(Q)$ eine Quadrik ist?

Antwort: Sei

$$Q = \{ (x_0 : \dots : x_n)^T ; \, x^T A x = 0 \}$$

mit einer symmetrischen Matrix $A \in K^{n+1}$ Ist $F : K^{n+1} \longrightarrow K^{n+1}$ ein Isomorphismus mit $f = \mathbb{P}(F)$ und $S \in \mathrm{GL}(n+1)$ die beschreibende Matrix von F, so gilt

$$f(Q) = \{ f(x_0 : \dots : x_n)^T) ; \, x^T A x = 0 \}.$$

Mit $y = (y_0, \dots, y_n)^T = F((x_0, \dots, x_n)^T)$ schreibt sich das in der Form

$$f(Q) = \{ (y_0 : \dots : y_n) ; \, y^T ((S^{-1})^T A S^{-1}) y = 0 \}$$

Die Matrix $(S^{-1})^T A S^{-1}$ ist dann ebenfalls symmetrisch und somit $f(Q)$ nach Frage 487 eine Quadrik. ◆

Frage 489 Wann heißen zwei Quadriken $Q, Q' \in \mathbb{P}_n(K)$ **geometrisch (projektiv) äquivalent**?

Antwort: Zwei Quadriken $Q, Q' \in \mathbb{P}_n(K)$ heißen *geometrisch* oder *projektiv äquivalent*, symbolisch $Q \sim Q'$, wenn es eine Projektivität $f : \mathbb{P}_n(K) \longrightarrow \mathbb{P}_n(K)$ mit $Q' = f(Q)$ gibt. ◆

Frage 490 Was besagt der Satz über die **projektive Hauptachsentransformation**?

Antwort: „Hauptachsentransformation" bedeutet in diesem Zusammenhang, eine Quadrik mittels einer Projektivität auf eine geometrisch äquivalente Quadrik abzubilden, die durch eine besonders einfache standardisierte Gleichung beschrieben wird, in der keine gemischten Variablen mehr vorkommen. Der Satz über die Hauptachsentransformation besagt gerade, dass sich jede projektive Quadrik dergestalt auf Hauptachsen transformieren lässt. Er ermöglicht es daher, zu jeder Klasse geometrisch äquivalenter Quadriken einen eindeutigen Repräsentanten in „Hauptachsenform" anzugeben, was bei der Klassifikation von Quadriken eine tragende Rolle spielt. Der Satz besitzt für komplexe und reelle Quadriken jeweils eine eigene Formulierung. Genau besagt er:

1. Zu jeder Quadrik $Q \in \mathbb{P}_n(\mathbb{R})$ gibt es eine geometrisch äquivalente Quadrik Q' mit der Gleichung

$$x_0^2 + \cdots + x_\ell^2 \cdots x_{\ell+1}^2 - \cdots - x_k^2 = 0, \qquad -1 \le \ell, k \le n.$$

Dabei sind die Zahlen ℓ und k durch die zusätzliche Forderung $\ell + 1 \ge k - \ell$ eindeutig bestimmt.

2. Zu jeder Quadrik $Q \in \mathbb{P}_n(\mathbb{C})$ gibt es eine eindeutig bestimmte Zahl $k \le n \in \mathbb{N}$, so dass Q geometrisch äquivalent ist zu der Quadrik mit der Gleichung

$$x_0^2 + \cdots + x_k^2 = 0.$$

Die äquivalente matrizentheoretische Formulierung lautet

1'. Zu jeder symmetrischen Matrix $A \in M\big((n+1) \times (n+1), \mathbb{R}\big)$ gibt es eindeutig bestimmte Zahlen, k, ℓ mit $-1 \le k, \ell \le n$ und $\ell + 1 \ge k - \ell$ und eine invertierbare Matrix $S \in \mathsf{GL}(n+1, \mathbb{R})$, so dass

$$S^{-1}AS = \begin{pmatrix} E_{\ell+1} & 0 & 0 \\ 0 & -E_{k-\ell} & 0 \\ 0 & 0 & 0 \end{pmatrix}. \qquad (*)$$

gilt.

2'. Zu jeder symmetrischen Matrix $A \in M((n+1) \times (n+1), \mathbb{C})$ gibt es eine eindeutig bestimmte Zahl $k \le n$ und eine invertierbare Matrix $S \in \mathsf{GL}(n+1, \mathbb{C})$ mit

$$S^{-1}AS = \begin{pmatrix} E_k & 0 \\ 0 & 0 \end{pmatrix} \qquad (**)$$

gilt.

Der Beweis ergibt sich im reellen Fall unmittelbar aus dem Satz über die reelle Hauptachsentransformation. Beim komplexen Fall ist jedoch zu beachten, dass in Antwort 416 die Hauptachsentransformation im Bezug auf hermitesche Formen bzw. Matrizen bewiesen wurde, während man es im gegenwärtigen Kontext mit symmetrischen komplexen Matrizen zu tun hat.

Eine leichte Modifikation der Argumentation führt aber auch in diesem Fall zum gewünschten Ergebnis.   ◆

Frage 491 Wie lässt sich mit den Mitteln der linearen Algebra die geometrisch äquivalente Quadrik Q' bestimmen?

Antwort: Sei

$$Q = \{x \in \mathbb{P}_n(\mathbb{K}); \ x^T A x = 0\}$$

mit einer symmetrischen Matrix $A \in M((n+1) \times (n+1), \mathbb{K})$. Die Frage läuft darauf hinaus, die nach dem Satz über die Hauptachsentransformation existierende Matrix $S \in GL(n+1, \mathbb{K})$ zu bestimmen mit der $D := S^{-1}AS$ die Gestalt (∗) bzw. (∗∗) aus Frage 490 besitzt. Die Matrix S^{-1} beschreibt dann die Projektivität, die Q auf die geometrisch äquivalente Quadrik Q' in Normalform abbildet.

Als Element aus $GL(n+1, k)$ lässt sich S als Produkt $C_1 \cdots C_s$ von Elementarmatrizen schreiben. Es gilt also

$$B = C_n^T \cdots C_1^T \cdot A \cdot C_1 \cdots C_n.$$

Die Multiplikation von rechts mit den Matrizen $C_1, \ldots, C_k$ beschreibt eine Reihe elementarer Zeilenumformungen, die Multiplikation von links mit den Matrizen $C_1^T, \ldots, C_k^T$ die Serie entsprechender elementarer Spaltenumformungen. Man erhält $B = C_1 \cdots C_k$, wenn man an E_{n+1} die gleichen Zeilenumformungen durchführt. Dies führt auf folgendes Verfahren. Man transformiere A durch elementare Zeilenumformungen, gefolgt von den entsprechenden elementaren Spaltenumformungen auf eine Matrix des Typs B um. Gleichzeitig wende man auf E_{n+1} die Zeilenumformungen an. Die auf diese Weise aus E_{n+1} erhaltene Matrix ist die gesuchte Matrix T. Schematisch lässt sich das so darstellen:

A	E_{n+1}
$C_1^T A C_1$	$E_{n+1} C_1$
$\vdots$	$\vdots$
$B = C_k^T \cdots C_1^T A C_1 \cdots C_k$	$E_{n+1} C_1 \cdots C_k = T$

Mit $S := T^{-1}$ ist die gesuchte Transformationsmatrix gefunden, und es gilt

$$Q' = \{(y_0 : \ldots : y_n); \ y^T (S^T A S) y = 0\} = \{(y_0 : \ldots : y_n); (Sy)^T A(Sy) = 0\}$$
$$= \{S \cdot (x_0, \ldots, x_n)^T; x^T A x = 0\} = f(Q).$$

◆

Frage 492 Was besagt die **Vorzeichenregel von Descartes**?

Antwort: Die Regel besagt:

Die Anzahl der positiven Nullstellen eines reellen Polynoms

$$P[X] = \alpha_m X^m + \alpha_{m-1} X^m + \cdots + \alpha_1 X + \alpha_0 \qquad mit \ \alpha_m \neq 0 \ und \ \alpha_0 \neq 0$$

welches nur reelle Nullstellen besitzt, ist gleich der Anzahl der Vorzeichenwechsel seiner Koeffizientenfolge.

So besitzt beispielsweise das Polynom $X^2 - X - 2$ genau eine positive Nullstelle (die Voraussetzung, dass alle Nullstellen reell sind, ist in diesem Fall erfüllt). Einen Beweis findet man etwa in [5]. ◆

Frage 493 Wie kann man, ohne die Transformationsmatrix explizit zu berechnen, die zu einer Quadrik $Q \in \mathbb{P}_n(\mathbb{R})$ äquivalente Quadrik Q' in Hauptachsenform, d. h. die Q' beschreibende Gleichung

$$x_0^2 + \cdots + x_\ell^2 - x_{\ell+1}^2 - \cdots - x_k^2 = 0$$

bestimmen?

Antwort: Wird Q durch die symmetrische Matrix $A \in M((n+1), \mathbb{R})$ beschrieben, so besitzt A nach Frage 417 $n+1$ reelle Eigenwerte $\lambda_0, \ldots, \lambda_n$. Die Q' beschreibende Matrix

$$B = \begin{pmatrix} E_{\ell+1} & 0 & 0 \\ 0 & -E_{k-\ell} & 0 \\ 0 & 0 & 0 \end{pmatrix}$$

hat nach dem Trägheitssatz von Sylvester dieselbe Anzahl positiver und negativer Eigenwerte wie A. Um B und damit Q' zu bestimmen, genügt es also, die Anzahl positiver und negativer Eigenwerte von A ausfindig zu machen, d.h. die Vorzeichenverteilung des charakteristischen Polynoms von A. Ist

$$\chi_A = X^m(\alpha_j X^j + \alpha_{j-1} X^{j-1} + \cdots + \alpha_0) =: X^m.P(X), \quad \alpha_0 \neq 0,$$

so folgt mit der Vorzeichenregel von Descartes

$$\ell = \text{Anzahl der Vorzeichenwechsel der Koeffizientenfolge von } P$$

sowie

$$k - \ell = \deg P - \ell = j - \ell.$$

Beispiel: Sei

$$Q = \{(x_0 : x_1 : x_2 : x_3) \; ; \; x_1^2 + x_2^2 - 2x_0x_3 = 0\}$$

Zu $\chi_A(X) = X^4 - 2X^2 + 1$ gehört die Vorzeichenfolge $(+, +, -, +, +)$. Also ist $\ell = 2$ und $k - \ell = 4 - 2 = 2$, und somit ist Q äquivalent zu

$$Q' = \{(x_0 : x_1 : x_2 : x_3) \; ; \; x_0^2 + x_1^2 - x_2^2 - x_3^2 = 0\}.$$

◆

Frage 494 Wie lautet das **Klassifikationstheorem** für projektive Quadriken aus $\mathbb{P}_n(\mathbb{K})$?

Antwort: Der Satz lautet

Seien $A_1, A_2 \in M((n+1), \mathbb{K})$ symmetrische Matrizen und

$$Q_i := \{(x_0 : \ldots : x_n) \in \mathbb{P}_n(\mathbb{K}) \; ; \; x^T A_i x\}, \qquad i = 1, 2$$

die dadurch beschriebenen Quadriken. Dann gilt im Fall $\mathbb{K} = \mathbb{R}$

$$Q_1 \sim Q_2 \Longleftrightarrow \operatorname{rg} A_1 = \operatorname{rg} A_2 \text{ und } |\operatorname{Sign} A_1| = |\operatorname{Sign} A_2|.$$

Dabei ist $\operatorname{Sign} A$ für eine reelle symmetrische Matrix definiert durch

$$\operatorname{Sign} A := \text{(Anzahl der positiven Eigenwerte von } A)$$
$$- \text{(Anzahl der negativen Eigenwerte von } A).$$

Für $\mathbb{K} = \mathbb{C}$ gilt

$$Q_1 \sim Q_2 \Longleftrightarrow \operatorname{rg} A_1 = \operatorname{rg} A_2.$$

Dass zwei geometrisch äquivalente Matrizen die angegebenen Eigenschaften besitzen, folgt, indem man Q_1 und Q_2 auf Hauptachsen transformiert. Der Beweis der anderen Richtung benötigt noch zusätzlich die Tatsache, dass jeder „normalen" Quadrik bis auf einen Faktor ein eindeutiges Polynom zugeordnet werden kann. ◆

Frage 495 Welche Normalformen von Quadriken in $\mathbb{P}_2(\mathbb{R})$ bzw. $\mathbb{P}_3(\mathbb{R})$ erhält man aus dem Klassifikationssatz?

Antwort: Jede Normalform entspricht einer möglichen Kombinationen von $\operatorname{rg} A$ und $|\operatorname{Sign} A|$. In der reell projektiven Ebene $\mathbb{P}_2(\mathbb{R})$ erhält man damit folgende sechs Normalformen:

rg	|Sign|	Gleichung	Beschreibung
0	0	$0 = 0$	Ebene $\mathbb{P}_2(\mathbb{R})$
1	1	$x_0^2 = 0$	Gerade
2	2	$x_0^2 + x_1^2 = 0$	Punkt
2	0	$x_0^2 - x_1^2 = 0$	Geradenpaar
3	3	$x_0^2 + x_1^2 + x_2^2 = 0$	leere Quadrik
3	1	$x_0^2 + x_1^2 - x_2^2 = 0$	Kreis

In $\mathbb{P}_3(\mathbb{R})$ erhält man neun Klassen geometrisch äquivalenter Quadriken:

rg	|Sign|	Gleichung	Beschreibung
0	0	$0 = 0$	$\mathbb{P}_3(\mathbb{R})$
1	1	$x_0^2 = 0$	Ebene
2	2	$x_0^2 + x_1^2 = 0$	Gerade
2	0	$x_0^2 - x_1^2 = 0$	Ebenenpaar
3	3	$x_0^2 + x_1^2 + x_2^2 = 0$	Punkt
3	1	$x_0^2 + x_1^2 - x_2^2 = 0$	Kegel
4	4	$x_0^2 + x_1^2 + x_2^2 + x_3^2 = 0$	leere Quadrik
4	2	$x_0^2 + x_1^2 + x_2^2 - x_3^2 = 0$	Kugel
4	2	$x_0^2 + x_1^2 - x_2^2 - x_3^2 = 0$	Regelfläche

Die affinen Anteile der Quadriken der reellen projektiven Ebene wurden schon in Frage 486 untersucht. In der nächsten Frage wird dies für die interessanten Fälle der Quadriken aus $\mathbb{P}_3(\mathbb{R})$ nachgeholt.   ◆

Frage 496   Können Sie für die Kugel und die Regelfläche die affinen Anteile angeben?

Antwort: Zunächst zur Kugel Q mit der Gleichung

$$x_0^2 + x_1^2 + x_2^2 - x_3^2 = 0.$$

Entfernt man aus $\mathbb{P}_3(\mathbb{R})$ die Hyperebene H_1 mit der Gleichung $x_3 = 0$, so verbleibt

$$\{(x_0, x_1, x_2); x_0^2 + x_1^2 + x_2^2 - 1 = 0\}$$

als affiner Anteil. Dies ist eine Kugel im affinen Raum. Wegen $Q \cap H_1 = \emptyset$ besitzt diese keine unendlich fernen Punkte.

Durch Entfernen der Hyperebene H_2 mit der Gleichung $x_0 = 0$ erhält man

$$\{(x_1, x_2, x_3) \; ; \; x_3^2 - x_2^2 - x_1^2 = 1\}.$$

Das ist ein **zweischaliges Hyperboloid**. Die unendlich fernen Punkte liegen auf dem Kreis

$$\{ \, (x_1 : x_2 \; x_3) \in \mathbb{P}_2(\mathbb{R}) \; ; \; x_1^2 + x_2^2 - x_3^2 = 0\},$$

der gewissermaßen den „Äquator" von Q beschreibt.

Die dritte Möglichkeit, ein affines Bild von Q zu erhalten, besteht darin, einen einzigen Punkt von Q „ins Unendliche" zu rücken. Dazu ersetze man Q durch die geometrisch äquivalente Quadrik Q' mit der Gleichung

$$x_1^2 + x_2^2 - x_0 x_3 = 0.$$

Definiert man H_3 durch $x_0 = 0$, dann erhält man als affinen Rest von Q' das *elliptische Paraboloid*

$$\{(x_1, x_2, x_3)\,;\, x_1^2 + x_2^2 - x_3 = 0\}.$$

Der unendlich ferne Anteil ist gegeben durch

$$\{(x_1 : x_2 : x_3) \in \mathbb{P}_2(\mathbb{R})\,;\, x_1^2 + x_2^2 = 0\} = \{(0 : 0 : 1)\}.$$

Nun zur Regelfläche Q mit der Gleichung

$$x_0^2 + x_1^2 - x_2^2 - x_3^2 = 0.$$

Entfernt man die Hyperebene H_1 mit der Gleichung $x_3 = 0$, so erhält man als affinen Rest

$$\{(x_0, x_1. x_2) \in \mathbb{R}^3; x_0^2 + x_1^2 - x_2^2 = 1\}.$$

Das ist ein *einschaliges Hyperboloid*. Der unendlich ferne Anteil ist dann der „Kreis"

$$\{(x_0 : x_1 : x_2) \in \mathbb{P}_2(\mathbb{R}); x_0^2 + x_1^2 = 1\}.$$

◆

7.7 Affine Quadriken

Frage 497 Was ist eine **affine Quadrik**?

Antwort: Eine Teilmenge $Q_0 \subset \mathbb{A}_n(K)$ heißt *affine Quadrik*, wenn es eine projektive Quadrik $Q \in \mathbb{P}_n(K)$ mit $Q_0 = Q \cap \mathbb{A}_n(K)$ gibt. Eine affine Quadrik erhält man damit als affinen Anteil einer projektiven Quadrik, d. h., indem man aus Q die unendlich fernen Punkte entfernt.

Lautet die Gleichung der projektiven Quadrik Q

$$\sum_{0 \le i \le j \le n} \alpha_{ij} x_i x_j = 0,$$

so wird Q_0 als Teilmenge von $\mathbb{A}_n(K)$ bezüglich der kanonischen affinen Koordinaten durch die Gleichung

$$\sum_{1 \le i \le j \le n} \alpha_{ij} x_i x_j + \sum_{j=1}^{n} \alpha_{0j} x_j + \alpha_{00} = 0.$$

beschrieben.

Die Menge

$$Q_u := \{ (x_0 : \ldots : x_n) \in Q;\ x_0 = 0 \}$$

heißt der *uneigentliche Anteil* von Q. Da dieser durch die Gleichung

$$\sum_{1 \le i \le j \le n} \alpha_{ij} x_i x_j = 0$$

beschrieben wird, ist Q_u eine Quadrik des projektiven Raumes $\mathbb{P}_{n-1}(k)$.

Durch jede projektive Quadrik Q ist die affine Quadrik $Q_0 = Q \cap \mathbb{A}_n(K)$ eindeutig bestimmt. Umgekehrt können aber zwei verschiedene projektive Quadriken Q und Q' durchaus dieselbe affine Quadrik bestimmen. Das ist genau dann der Fall, wenn sich Q und Q' nur in ihren uneigentlichen Punkten unterscheiden. ◆

Frage 498 Wann heißen zwei affine bzw. projektive Quadriken **affin äquivalent**?

Antwort: Zwei affine Quadriken Q_0 und Q_0' heißen *affin äquivalent*, wenn es eine Affinität F mit $F(Q_0) = Q_0'$ gibt.

Entsprechend nennt man zwei projektive Quadriken Q und Q' affin äquivalent, wenn es eine projektive Affinität F mit $F(Q) = Q'$ gibt.

Sind die projektiven Quadriken Q und Q' affin äquivalent, so auch die affinen Anteile Q_0 und Q_0'. Ferner sind in diesem Fall die uneigentlichen Anteile Q_u und Q_u' projektiv äquivalent. ◆

Frage 499 Wie lautet der **Äquivalenzsatz für affine Quadriken**?

Antwort: Der Satz besagt:

Die projektiven Quadriken $Q_{\ell,k}^{(i)} \in \mathbb{P}_n(K)$ seien für $1 \le \ell, k \le n$ definiert durch die Gleichungen

$$x_1^2 + \ldots + x_\ell^2 - x_{\ell+1}^2 - \cdots - x_k^2 = \Delta^{(i)}$$

mit

$$\Delta^{(1)} = 0, \qquad \Delta^{(2)} = x_0^2, \qquad \Delta^{(3)} = -x_0^2, \qquad \Delta^{(4)} = x_0 x_{k+1} \qquad (\text{nur für } k < n).$$

Dann gilt: Jede projektive Quadrik $Q \in \mathbb{P}_n(K)$ ist zu genau einer Quadrik $Q_{\ell,k}^{(i)}$ affin äquivalent.

Beweis: Sei Q gegeben durch die Gleichung $\sum_{0 \le i \le j \le n} \alpha_{ij} x_i x_j = 0$. Der uneigentliche Anteil Q_u von Q wird dann durch die Gleichung $\sum_{1 \le i \le j \le n} \alpha_{ij} x_i x_j = 0$ beschrieben. Nach Frage 490 ist Q_u geometrisch äquivalent zu einer Quadrik Q_u' mit der Gleichung

$$x_1^2 + \cdots + x_p^2 - x_{\ell+1} - \cdots - x_k = 0.$$

Sei S^* die Darstellungsmatrix der Projektivität $f^* : \mathbb{P}_{n-1}(K) \longrightarrow \mathbb{P}_{n-1}(K)$, die Q_u auf Q_u' abbildet. Die Matrix

$$S = \begin{pmatrix} 1 & \\ & S^* \end{pmatrix}$$

beschreibt dann eine Fortsetzung von f^* zu einer affinen Projektivität $f : \mathbb{P}_n(K) \longrightarrow \mathbb{P}_n(K)$, die Q auf die affin äquivalente Quadrik Q' abbildet. Dabei wird Q' durch eine Gleichung der Form

$$x_1^2 + \cdots + x_\ell^2 - x_{\ell+1}^2 - \cdots - x_k^2 = b x_0^2 + \sum_{i=1}^n b_i x_0 x_i$$

beschrieben. Diese Gleichung lässt sich durch eine affine Transformation weiter vereinfachen. Die durch die Gleichungen

$$x_i' = \begin{cases} x_i - \frac{b_i}{2} x_0 & \text{für } i = 1, \ldots, \ell \\ x_i + \frac{b_i}{2} x_0 & \text{für } i = \ell+1, \ldots, k \\ x_i & \text{für } i = 0 \text{ und } i > k \end{cases}$$

definierte projektive Affinität bildet Q' auf eine Quadrik Q'' mit der Gleichung

$$x_1^2 + \cdots + x_\ell^2 - x_{\ell+1}^2 - \cdots - x_k^2 = c x_0^2 + \sum_{i=k+1}^n b_i x_0 x_i$$

ab. Somit ist Q'' immer noch affin äquivalent zu Q. Nun sind folgende vier Fälle zu unterscheiden:

Fall 1. $c = 0$ und $b_i = 0$ für $i = k+1, \ldots, n$

In diesem Fall ist Q'' bereits vom Typ 1.

Fall 2. $c > 0$ und $b_i = 0$ für $i = k+1, \ldots, n$

Durch $x_0' = \sqrt{c} x_0$ und $x_i = x_i$ für $i = 1, \ldots, n$ wird eine projektive Affinität $\mathbb{P}_n(K) \longrightarrow \mathbb{P}_n(K)$ beschrieben, die Q'' auf eine Quadrik $\widetilde{Q}$ mit der Gleichung

$$x_1^2 + \cdots + x_\ell^2 - x_{\ell+1}^2 - \cdots - x_k^2 = x_0^2.$$

abbildet. Diese ist vom Typ 2.

Fall 3. $c < 0$ und $b_i = 0$ für $i = k+1, \ldots, n$

Durch $x_0' = -\sqrt{-c}x_0$ und $x_j = x_i$ für $i = 1, \ldots, n$ wird eine projektive Affinität $\mathbb{P}_n(K) \longrightarrow \mathbb{P}_n(K)$ beschrieben, die Q'' auf eine Quadrik Q^* mit der Gleichung

$$x_1^2 + \cdots + x_\ell^2 - x_{\ell+1}^2 - \cdots - x_k^2 = -x_0^2.$$

abbildet. Diese ist vom Typ 3.

Fall 4. $b_i \neq 0$ für mindestens ein $i > k+1$

Da eine Vertauschung der Variablen eine affine Projektivität ist, kann man $b_{k+1} \neq 0$ annehmen. Die durch

$$x_i' = \begin{cases} x_i & \text{für } i \neq k+1 \\ cx_0 + \sum_{\nu=k+1}^n b_\nu x_\nu & \text{für } i = r+1 \end{cases}$$

definierte affine Projektivität bildet Q'' auf eine Quadrik Q^* mit der Gleichung

$$x_1 + \cdots + x_\ell^2 - x_{\ell+1}^2 - \cdots - x_k^2 = x_0 x_{k+1}$$

ab. Also ist Q^* vom Typ 4.

Da diese Fallunterscheidung vollständig ist, ist gezeigt, dass jede projektive Quadrik zu mindestens einer der Quadriken $Q_{\ell,k}^{(i)}$ affin äquivalent ist.

Die Eindeutigkeit ergibt sich daraus, dass die Quadriken $Q_{\ell,k}^{(i)}$ untereinander nicht affin äquivalent sind. Angenommen nämlich, die beiden Quadriken $Q_j := Q_{\ell_j,k_j}^{(i_j)}$ mit $j \in \{1, 2\}$ und $i_j \in \{1, 2, 3, 4\}$ sind affin äquivalent. Dann sind die uneigentlichen Anteile projektiv äquivalent, woraus $\ell_1 = \ell_2$ und $k_1 = k_2$ folgt. Ferner gilt für die Darstellungsmatrizen $A^{(j)}$ von $Q_{\ell,k}^{(j)}$

$$\operatorname{rg} A^{(1)} = k, \qquad \operatorname{rg} A^{(2)} = k+1 = \operatorname{rg} A^{(3)}, \qquad \operatorname{rg} A^{(4)} = k+2.$$

Damit könnten höchstens $Q_{\ell,k}^{(2)}$ und $Q_{\ell,k}^{(3)}$ untereinander affin äquivalent sein. Das ist aber ebenfalls ausgeschlossen, da wegen $|\operatorname{Sign} A^{(2)}| \neq |\operatorname{Sign} A^{(3)}|$ diese beiden Quadriken noch nicht einmal projektiv äquivalent sind.   ♦

Frage 500 Können Sie eine vollständige Liste aller affin äquivalenter Quadriken in $\mathbb{P}_3(\mathbb{R})$ angeben?

Antwort: Die Liste affin äquivalenter Quadriken ist eine Verfeinerung derjenigen für projektiv äquivalente Quadriken. Systematisch erhält man diese, indem man jede Klasse projektiv äquivalenter Quadriken noch hinsichtlich der projektiven Äquivalenz ihrer uneigentlichen Anteile differenziert. Das bedeutet, dass jede Zeile der Tabelle aus Frage 495 noch in die möglichen Kombinationen der Werte von $|\text{rg}\,A'|$ und $|\text{Sign}\,A'|$, wo A' die Darstellungsmatrix für den uneigentlichen Anteil von Q ist, verzweigt werden muss. In der reellen projektiven Ebene erhält man folgende 12 Klassen affin äquivalenter Quadriken:

Nr.	rg A	$|\text{Sign}\,A|$	rg A'	$|\text{Sign}\,A'|$	Gleichung	Bezeichnung
1	0	0	0	0	$0 = 0$	$\mathbb{P}_2(\mathbb{R})$
2	1	0	0	0	$0 = x_0^2$	uneigentl. Gerade
3	1	0	1	0	$x_1^2 = 0$	eigentl. Gerade
4	2	0	0	0	$0 = x_0 x_1$	eigentl. und uneigentl. Gerade
5	2	0	1	1	$-x_1^2 = x_0^2$	uneigentl. Punkt
6	2	0	2	0	$x_1^2 + x_2^2 = 0$	eigentl. Punkt
7	2	2	1	1	$x_1^2 = x_0^2$	Paar paralleler Geraden
8	2	2	2	2	$x_1^2 - x_2^2 = 0$	Geradenpaar mit eigentl. Schnittpunkt
9	3	1	1	1	$x_1^2 = x_0 x_2$	Parabel
10	3	1	2	0	$x_1^2 - x_2^2 = x_0^2$	Hyperbel
11	3	1	2	2	$x_1^2 + x_2^2 = x_0^2$	Ellipse
12	3	3	2	2	$-x_1^2 - x_2^2 = x_0^2$	$\emptyset$

Im projektiven Raum $\mathbb{P}_3(\mathbb{R})$ gibt es zwanzig Klassen affin äquivalenter Quadriken.

Nr.	rg A	$|\text{Sign}\,A|$	rg A'	$|\text{Sign}\,A'|$	Gleichung	Bezeichnung
1	0	0	0	0	$0 = 0$	3-dim. Raum
2	1	1	0	0	$0 = x_0^2$	uneigentl. Ebene
3	1	1	1	1	$x_1^2 = 0$	eigentl. Ebene
4	2	0	0	0	$0 = x_0 x_1$	Ebenenpaar
5	2	0	1	1	$x_1^2 = x_0^2$	Paar paralleler Ebenen
6	2	0	2	0	$x_1^2 - x_2^2 = 0$	Ebenenpaar
7	2	2	1	1	$-x_1^2 = x_0^2$	uneigentliche Gerade
8	2	2	2	2	$x_1^2 + x_2^2 = 0$	eigentl. Gerade
9	3	0	1	1	$x_1^2 = x_0 x_2$	parabolischer Zylinder
10	3	1	2	0	$x_1^2 - x_2^2 = x_0^2$	hyperbolischer Zylinder
11	3	1	2	2	$x_1^2 + x_2^2 = x_0^2$	elliptischer Zylinder
12	3	1	3	1	$x_1^2 = x_2^2 - x_3^2 = 0$	Kegel
13	3	3	2	2	$-x_1^2 - x_2^2 = x_0^2$	uneigentl. Punkt
14	3	3	3	3	$x_1^2 + x_2^2 + x_3^2 = 0$	eigentl. Punkt
15	4	0	2	0	$x_1^2 - x_2^2 = x_0 x_3$	hyperbolisches Paraboloid
16	4	0	3	1	$x_1^2 + x_2^2 - x_3^2 = x_0^2$	einschaliges Hyperboloid
17	4	1	3	3	$x_1^2 + x_2^2 + x_3^2 = x_0^2$	Ellipsoid
18	4	2	2	2	$x_1^2 + x_2^2 = x_0 x_3$	elliptisches Paraboloid
19	4	2	3	1	$x_1^2 - x_2^2 - x_3^2 = x_0^2$	zweischaliges Hyperboloid
20	4	4	3	3	$-x_1^2 - x_2^2 - x_3^2 = x_0^2$	$\emptyset$

Die folgenden Abbildungen zeigen die affinen Anteile einiger Klassen.

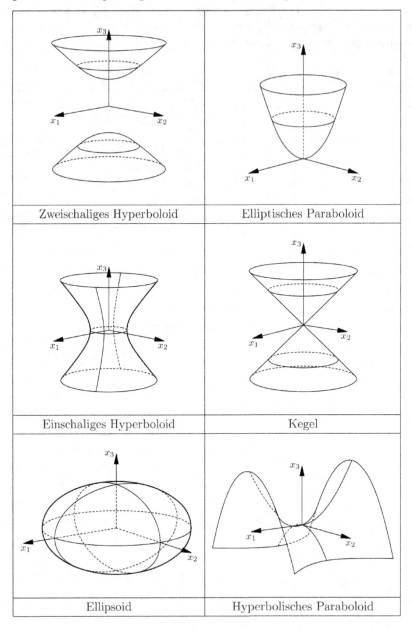

Literatur

[1] Howard Anton. *Lineare Algebra. Einführung, Grundlagen, Übungen.* Spektrum Akademischer Verlag, 1998.

[2] Artin, M. *Algebra.* Birkhäuser, 1. Auflage, 1998.

[3] Beutelspacher, A. *Lineare Algebra.* Vieweg, 15. Auflage, 2005.

[4] Bosch, S. *Algebra.* Springer, 8. Auflage, 2013.

[5] Bosch, S. *Lineare Algebra.* Springer, 2014.

[6] Busam, R. und Epp, T. *Prüfungstrainer Analysis.* Spektrum Akademischer Verlag, 3. Auflage, 2018.

[7] Fischer, G. *Lineare Algebra.* Vieweg, 18. Auflage, 2014.

[8] Jänich, K. *Lineare Algebra.* Springer, 11. Auflage, 2008.

[9] Koecher, M. *Lineare Algebra und analytische Geometrie.* Springer, 4. Auflage, 2007.

[10] Kowalsky, G. und Michler, H.-J. *Lineare Algebra.* de Gruyter, 12. Auflage, 2003.

[11] Kwak, H.-J. *Linear Algebra.* Birkhäuser, 1. Auflage, 1997.

[12] Lorenz, F. *Lineare Algebra 1,2.* Spektrum Akademischer Verlag, 4. Auflage, 2008.

[13] Lüneburg, H. *Vorlesungen über Lineare Algebra.* BI-Wiss.-Verl., 1993.

[14] Muthsam, J. H. *Lineare Algebra und ihre Anwendungen.* Spektrum Akademischer Verlag, 1. Auflage, 2006.

[15] Roman, S. *Advanced Linear Algebra.* Springer, 3. Auflage, 2007.

[16] Strang, G. *Lineare Algebra.* Springer, 1. Auflage, 2007.

[17] Arens, Tilo; Busam, Rolf; Hettlich, Frank; Karpfinger, Christian; Stachel, Hellmuth *Grundwissen Mathematikstudium - Analysis und Lineare Algebra mit Querverbindungen.* Springer Spektrum, 2013.

[18] Hoffman, Kenneth M.; Kunze, Ray Alden *Linear algebra.* Prentice-Hall, 1971.

[19] Axler, Sheldon *Linear Algebra Done Right.* Springer International Publishing, 3. Auflage, 2014.

[20] Stoppel, Hannes; Griese, Birgit *Übungsbuch zur Linearen Algebra - Aufgaben und Lösungen.* Springer Fachmedien Wiesbaden, 9. Auflage, 2017.

[21] Fischer, Gerd *Analytische Geometrie - Eine Einführung für Studienanfänger.* Springer, 7. Auflage, 2001.

[22] Fischer, Gerd *Lernbuch Lineare Algebra und Analytische Geometrie.* Springer, 3. Auflage, 2017.

[23] Brieskorn, Egbert *Lineare Algebra und analytische Geometrie.* Vieweg, 1. Auflage, 1983. *Ein weiterführendes Werk*

[24] Friedrichsdorf, Ulf; Prestel, Alexander *Mengenlehre für den Mathematiker.* Vieweg, 1. Auflage, 1985.

© Springer-Verlag GmbH Deutschland, ein Teil von Springer Nature 2019
R. Busam et al., *Prüfungstrainer Lineare Algebra*,
https://doi.org/10.1007/978-3-662-59404-9

Symbolverzeichnis

e	neutrales Element in einer Gruppe, Seite 1
$\mathbb{Z}/n\mathbb{Z}, \mathbb{Z}_n$	Restklassengruppe modulo n, Seite 3
$\mathbb{Z}$	Menge der ganzen Zahlen, Seite 3
K	allgemeiner Körper, Seite 3
K^*	multiplikative Gruppe von K $(= K\setminus\{0\})$, Seite 3
$\mathrm{Aut}(V)$	Automorphismengruppe von V, Seite 4
$\mathrm{GL}(n,K)$	allgemeine lineare Gruppe auf K, Seite 4
$\mathrm{Abb}(M,N)$	Menge aller Abbildungen $M \to N$, Seite 4
$\mathrm{Sym}(X)$	symmetrische Gruppe auf X, Seite 4
$\simeq$	isomorph, Seite 10
$\ker F$	Kern von F, Seite 11
$(G : H)$	Index von H in G, Seite 14
G/H	Menge der Linksnebenklassen von G in G, Seite 13
$\mathrm{SL}(n,K)$	*Spezielle Lineare Gruppe*, Menge der $n \times n$-Matrizen mit Determinante 1, Seite 18
$\mathrm{sign}\,\sigma$	Vorzeichen der Permutation σ, Seite 19
A_n	alternierende Gruppe, Seite 21
$\mathbb{F}_q$	Körper mit q Elementen, Seite 23
$\mathrm{char}\,K$	Charakteristik von K, Seite 24
$\mathfrak{a}, \mathfrak{b}, \ldots$	Ideal, Seite 25
(a)	von a erzeugtes Hauptideal, Seite 25
$R[X]$	Ring der Polynome über R, Seite 30
$\deg$	Grad eines Polynoms, Seite 31
ggT	größter gemeinsamer Teiler, Seite 37
K^n	Standardvektorraum über K, Seite 40
$\mathbb{C}$	Menge der komplexen Zahlen, Seite 41
$\emptyset$	leere Menge, Seite 41
$\mathbb{Q}$	Menge der rationalen Zahlen, Seite 41
$\mathscr{C}^k(M)$	Menge der k-mal stetig differenzierbaren Funktionen auf $M \subset \mathbb{R}$, Seite 41,42
$\mathrm{span}(S)$	von $S \subset V$ aufgespannter Unterraum, Seite 44
$\mathcal{B}, \mathcal{C} \ldots$	Basen, Seite 47
$e_1, e_2, \ldots$	Standardbasisvektoren des K^n, Seite 47

© Springer-Verlag GmbH Deutschland, ein Teil von Springer Nature 2019
R. Busam et al., *Prüfungstrainer Lineare Algebra*,
https://doi.org/10.1007/978-3-662-59404-9

rg	Rang, Seite 50
dim	Dimension, Seite 50
id	identische Abbildung, Seite 57
F, G	lineare Abbildungen, Seite 58
$\bar{z}$	zu $z \in \mathbb{C}$ konjugiert komplexe Zahl, Seite 57
o	Nullabbildung, Seite 57
$f \circ g$	Verkettung von Abbildungen, Seite 58
f^{-1}	Umkehrabbildung zu f, Seite 58,59
$\operatorname{im} F$	Bild von F, Seite 59
$\operatorname{Hom}_K(V, W)$	Menge der K-linearen Abbildungen $V \longrightarrow W$, Seite 61
π_U	natürliche Projektion, Seite 67
$A \cdot x$	Produkt einer Matrix mit einem Spaltenvektor, Seite 72
$K^{m \times n}$	Vektorraum der $(m \times n)$-Matrizen über K, Seite 68
F_A	die der Matrix A zugeordnete lineare Abbildung, Seite 73
A_F	die der linearen Abbildung F zugeordnete Matrix, Seite 75
$A \cdot B$	Matrizenprodukt, Seite 76
$M(n, K)$	Menge der quadratische $n \times n$-Matrizen über K, Seite 72
rg_s	Spaltenrang, Seite 79
rg_z	Zeilenrang, Seite 79
$A \approx B$	Äquivalenz von Matrizen A und B, Seite 83
$\kappa_\mathcal{B}$	Koordinatensystem, Seite 84
$M_\mathcal{C}^\mathcal{B}(F)$	beschreibende Matrix von F, Seite 85
$M_\mathcal{C}^\mathcal{B}$	Matrix des Basiswechsels con $\mathcal{B}$ nach $\mathcal{C}$, Seite 89
$L(A, b)$	Lösungsraum des LGS $A \cdot x = b$, Seite 98
$\mathcal{B}^*, \mathcal{C}^*, \mathcal{D}^*$	duale Basis, Seite 106
$\operatorname{Alt}^k(V)$	Vektorraum der alternierenden k-Formen, Seite 114
det	Determinante, Seite 115
$\operatorname{Diag}(\alpha_1, \ldots, \alpha_n)$	Diagonalmatrix, Seite 116
$\operatorname{SL}(n, K)$	spezielle lineare Gruppe, Seite 120
A^{ad}	adjungierte Matrix, Seite 124
$\operatorname{Eig}(F, \lambda)$	Eigenraum von F zum Eigenwert λ, Seite 128
$m(\lambda)$	geometrische Vielfachheit, Seite 133
χ_F	Charakteristisches Polynom von F, Seite 133
$\operatorname{Spur}(A)$	Spur von A, Seite 135
$\mu_F(\lambda)$	algebraische Vielfachheit, Seite 137
p_F	Minimalpolynom, Seite 144
$H(F, \lambda)$	Hauptraum, Seite 148
$\mathbb{K}$	$\mathbb{R}$ oder $\mathbb{C}$, Seite 155
$\langle v, w \rangle$	Skalarprodukt, Seite 156
$M_\mathcal{B}(\Phi)$	Strukturmatrix von Φ, Seite 159
$d(x, y)$	Abstand, Seite 165
$\| \ \|_2$	euklidische Norm, Seite 165
$\angle$	Winkel, Seite 167
$\operatorname{O}(n)$	orthogonale Gruppe, Seite 185
$\operatorname{SO}(n)$	spezielle orthogonale Gruppe, Seite 185

$\mathrm{U}(n)$	unitäre Gruppe, Seite 185
$\mathbb{A}_n(K)$	affiner n-dimensionaler Standardraum, Seite 201
F^*	zu adjungierte Abbildung, Seite 189
$\bigvee_{U \in S}$	Verbindungsraum, Seite 204
$\langle M \rangle$	affine Hülle von M, Seite 203
$p \vee q$	Verbindungsraum von p und q, Seite 204
$\parallel$	parallel, Seite 207
$\hat{F}$	die der affinen Abbildung F zugeordnete lineare Abbildung, Seite 208,209
TV	Teilverhältnis, Seite 210
pdim	projektive Dimension, Seite 215
$\mathbb{P}(V)$	projektiver Raum, Seite 215
$\mathbb{P}_n(K)$	projektiver Standardraum, Seite 216
$\mathbb{P}(F)$	der linearen Abbildung F zugeordnete projektive Abbildung, Seite 220
DV	Doppelverhältnis, Seite 227
Sign	Signum einer Matrix, Seite 243
$S(A)$	Spaltenraum der Matrix A, Seite 79
S_n	symmetrische Gruppe, Seite 4
$U \hookrightarrow V$	Inklusionsabbildung, Seite 57
$U + W$	Summe der Unterräume U und W, Seite 53
$U \oplus W$	direkte Summe von Unterräumen, Seite 54
U^0	Annulator von U, Seite 107
$v \bullet w$	Standardskalarprodukt in $\mathbb{K}^n$, Seite 158
V/U	Quotientenvektorraum, Seite 66
$u \perp w$	v und w sind orthogonal, Seite 172
V^*	dualer Vektorraum, ($= \mathrm{Hom}_K(V,K)$), Seite 105
V^*	dualer Vektorraum, Seite 105
V_A	Translationsraum, Seite 202
$v_{\mathcal{B}}$	Koordinatenvektor von v bezüglich $\mathcal{B}$, Seite 85
$x \bullet y$	Standardskalarprodukt, Seite 159
x^T	Transponierte des Spaltenvektors $x \in K^n$, Seite 73
$Z(A)$	Zeilenraum der Matrix A, Seite 79
(j,k)	Transposition, Seite 19,20
$A, B, C, \ldots$	i.d. R. Matrizen, Seite 71
LGS	Lineares Gleichungssystem, Seite 98

Namen- und Sachverzeichnis

Abbildung, 1
– adjungierte, 189–191
– affine, 201
– duale, 108, 109
– lineare, 55
– orthogonale, 182
– projektive, 220
– selbstadjungierte, 194–200
– unitäre, 182
ABEL, Nils Henrik (1802-1829), 1
abelsch, 1
Abstandsfunktion, 165
adjungierte Abbildung, 189–191
Adjunkte, 124
ähnlich, 129, 135
äquivalent
– affin, 239, 245
– geometrisch, 239
Äquivalenz
– affiner Quadriken, 245
– Matrizen, 83
– projektiver Quadriken, 239
– von Matrizen, 83
– von Normen, 165
Äquivalenzrelation, 129
affin unabhängig, 211
affine Ebene, 64
affine Gerade, 64
affine Hülle, 203
affiner Anteil, 236
affiner Raum, 201
affiner Unterraum, 64
Affinität, 208
Affinkombination, 212
algebraischer Abschluss, 25
alternierend, 112, 113
alternierende k-Form, 112, 114
alternierende Gruppe, 20, 21
Annulator, 107
antisymmetrisch, 112

Assoziativgesetz, 1
assoziiert, 34
Automorphismengruppe, 4
Automorphismus, 9, 56

BANACH, Stefan (1892-1945), 164
Banachraum, 164
Basis, 47
– affine, 211
– duale, 106
– eines Vektorraums, 47
– orthonormale, 175
– projektive, 222
Basisauswahlsatz, 48
Basisbildersatz, 60, 70
Basisergänzungssatz, 49
Basiswechselformalismus, 90
Basiswechselmatrix, 89, 90
Begleitmatrix, 136
Bild, 59
– einer linearen Abbildung, 59
Bilinearform, 155
– alternierende, 155
– symmetrische, 155
Blockmatrix, 122
BRIANCHON, Charles Julien, 234

CAUCHY, Augustin (1789-1857), 166
Cauchy-Schwarz'sche Ungleichung, 166
CAYLEY, Arthur (1821-1895), 18, 144
Cayley-Hamilton, Satz von, 144
Charakteristik eines Körpers, 25
charakteristisches Polynom, 133–135
CRAMER, Gabriel (1704-1752), 118
Cramer'sche Regel, 118, 119

DESARGUES, Gérard (1591-1661), 230
DESCARTES, René (1596-1650), 241
Determinante
– einer Matrix, 115–118

© Springer-Verlag GmbH Deutschland, ein Teil von Springer Nature 2019
R. Busam et al., *Prüfungstrainer Lineare Algebra*,
https://doi.org/10.1007/978-3-662-59404-9

Printed in the United States
By Bookmasters